高等职业教育电子信息课程群系列教材

PCB 设计与应用项目式教程

主　编　董　梅　李翠玲

副主编　陈武发　李国谦　王　芬

·北京·

内 容 提 要

本书以 Altium Designer 20 软件为平台，结合项目，按照实际设计步骤讲解 PCB 设计的流程。

本书共 6 个项目：PCB 基础知识、双闪警示灯、双声道小音箱、心形流水灯、异形游戏机、蓝牙透传测试电路。每个项目均按照"项目目标→项目分析→项目实施→巩固习题"的思路组织教学内容，使读者在学习 Altium Designer 20 软件操作的同时，学习元器件库元件的制作、元器件规格图纸的识读及封装的制作、集成库的制作、原理图的绘制、PCB 布局、PCB 规则设置、PCB 布线、DRC、手工制板方法及 PCB 相关文件输出等内容，快速掌握工作岗位所需的基本技能。

本书可作为高职高专院校电子信息类专业"Altium Designer 20 电路设计""电子 CAD""PCB 设计"等课程的教材或教学参考书，也可供相关专业工程技术人员学习参考。

图书在版编目（CIP）数据

PCB设计与应用项目式教程 / 董梅，李翠玲主编. --
北京 ： 中国水利水电出版社，2021.9（2024.11重印）
高等职业教育电子信息课程群系列教材
ISBN 978-7-5226-0024-6

Ⅰ．①P… Ⅱ．①董… ②李… Ⅲ．①印刷电路－计算机辅助设计－应用软件－高等职业教育－教材 Ⅳ.
①TN410.2

中国版本图书馆CIP数据核字（2021）第199902号

策划编辑：陈红华　　　责任编辑：张玉玲　　　封面设计：李　佳

书　　名	高等职业教育电子信息课程群系列教材 **PCB 设计与应用项目式教程** PCB SHEJI YU YINGYONG XIANGMUSHI JIAOCHENG
作　　者	主编 董 梅 李翠玲 副主编 陈武发 李国谦 王 芬
出版发行	中国水利水电出版社 （北京市海淀区玉渊潭南路 1 号 D 座　100038） 网址：www.waterpub.com.cn E-mail: mchannel@263.net（答疑） 　　　　sales@mwr.gov.cn 电话：（010）68545888（营销中心）、82562819（组稿）
经　　售	北京科水图书销售有限公司 电话：（010）68545874、63202643 全国各地新华书店和相关出版物销售网点
排　　版	北京万水电子信息有限公司
印　　刷	三河市鑫金马印装有限公司
规　　格	184mm×260mm　16 开本　19.25 印张　480 千字
版　　次	2021 年 9 月第 1 版　2024 年 11 月第 3 次印刷
印　　数	5001—7000 册
定　　价	49.80 元

前　　言

教材事关国家和民族的前途命运，教材建设必须坚持正确的政治方向和价值导向。本书坚持党的二十大精神，全面贯彻党的教育方针，落实立德树人根本任务，为党育人，为国育才，弘扬劳动光荣、技能宝贵、创造伟大的时代风尚。

PCB 设计与应用技术是电子信息大类学生必须掌握的专业技能，本书是在综合 PCB 设计相关岗位、职业技能鉴定和电子产品设计与制作赛项的能力要求基础上，结合编者多年高职教学一线的教学体会，遵循高职学生职业能力培养规律，以"真实项目为载体、项目实施为引线"为编写思想，以"能力培养需求"为依据组织教学内容进行编写，是一本"岗课赛证"融通型教材。具体来讲，本书有以下 3 个特色：

（1）教材体例。

以实际工程项目为载体，以项目实施流程为引线，按照"项目目标→项目分析→项目实施→巩固习题"的体例编排，其中项目实施则按照任务实施顺序进行编写，有效地将实际工作场景引入课堂，利于学生职业能力的培养。

（2）教材内容。

选用 Altium Designer 20 进行电路设计，软件版本新颖。教学内容与企业工程师进行探讨，项目选题贴近生活生产实际，内容丰富实用性强，增加了元器件分析、PCB 图纸打印设置、Gerber 文件输出、其他文件输出、3D 模型操作、集成库的制作等内容。在内容的编排上，从原理图分析到元器件选择，再到库元件、库封装的设计与制作、原理图的绘制、PCB 设计，都采用了大量实物图片和操作实例图片，直观易学，有效地降低了学习难度。理论知识和软件操作逻辑顺序编排经过教学实践，由浅入深逐层递进，逐步提高读者的设计能力和操作水平，适合不同基础的读者学习。

（3）教材资源。

本书配套提供丰富的数字资源，包括教学大纲、PPT 课件、微课、PCB 项目源文件、操作习题答案、集成库等。其中，微课对应本书项目实施的全过程，包含对重点知识的讲解和操作演示，书中相应位置给出了资源标注，读者可以方便地通过手机等移动终端扫码观看。

全书共包含 6 个项目，分别是 PCB 基础知识、双闪警示灯电路设计、双声道小音箱电路设计、心形流水灯电路设计、异形游戏机电路设计、蓝牙透传测试模块电路设计。总学时建议为 64 学时，建议采用理实一体化方式进行教学。

本书由惠州经济职业技术学院董梅组织编写，薛晓萍教授任主审，董梅、李翠玲任主编，陈武发、李国谦、王芬任副主编。

在本书编写过程中，编者借鉴了相关书籍和技术网站资料，并得到惠州经济职业技术学院领导和中国水利水电出版社的大力支持，得到教研室同事、企业同行及就职于金百泽电路科技有限公司本校毕业生的帮助，在此一并表示感谢。

由于时间仓促和编者水平有限，书中难免存在疏漏甚至错误之处，恳请读者批评指正（联系方式：344066429@qq.com）。

编　者

前　言

目　　录

项目 1　PCB 基础知识

【项目目标】

本项目重点讲述 PCB 设计必不可少的基础知识。通过学习本项目，学生可对 PCB 相关知识有整体认识，为后续 PCB 设计打下基础，同时养成良好的工程素质。

知识目标

- 理解 PCB 的基本概念，熟悉 PCB 的定义、特点和分类。
- 理解 PCB 的 6 个基本组成要素及其在线路板上的作用。
- 了解 PCB 设计的 3 款主流软件。
- 理解 PCB 设计流程。
- 理解 PCB 设计原则。
- 了解 PCB 制作工艺。

能力目标

- 能够指认双层 PCB 的板层、封装、焊盘、孔、线、铺铜等组成要素。
- 能够叙述 PCB 设计流程。
- 能够描述出 PCB 板层及板尺寸、布局及布线设计基本原则。
- 能够简述 PCB 热转印工艺和感光法制作工艺流程。
- 能够独立安装 Altium Designer 20 软件。

素质目标

- 提高学生的认知水平和自主学习意识。
- 培养学生团队协作、良好沟通的能力。
- 培养学生认真做事、用心做事的工作态度。

【项目知识】

1.1　PCB 基础认知

1.1.1　PCB 基本概念

1. PCB 的定义

PCB（Printed Circuit Board），中文名称为印制电路板，又称印刷线路板，有时也被称为 PWB（Printed Wiring Board）。它是在绝缘基材上，用导体材料按照预定设计，采用印制方式制成印制线路、印制元件或者两者结合的导电图形的电路板，故称为印制电路板，如图 1-1 所示即为一块简单的 PCB。

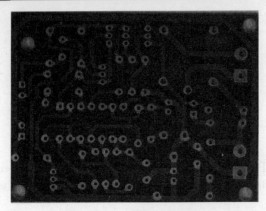

图 1-1　一块简单的 PCB

从生活领域到工业领域再到军事领域，几乎每一种电子设备，小到电子手表、计算器，大到计算机、通信电子设备、军用武器系统，都会使用印制电路板。印制电路板是现代电子系统的核心部件，是电子元器件的支撑体和电子元器件电气连接的载体。

PCB 的主要作用有以下 4 个：

（1）提供各种元器件固定、装配的物理支撑。

（2）提供每个元器件的专属位置。

（3）提供元器件插装、检查或维修的识别字符。

（4）实现 PCB 板内各元器件的电气连接或电绝缘，提供电路要求的电气性能，如特性阻抗等。

2．PCB 的特点

（1）PCB 的主要优点。

1）布线密度高，体积小，重量轻，利于电子设备的小型化。

2）图形具有重复性和一致性，减少了布线和装配的差错，节省了设备的维修、调试和检查时间。

3）利于机械化、自动化生产，提高了劳动生产率，降低了电子设备的造价。

4）PCB 板设计上可以标准化，利于互换。

5）FPC 柔性线路板具有耐曲折、配线密度高、重量轻、厚度薄、配线空间限制较少、灵活度高等优点，能更好地应用到高精密仪器上。

（2）PCB 的主要缺点。PCB 制造工艺较为复杂，单件或小批量生产不经济。

3．PCB 的分类

（1）按导电图形的制作方法分类。按 PCB 导电图形的制作方法可将 PCB 分为加成法 PCB 和减成法 PCB。加成法是指在绝缘基材的表面，选择性地沉积导电金属而形成导电图形的方法。减成法是指在铺铜板上选择性地除去部分铜箔来得到导电图形，此种工艺较为成熟，性能稳定可靠。

（2）按 PCB 基材材料分类。按 PCB 基材材料不同，可将 PCB 分为有机 PCB 和无机 PCB。有机 PCB 主要由树脂、增强材料和铜箔等材料构成，树脂较常见的有酚醛树脂、玻璃纤维、环氧树脂等，增强材料包括纸基、玻璃布等；无机 PCB 主要由铝、陶瓷等材料构成，具有优良的电绝缘性能和高导热性，广泛应用于高频电路中。目前，常见的 PCB 以有机 PCB 居多，

图 1-2 所示为树脂 PCB，图 1-3 所示为陶瓷 PCB。

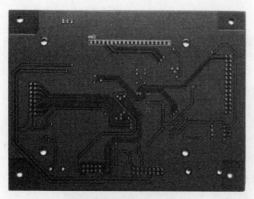

图 1-2　树脂 PCB

图 1-3　陶瓷 PCB

（3）按 PCB 电路层数分类。通常所说的电路层数指的是铺铜层的层面数，根据电路层数不同可将 PCB 分为单面板、双面板和多层板，常见的多层板一般为 4 层板或 6 层板，复杂的多层板可达十几层甚至几十层。

1）单面板（Single-Sided Board）。如图 1-4 所示的 PCB 为一块单面板，其典型特点是零件集中在其中一面，导线则集中在另一面。单面板在设计线路上有许多严格的限制（因为只有一面，布线时不能交叉而必须绕独自的路径），所以只有简单的电路才使用这类板子。

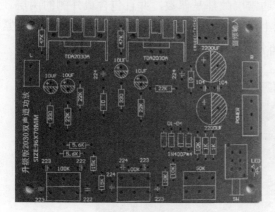

（a）单面 PCB 的元件面

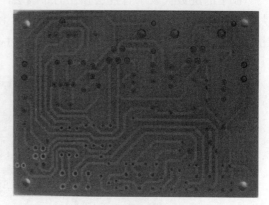

（b）单面 PCB 的焊接面

图 1-4　单面 PCB

2）双面板（Double-Sided Boards）。如图 1-5 所示为一块双面 PCB，该种 PCB 的两面都有布线，不过要用上两面的导线，必须要在两个面之间有适当的电路连接才行。实现这种电路连接的"桥梁"叫作过孔，过孔是在 PCB 上涂上金属的小洞，它可以从一面的导线连通到另一面的导线，是通孔。因为双面板的面积比单面板大了一倍，布线可以互相交错（可以绕到另一面），所以它更适合用在比单面板更复杂的电路上，它的生产工艺比单面板要复杂，相应成本也较单面板高。

3）多层板（Multi-Layer Boards）。为了增加更多的布线面积，多层板用上了更多单面或双面的铺铜板。用一块双面板作内层、两块单面板作外层，或者用两块双面板作内层、两块单面板作外层，各层之间采用绝缘材料粘结，并利用定位系统按照设计印制导线图形及其他图形，即可成为四层或六层的印制电路板。

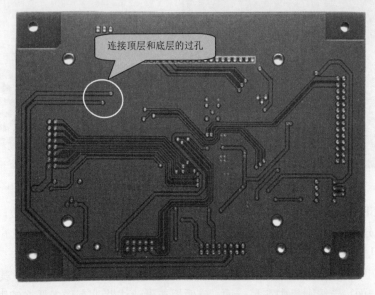

图 1-5　双面 PCB

板子的层数代表了有几层独立的布线层，通常层数都是偶数，并且包含最外侧的两层。大部分的主机板都是 4～8 层的结构，不过理论上可以做到近 100 层。因为 PCB 中的各层都紧密结合，一般不太容易看出实际数目。如图 1-6 所示为一块四层电路板。

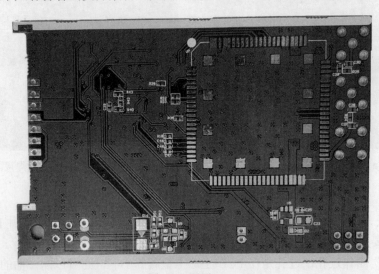

图 1-6　四层 PCB

（4）按 PCB 基材强度分类。按基材强度可将 PCB 分为刚性 PCB、挠性 PCB、刚挠性 PCB。

1）刚性 PCB（Rigid PCB）。刚性 PCB 有酚醛纸质层压板、环氧纸质层压板、聚酯玻璃毡层压板、环氧玻璃布层压板，各类材质的 PCB 性能如表 1-1 所示。

表 1-1 不同材质 PCB 的性能

材质	适用温度	特点	适用电路
酚醛纸质层压板	70℃～150℃	1. 高湿度环境下，绝缘电阻会明显减小，湿度降低绝缘电阻会增加 2. 高温下会引起该压板的碳化，使层压板绝缘电阻降低 3. 正常温度范围内，基材可能出现变黑现象 4. 价格低、性能较差	低频电路
环氧纸质层压板	90℃～110℃	电气性能和非电气性能均优于酚醛纸质层压板	低频电路
聚酯玻璃毡层压板	100℃～105℃	1. 具有良好的电气性能 2. 抗冲击性能较强 3. 机械性能介于纸质材料和玻璃布料之间	应用于很宽的频率范围内和高湿环境下
环氧玻璃布层压板	可达 130℃	1. 机械性能好，特别是抗冲击性、弯曲强度、翘曲率、尺寸稳定性和耐焊接热冲击性良好 2. 电气性能良好 3. 价格较高	高频电路

2）挠性 PCB（Flex PCB）。挠性 PCB 又称柔性印制电路板，即 FPC，它是以聚酰亚胺或聚酯薄膜为基材制成的一种具有高可靠性和较高曲绕性的 PCB。这种电路板散热性好，既可以弯曲、折叠、卷绕，又可以在三维空间随意移动和伸缩，可利用 FPC 缩小体积，实现轻量化、小型化、薄型化，从而实现元件装置和导线连接一体化。FPC 广泛应用于电子计算机、通信、航天、家电等行业，其外观如图 1-7 所示。

3）刚挠性 PCB（Flex-Rigid PCB）。刚挠性 PCB 是指一块印刷电路板上包含一个或多个刚性区和柔性区，由刚性板和柔性板层压在一起组成。刚柔结合板的优点是既可以提供刚性印刷板的支撑作用，又具有柔性板的弯曲特性，能够满足三维组装的需求。刚挠性 PCB 如图 1-8 所示。

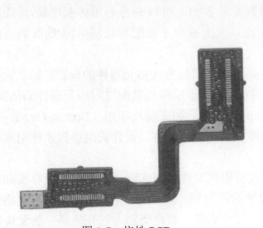

图 1-7 挠性 PCB

图 1-8 刚挠性 PCB

刚性、挠性、刚挠性 PCB 的对比如表 1-2 所示。

表 1-2　刚性、挠性、刚挠性 PCB 对比

项目	类别		
	刚性 PCB	挠性 PCB	刚挠性 PCB
材料	使用纸质基材或玻璃布基材铺铜板制成	使用可挠性基材制成	既有刚性材料又有挠性材料
安装	装配和使用过程中不能弯折、曲绕	可以立体组装或动态组装	能实现三维组装
优劣势	可靠性高、成本低、灵活性差	工序复杂，周期长，应用灵活，布线密度差于刚性 PCB	轻薄短小，工艺复杂，成本高，不易修改和修复

1.1.2　PCB 组成要素

1. 板层（Layer）

板层分为铺铜层和非铺铜层，一般铺铜层上放置焊盘、线条等完成电气连接，在非铺铜层上放置元件描述字符或电路注释信息，还有一些层面用来放置有关制板和装配的信息。铺铜层一般包括顶层、底层、中间层、电源层、地线层；非铺铜层包括丝印层、禁止布线层、阻焊层、助焊层、钻孔层等。

（1）信号层（Signal Layer）。

1）顶层（Top Layer）：主要用在双面板、多层板中制作顶层铜箔导线，在实际电路板中又称为元件面。直插式元器件管脚安插在本层面焊孔中，焊接在底面焊盘上进行。为了便于安装和维修，表面贴装式元件尽可能安装于顶层。

2）底层（Bottom Layer）：底层又叫焊锡面，主要用于制作底层铜箔导线，对于单面板这是唯一的布线层，对于双面板和多层板也是主要布线层。需要注意，在单面板上表面贴装式元件也只能放置在底层。

3）中间层（IntX）：一般 6 层以上较为复杂的电路板才会使用中间层，其命名一般为 IntX，其中 X 为数字，表示中间层的序号，可以从 1 开始顺序添加。

（2）内部电源层（Internal Plane）。内部电源层简称内电层，主要用于放置电源/地线。在各种电路中，电源和地线所接的元器件引脚数是最多的，可以充分利用内部电源/地线层将大量的元器件引脚通过过孔直接与电源/地相连，大大减少了顶层和底层电源/地线的连线长度。

（3）丝印层（Silkscreen Layer）。丝印层主要通过丝印的方式将元器件的投影轮廓、元器件的位号、标称值、型号及各种注释文字印在元件面，以便于电路板装配过程中元器件的插装、产品的调试和维修等。丝印层有顶层丝印层（Top Overlay）和底层丝印层（Bottom Overlay），一般尽量使用顶层丝印层，只有维修率较高的电路板或底层装配有元器件的电路板才使用底层丝印层。

（4）机械层（Mechanical Layer）。机械层没有电气特性，在实际电路板中也没有实际对象与其相对应，是为了方便规划电路板尺寸而设置的逻辑层。该层能为电路板厂家加工电路板提供必要的加工尺寸信息，如 PCB 的外形尺寸、尺寸标记、数据资料、过孔信息、装配说明等，这些信息可能会因设计公司或 PCB 制造公司不同而有所不同。

（5）禁止布线层（Keep-Out Layer）。禁止布线层在实际电路板中也没有实际对象与其相

对应，也是一个逻辑层，起着规范信号层布线的作用。在禁止布线层中绘制封闭曲线，则信号层中的铜箔导线被限制在该封闭曲线内。该层主要用于定义电路板电气边框或电路板中不能有铜箔导线的区域，如电路板的空心区域等。

（6）阻焊层（Solder Layer）。阻焊层主要为一些不需要进行锡焊的铜箔部分（如导线、铺铜区）涂上一层阻焊漆。阻焊漆一般为绿色或棕色，用于阻止焊接时焊盘以外的导线、铺铜区粘上不必要的焊锡，从而避免相邻导线在焊接时短路，还可以保护电路板免受环境的氧化腐蚀。阻焊层和信号层对应出现，可分为顶层阻焊层（Top Solder）和底层阻焊层（Bottom Solder）。

（7）焊锡膏层（Paste Layer）。焊锡膏层又称为助焊层，主要是为表面贴装式元件的安装而设计。表面贴装式元件在安装时必须经过刮锡膏、贴片、回流焊三个步骤，在刮锡膏时，就需要一块掩模板，掩模板上有许多和贴片元件焊盘相对应的小孔，将该掩模板放在对应贴片元件封装焊盘上，将锡膏通过掩模板方形小孔均匀涂敷在对应焊盘上。与掩模板相对应的就是焊锡膏层，焊锡膏层和信号层对应出现，可分为顶层焊锡膏层（Top Paste）和底层焊锡膏层（Bottom Paste）。

（8）多层（Multi-Layer）。多层一般用于显示焊盘和过孔。因为焊盘和过孔一般不仅仅属于某一层，它们有多层的特性，要想显示焊盘和过孔，就要将它们处于显示状态。

PCB 各板层的作用如表 1-3 所示。

表 1-3　PCB 各板层的作用

层用途	英文名称	中文名称	含义
线路绘制等	Top Layer	顶层布线层	用于绘制 PCB 正面的线路图，连接元器件的引脚
	Bottom Layer	底层布线层	用于绘制 PCB 反面的线路图，连接元器件的引脚
	Int 数字	中间布线层（一般有数字标识）	用于在多层 PCB 绘制中间层的线路图，如果中间层走电源，还可以直接用电源类型来命名。Altium Designer 会给出推荐的布线层，如 4 层时推荐 Int1 为 GND，Int2 为 VCC，6 层板时推荐 Int1 为 VCC，Int2 为信号层，Int3 为 VCC，Int4 为 GND
PCB 二维形状	Mechanical 数字	机械层（一般有数字标识）	用于标识当前 PCB 所需要的机械孔、外框尺寸、元器件占位尺寸等
PCB 上的白色字	Top Overlay	顶层丝印层	用于在 PCB 的正面标识元件的位号、参数或其他标志等信息
	Bottom Overlay	底层丝印层	用于在 PCB 的反面标识元件的位号、参数或其他标志等信息
PCB 助焊层	Top Paste	顶层锡膏层（助焊层）	用于将 PCB 正面需要焊接的焊盘或导线露出来
	Bottom Paste	底层锡膏层（助焊层）	用于将 PCB 反面需要焊接的焊盘或导线露出来
PCB 阻焊层	Top Solder	顶层阻焊层	用于将 PCB 正面不用焊接的焊盘或导线包裹起来
	Bottom Solder	底层阻焊层	用于将 PCB 反面不用焊接的焊盘或导线包裹起来
PCB 走线钻孔描述	Drill Guide	钻孔引导层	用于标识当前 PCB 的钻孔位置、孔径大小等信息
	Drill Drawing	钻孔描述层	用于标识当前 PCB 的钻孔信息，对应的概念有通孔、埋孔、盲孔等，多层 PCB 时用到，使用时要注意厂商是否支持此工艺

续表

层用途	英文名称	中文名称	含义
PCB 电气布线区域	Keep-Out Layer	禁止布线层	用于描述 PCB 上某一块区域不可布线，或描述只可以在 PCB 上某一块地方布线，一般放置在 PCB 的外框，但不可代替机械层
PCB 多层描述	Multi-Layer	多层	用于描述 PCB 上跨越多个板层的通孔信息，描述金属通孔在各层的连接情况

2. 封装（Component Package）

在 PCB 设计过程中需要用到元器件的原理图符号和封装。原理图符号即元器件的原理图图形符号，是电子元器件功能和引脚情况的逻辑图形表示，用于绘制原理图，与元器件实际的物理尺寸无关。封装，又称 PCB 封装，是依据元器件的物理参数（如大小、长宽、直插、贴片、焊盘的大小、焊盘的间距、引脚的长宽、引脚的间距等）制作出来的图形符号，用于 PCB 的设计，作用是为元器件提供定制的专属位置，为元器件的连接提供焊盘。如图 1-9 所示为电解电容器的实物、原理图符号和封装。

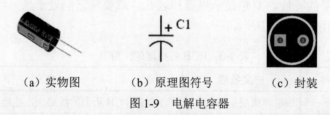

　　　（a）实物图　　　　　（b）原理图符号　　　　　（c）封装

图 1-9　电解电容器

元器件的原理图符号采用国家标准中统一规定的图形符号和文字符号，在此不再介绍，下面主要对封装进行介绍。

（1）封装的分类。

1）通孔封装。采用通孔封装的元器件一般为直插式元器件，该类元器件的引脚焊盘均为通孔式，常见采用通孔封装的元器件如图 1-10 所示。

图 1-10　常见通孔封装元器件

2）贴片封装。如图 1-11 所示的几种元器件对应的封装均为贴片封装，该类元器件对应的焊盘均为表面焊盘，不钻穿所有层，可节省布线空间。

图 1-11　常见贴片封装元器件

3）通孔贴片混合封装。该类元器件一般为接插件，贴片焊盘利于元器件小型化，而通孔焊盘利于元器件的固定，如图 1-12 所示的接口元件对应封装即为通孔贴片混合封装。

图 1-12　通孔贴片混合封装元器件

（2）常见元器件的封装。一般集成电路类的封装有固定规格，而分立元器件的封装没有固定尺寸，可根据需要进行设计。

1）集成电路类封装。

- DIP 封装。DIP（Dual In-line Package）为双列直插式封装，如图 1-13（a）所示。绝大多数中小规模芯片均采用 DIP 封装形式，一般其引脚数不会超过 100 个，适合在 PCB 板上插孔焊接，操作方便。DIP 封装一般以 DIP-XX 的格式命名，其中 XX 为引脚数量。

- SOP 封装。SOP（Small Out-line Package）为小型双列贴片封装，如图 1-13（b）所示。该类型集成电路的引脚从封装两侧引出，呈海鸥翼状（L 字形）。焊盘为表面贴片，一般用于引脚数量不多的芯片封装，工艺较为简单，应用广泛。SOP 封装一般以 SOP-XX 的格式命名，其中 XX 为引脚数量。

- QFP 封装。QFP（Quad Flat Package）为方型扁平式封装，如图 1-13（c）所示。该类型集成电路的引脚从封装的四个方向引出，也呈海鸥翼状（L 字形）。芯片引脚之间的距离很小，管脚很细，一般用于大规模或超大规模集成电路。QFP 封装一般以 QFP-XX 的格式命名，其中 XX 为引脚数量。

- BGA 封装。BGA（Ball Grid Array）为球栅阵列封装，如图 1-13（d）所示，是表面贴装式封装的一种，其底面按照阵列方式制作出球形凸点来代替引脚，其球形凸点数多为数百个，与 SOP 封装的元器件相比，具有更小的体积、更好的散热性和电性能，目前智能手机主要芯片均采用该封装。BGA 封装一般以 BGAXX×YY 的格式命名，例如 BGA140×14，其中数字 140 表示球形凸点的总数量，数字 14 表示行数（列数）。

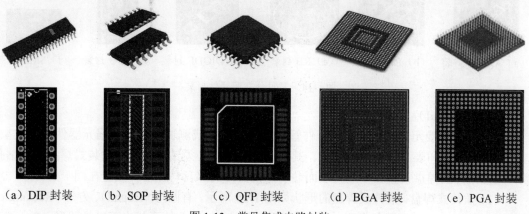

（a）DIP 封装　　（b）SOP 封装　　（c）QFP 封装　　（d）BGA 封装　　（e）PGA 封装

图 1-13　常见集成电路封装

- PGA 封装。PGA（Pin Grid Array）为插针网格阵列封装，如图 1-13（e）所示。PGA 芯片的封装形式是在芯片上有多个方阵形插针，每个方阵形插针沿着芯片的四周间隔一定距离排列，根据插针的数量多少可以围成 2～5 圈。安装时，将芯片插入专门的 PGA 插座即可。PGA 封装一般以 PGAXX×YY 的格式命名，例如 PGA64×10，其中数字 64 表示插针的总数量，数字 10 表示行数（列数）。

2）常用分立元器件封装。

- AXIAL 封装。该类封装一般用于色环电阻，样式如图 1-14（a）所示，命名规则为 AXIAL-XX，数字 XX 一般用来表示两个焊盘之间的距离，单位可选用英寸或毫米。例如 AXIAL-0.4 代表两个通孔焊盘的中心距为 0.4 英寸（10.16 毫米），因此也可以命名为 AXIAL-10.16。英制单位和公制单位之间的换算关系：1in（英寸）=1000mil（毫英寸）=25.4mm（毫米）。

- RAD 封装。该类封装一般用于直插式、无极性电容，样式如图 1-14（b）所示。从 RAD-0.1 一直到 RAD-0.4，数字表示焊盘间距，单位为英寸（也可以用毫米表示）。

- RB 封装。该类封装一般用于直插电解电容，样式如图 1-14（c）所示。一般命名格式为 RBXX-YY，其中数字 XX 表示焊盘间距，数字 YY 表示元件圆筒的直径。例如 RB5-10 表示焊盘中心距为 5mm，圆筒直径为 10mm。

- DIODE 封装。该类封装一般用于二极管，样式如图 1-14（d）所示。封装命名为 DIODE-XX，XX 数值越大表示二极管封装尺寸越大。

- TO 封装。该类封装一般用于三极管，样式如图 1-14（e）所示。封装命名为 TO-XX，其中 XX 为多位标识符，用以表示不同型号三极管对应的封装。

- SMD 封装。该类封装一般用于贴片类电阻和电容，样式如图 1-14（f）所示。该类元器件外形一般是长方体，两端是金属，用于焊接。封装命名为 0201、0402、0603、0805、1206、1210 等，数字越大，元器件的体积越大。

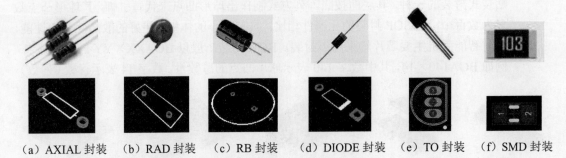

（a）AXIAL 封装　（b）RAD 封装　（c）RB 封装　（d）DIODE 封装　（e）TO 封装　（f）SMD 封装

图 1-14　常见分立元器件封装

3. 焊盘（Pad）

焊盘用于焊接元器件、固定元器件管脚、引出连线或测试线等。根据元器件封装类型，焊盘分为插针式和表面贴装式两大类。其中插针式焊盘必须钻孔，表面贴装式焊盘无须钻孔。插针式元器件的焊盘设置在多层，表面贴装式元器件的焊盘与元器件设置在同一层。

（1）插针式焊盘。插针式焊盘的形状如图 1-15 所示，有圆形（Round）、方形（Rectangle）、八角形（Octagonal）和圆角方形（Rounded Rectangle），通孔的形状也可以是圆形（Round）、方形（Rectangle）或椭圆形（Slot）。

焊盘的参数有钻孔孔径形状和尺寸、焊盘编号、焊盘形状及尺寸等，焊盘中心孔径要比元器件引脚尺寸稍大一些，孔径太大易造成虚焊，焊盘大小也要设计合理，焊盘太小容易在焊接时粘断或剥落。一般焊盘孔径比引脚直径大 0.2～0.4mm，焊盘外径取值为 D>（d+1.3）mm，其中 d 为元器件引脚的直径，对于高密度的数字电路，焊盘最小直径可取 D>（d+1.0）mm，当然焊盘尺寸还要结合实际情况进行设计。

图 1-15　插针式焊盘的形状

插针式焊盘的孔与焊盘的大小一般应满足表 1-4 中的要求。

表 1-4　孔与焊盘的大小关系　　　　　　　　　　　　　　　　单位：mm

单面板	孔直径	0.6	0.8	1.0	1.2	1.5	2.0
	焊盘直径	1.5	2.0	2.5	3.0	3.5	4.0
双面板	孔直径	0.6	0.8	1.0	1.2	1.5	2.0
	焊盘直径	1.3	1.5	2.0	2.5	3.5	4.0

（2）表面贴装式焊盘。表面贴装式焊盘的形状如图 1-16 所示，一般为方形（Rectangle）或圆形（Round），焊盘的主要参数有焊盘编号、焊盘形状及尺寸等。为了焊接稳固性好，一般焊盘长度要比元器件引脚长度尺寸大。

图 1-16　表面贴装式焊盘的形状

4. 电路板上的线（Track）

电路板上的线一般均指金属导线，用来实现焊盘之间的连接，是电路板上各个元器件连接的通路。

（1）线的主要参数。

1）线宽。金属导线的线宽影响着导线的阻抗大小和载流能力。线宽过小，则阻抗较大，影响电路的性能；线宽过大，则影响布线密度，增加成本。

2）线长。一般情况下，要求金属导线尽量短，以减小阻抗；特殊情况下，如射频天线、延时走线等，需要增加走线的长度。

3）线厚。线厚即铜箔的厚度，该参数会影响导线的导电能力，一般以盎司（oz）为单位，铜箔越厚，电路板的成本越高。1oz 约等于 35μm，它与英寸和毫米的转换关系如下：

　　　　1 盎司=0.0014 英寸=0.0356 毫米

PCB 常见的铜箔厚度为 35μm，不同厚度铜箔与电流和线宽的关系如表 1-5 所示。

表 1-5　铜箔厚度与电流和线宽的关系

| 铜箔厚度为 35μm | | 铜箔厚度为 50μm | | 铜箔厚度为 70μm | |
| 铜皮 Δt= 10℃ | | 铜皮 Δt= 10℃ | | 铜皮 Δt= 10℃ | |
电流/A	线宽/mm	电流/A	线宽/mm	电流/A	线宽/mm
6.00	2.50	5.10	2.50	4.50	2.50
5.10	2.00	4.30	2.00	4.00	2.00
4.20	1.50	3.50	1.50	3.20	1.50
3.60	1.20	3.00	1.20	2.70	1.20
3.20	1.00	2.60	1.00	2.30	1.00
2.80	0.80	2.40	0.80	2.00	0.80
2.30	0.60	1.90	0.60	1.60	0.60
2.00	0.50	1.70	0.50	1.35	0.50
1.70	0.40	1.35	0.40	1.10	0.40
1.30	0.30	1.10	0.30	0.80	0.30
0.90	0.20	0.70	0.20	0.55	0.20
0.70	0.15	0.50	0.15	0.20	0.15

（2）线的类型。电路板上的线根据其作用一般分为普通信号线、电源线、地线。

1）普通信号线。信号线是用于传递传感信息和控制信息的线路，一般电流较小。

2）电源线。电源线要走电流，所以电源线要比信号线宽，以减少线路上的阻抗。

3）地线。地线是作为电路的参考 0 电位点、接大地、接机壳的线路，为了降低地线的阻抗，以及减少电路中的干扰和噪声，一般来讲地线要比电源线宽。

从布线形式来看还有差分走线和蛇形走线这两种比较特殊的走线。

1）差分走线。驱动端发送两个等值、反相的信号，接收端通过比较这两个电压的差值来判断逻辑状态是"1"还是"0"，承载差分信号的一对走线就是差分走线，如图 1-17 所示。差分走线的好处是抗干扰能力强、能有效抑制 EMI（电磁干扰）、时序定位精准。差分走线的基本原则是"等长等距"，等长的重要性大于等距。

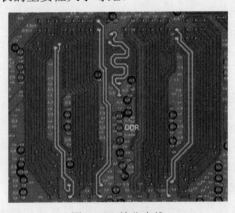

图 1-17　差分走线

2）蛇形走线。蛇形走线样式如图 1-18 所示，该样式的走线会破坏信号质量，布线时尽量避免使用，但有时为了满足电路板的特殊要求也会采用，如调节延时或时序匹配，例如作为

Wi-Fi 模块或蓝牙模块的天线、USB 或音视频模块的滤波电感等，如图 1-19 所示的蛇形走线作为板载天线。

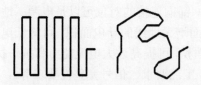

图 1-18　常见的蛇形走线

图 1-19　板载天线

5. 电路板上的孔（Hole）

按照孔在电路板上的作用，可以将孔分为元件孔和走线孔两大类。

（1）元件孔。根据元件孔所安装的元件是否具有电属性，可将元件孔分为金属化通孔和非金属化通孔，如图 1-20 所示。金属化通孔用于安装插针式电子元器件，非金属化通孔一般用于安装电路板的螺丝、电子元器件的固定脚，起到固定电路板，防止电子元器件移动的作用。

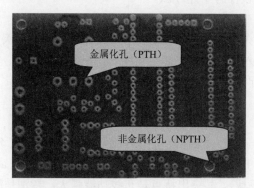

图 1-20　元件孔

（2）走线孔。走线孔是用来走导线的，用于在不同的电路板层之间切换，所以走线孔是金属化孔，要求孔的内壁镀铜。

如图 1-21 所示，根据走线孔所在的板层不同，可将走线孔分为通孔（Via）、盲孔（Blind Via）、埋孔（Buried Via）。通孔，顾名思义就是贯通多层的孔，是能在 PCB 两侧看到的孔。盲孔是将电路板最外层与邻近内层相连接的镀铜孔，是只能在 PCB 的一侧看到的孔。埋孔则是完成电路板内部任意层之间的连接，但未导通至外层的镀铜孔，是在电路板外部看不到的孔。

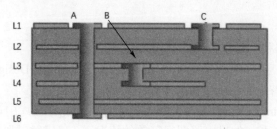

图 1-21　走线孔示意图

由于走线孔不用安装元件，其孔径较小，受元器件布局影响，有些走线孔甚至会被放在元器件的正下方，为了防止元器件与走线孔不小心短路而产生品质问题，一般都需要绿漆盖孔或者先使用树脂填孔再用绿漆盖孔，所以有些走线孔在电路板外部看不到。

6. 铺铜

铺铜是指在 PCB 板上没有布线的区域覆上铜箔，铺铜连接的对象可以是电源、地线，也可以是信号线。对地线网络进行铺铜最为常见，一方面增大地线的导电面积，可降低电路由于接地而引入的公共阻抗；另一方面，增大地线网络的面积，可提高过大电流能力和抗干扰性能；除此之外，铺铜还能满足电路电磁兼容性要求、PCB 工艺要求、信号完整性要求等。

1.2 PCB 设计与制作认知

1.2.1 PCB 设计主流软件

PCB 设计前首先应对电路进行分析，而 PCB 设计需要采用专门的设计软件进行，目前 PCB 设计使用较为广泛的主流软件有下述 3 款。

1. Altium Designer

Altium Designer 是澳大利亚 Altium 公司的 PCB 设计软件，其突出特点是简单易用，简化了复杂的制造工艺知识，入门简单，设计平台统一，原理图、PCB、文档处理以及仿真在统一的软件环境下进行，能够产生美观、精细的电路板 3D 效果，可视化效果较好，其普及和流行程度在国内一直名列前茅。

2. PADS

PADS 是美国 Mentor Graphics 公司的 PCB 设计软件，又名 PowerPCB，外文名为 PADSLayout。PADS 包括 PADS Logic（原理图绘制工具）、PADS Layout（PCB 绘制工具）和 PADS Router（PCB 布线工具），其突出特点是布线功能强大，特别是高密度多层 PCB 的复杂布线效率更高，规则设置简单，易于理解，提供了与其他 PCB 设计软件、CAM 加工软件、机械设计软件的接口，方便了不同设计环境下的数据转换和传递工作；缺点是原理图工具不够方便。

3. Allegro

Allegro 是美国 Cadence 公司的专业级 PCB 设计软件，由 OrCAD 和 Allegro 整合而成，其典型特点是过程严谨复杂，工程师需要熟悉每一个工艺细节和规则设置，入门较难；在高难度 PCB 设计上其设计效率有明显优势；可安装第三方插件，能有效提高设计效率。但由于 Allegro 入门较难，在国内的普及程度远远低于 Altium Designer。

1.2.2 PCB 设计流程

使用 Altium Designer 软件进行 PCB 设计的流程如图 1-22 所示。

（1）绘制元器件原理图符号：有些元器件原理图符号并不在 Altium Designer 系统自带的元件库里，若要绘制原理图，首先要绘制所需元器件的原理图符号。

（2）绘制原理图：在 Altium Designer 原理图编辑环境下，在原理图库中调取元器件原理图符号放于图纸中并用线进行连接。如果电路图很简单的情况下，可以跳过原理图绘制，直接进入 PCB 设计。

（3）项目编译：项目编译可检查原理图中是否有电气特性不一致的情况，可以检查出一些不应该出现的短路、断路、未连接引脚等错误。

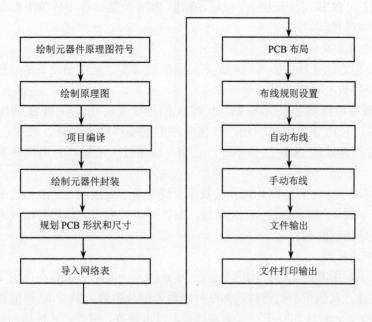

图 1-22   PCB 设计流程

（4）绘制元器件封装：元器件封装需要根据电子元器件实物尺寸制作，该封装提供放置元器件的专属位置和用于焊接的焊盘。

（5）规划 PCB 形状和尺寸：根据电路板的设计要求定义电路板的形状和尺寸。

（6）导入网络表：从原理图导出网络表，并在 PCB 中导入网络表，此环节是从原理图过渡到 PCB 的关键步骤。

（7）PCB 布局：将 PCB 中的元器件按照一定规则摆放至合适的位置。

（8）PCB 布线规则设置：在 PCB 布线前要进行布线规则设置，在这个环节中，用户要定义布线的各种规则，例如导线宽度、安全间距、布线层面等。

（9）自动布线：Altium Designer 提供强大的自动布线功能，只要布线规则设置正确，一般均可完成自动布线。

（10）手动布线：自动布线完成后，由于各种原因，自动布线的结果不能令人满意，可进行手动布线调整。当然，在布线熟练、PCB 设计实战经验丰富时，也可以跳过自动布线，直接进行手动布线。

（11）文件输出：PCB 设计完成后，可生成相应的各类报表文件，比如元器件清单、电路板信息报表等，这些报表文件可帮助用户更好地了解所设计的印制板和管理元器件；还可以导出制造文件，将 PCB 导出为制板厂通用的图纸，包括丝印图、线路图、钻孔图等。

（12）文件打印输出：各类文件生成后，包括 PCB 文件和其他报表文件，可以将它们打印输出，用以存档。

1.2.3 PCB 设计原则

PCB 的设计质量不但直接影响电子产品的可靠性，还关系到产品的稳定性，甚至是设计的成败。因此,在进行 PCB 设计时,除了要为电路中的元器件提供准确无误的电气连接外,从设计阶段开始,在 PCB 尺寸及层数、布局、布线、PCB 安装等各个环节中都要充分考虑 PCB 的抗干扰性能和抗噪性能。

1. PCB 尺寸及层数的选择

PCB 尺寸及层数的选择主要考虑的是产品的制造成本、元件与设备的外形尺寸等因素,确定 PCB 尺寸及层数主要遵循以下原则:

(1)用户需要根据实际安装环境设计 PCB 的形状及尺寸。当 PCB 的尺寸过大时,必然造成印制线路过长而导致阻抗增加,致使电路的抗噪声能力下降,成本也相应增加;当 PCB 尺寸过小时,会导致 PCB 散热不好,且印制线路过于密集,必然使得邻近线路容易受到干扰。

(2)一般情况下,带有金属化过孔的双面板成本是单面板的 5~10 倍之多,在成本要求较低的情况下,一般采用单面板。在 PCB 设计时,如果需要多次使用跨接线来跳过电路板上的走线,就要考虑用双面板。

2. 元器件布局原则

在通常条件下,所有的元器件均应布置在 PCB 的同一面上,只有在顶层元件过密时才能将一些高度有限并且发热量小的器件,如贴片电阻、贴片电容、贴片 IC 等放在底层。在保证电气性能的前提下,元件应相互平行或垂直排列,以求整齐、美观;元件排列要紧凑,位于板边缘的元件离电路板的边缘至少有 2 个板厚的距离。

(1)信号流向布局原则。参照电路原理图,把整个电路按照功能划分成若干个电路模块,按照电信号的流向逐个依次安排各个功能电路模块在电路板中的位置,使布局便于信号流通,并使信号的流通尽可能保持方向一致。一般情况下,信号流向按照从左到右或从上到下的顺序进行,输入元件和输出元件尽量远离。

(2)就近原则。与输入、输出直接相连的元器件应当放在靠近输入、输出接插件或连接器的地方,实现同一功能的电路模块其元器件要就近放置。

(3)元器件顺序原则。元器件在布局过程中,遵循先主后次、先大后小、先特殊后普通、先集成后分立的原则。先主后次就是先布放每个功能电路的核心元件,然后围绕它进行其他元器件的布放;先大后小就是先布放占用面积大的元件;先特殊后普通就是优先布放有特殊功能或特殊要求的元器件;先集成后分立就是先布放集成电路后布放分立元件。

(4)散热原则。PCB 元器件的布局应利于散热。常用的元器件中,电源变压器、功率器件、大功率电阻等都是发热元件,应优先安排在利于散热的位置,并与其他元件隔开一定的距离,必要时可以单独设置散热器或小风扇,以降低温度,减少对邻近元件的影响。电解电容是典型的怕热元件,应当远离高温区域。几乎所有的半导体器件都有不同程度的温度敏感性,在 PCB 设计过程中,应充分了解该半导体元件的作用,合理布局,以免其性能受到影响。

(5)增加 PCB 机械强度原则。要注意整个电路板的重心平衡与稳定。对于一些又大又重、散热量大的元器件,一般不要直接安装固定在 PCB 上,可以将它们固定在机箱的底板上,使整机的重心下移,保证整机的稳定性。质量在 15g 以上的大型元器件必须安装在电路板上时,除了焊盘焊接固定外,应当有专门的支架或卡子等辅助固定措施。当 PCB 尺寸大于 200mm×150mm(8000mil×6000mil)时,为了防止 PCB 弯曲变形,应当对 PCB 采用机械边框加固,并在板上留出固定支架、定位螺钉的位置。

（6）便于操作原则。对于电位器、可调电容、可调电感等调节元件的布局，要考虑整机的结构安排，如果是机外调节，其位置与调节旋钮在机箱面板的相应位置即可；如果是机内调节，则应当放置在电路板上能够方便调节的位置。

3. PCB 布线原则

（1）布线长度和方式。导线的布设应尽可能短；同一元器件的各条地址线或数据线应尽可能保持一样长；导线拐弯尽量使用 45°角，避免直角和锐角；当电路为高频电路或布线密集的情况下，导线的拐弯应呈圆角；双面布线时，两面的导线应当垂直、斜交或弯曲，避免平行，以减少寄生耦合；作为电路的输入和输出用的印制导线应尽量避免相邻平行，最好在这些导线之间加地线。

（2）印制导线的宽度。印制导线的最小宽度取决于导线的载流量和允许温升，覆铜板的铜箔厚度一般为 0.02～0.05mm，工作温度不能超过 85℃，导线长期受热后会造成铜箔脱落的现象。一般情况下，信号线宽度最小不应小于 0.2mm（8mil），一般取 0.2～0.3mm（8～12mil）；电源线宽度为 0.77mm（30mil）或 1.27mm（50mil）；在布线密度允许的条件下，公共地线尽可能粗，如果有可能，可以使用 2～3mm（80～120mil）的线条。对于集成电路，尤其是数字电路，在工艺条件允许的情况下，导线最细可达 2～2.8mil。而对于单面板来讲，由于单面板的加工工艺较为简单，可视情况适当加宽导线，以弥补工艺上的缺陷。

（3）印制导线的间距。导线的最小间距主要由恶劣情况下的导线间绝缘电阻和击穿电压决定。一般情况下，可设置导线的间距等于导线的宽度，实际应用中，条件允许时应考虑加大距离；布线密度较高时，可考虑适当减小线宽和线间距。

（4）交叉问题。PCB 同层布线不允许有交叉的线条，可采用"钻"或"绕"的方法解决。

（5）印制导线的屏蔽与接地。印制导线的公共地线应尽量布置在 PCB 的边缘部分，并且最好形成环路或网状，接地和电源的印制导线应尽可能与信号的流动方向平行，这是抑制噪声能力增强的秘诀。

（6）布线的优先顺序。电源、模拟小信号、高速信号、时钟信号和同步信号等关键信号优先布线，DDR、RAM 等核心部分应优先布线，类似信号的传输线要提供专层、电源和地，其他次要信号布线要顾全整体，不可以和关键信号冲突。从印制板上连接关系最简单的器件开始布线，布线最疏松的区域优先布线。

1.2.4　PCB 制作工艺

PCB 制作工艺可以分成减成法工艺和加成法工艺两大类，PCB 的制作可以是手工制作，也可以是全自动化生产线制作。

1. 常见 PCB 制作工艺

（1）减成法工艺。减成法常采用的制板工艺有蚀刻法和雕刻法。蚀刻法是采用化学腐蚀方法减去不需要的铜箔，雕刻法是利用机械雕刻机或激光雕刻机直接把不需要的铜箔除掉，雕刻法效率高，定位精确度也高，且雕刻开始后不需要人工参与。图 1-23 所示是天津远苏科技有限公司的 SUV2020 雕刻机。

图 1-23　小型雕刻机

（2）加成法工艺。加成法工艺避免了大量蚀刻铜的出现，从而大幅减少了蚀刻溶液处理费用，大大降低了印制板生产成本；加成法工艺比减成法工艺的工序减少了约 1/3，简化了生产工序，提高了生产效率，尤其是避免了产品档次越高工序越复杂的恶性循环；加成法工艺能达到齐平导线和齐平表面，从而能制造 SMT 等高精密度印制板；在加成法工艺中，由于孔壁和导线同时化学镀铜，孔壁和板面上导电图形的镀铜层厚度均匀一致，提高了金属化孔的可靠性，也能满足制作高厚径比印制板和小孔内镀铜的要求。

加成法可以分为以下 3 种：

1）全加成法：仅用化学沉铜方法形成导电图形的加成法工艺。工艺流程：钻孔→成像→增黏处理→化学镀铜→去除抗蚀剂，制造所使用基材是催化性压板。

2）半加成法：在绝缘基材表面上用化学沉积金属，结合电镀、蚀刻或者三者并用形成导电图形的加成法工艺。工艺流程：钻孔→催化处理、增黏处理→化学镀铜→成像（电镀抗蚀剂）→图形电镀铜→去除抗蚀剂→差分蚀刻，制造所使用基材是普通层压板。

3）部分加成法：在催化性铺铜层压板上，采用加成法制造印制板。工艺流程：成像（抗蚀刻）→蚀刻铜→去除抗蚀层→全板涂敷电镀抗蚀层→钻孔→孔内镀铜→去除电镀抗蚀剂。

2. 手工制作 PCB 的方法

（1）刀刻法。对于一些电路简单、线条较少的电路板，可以采用刀刻的方式进行制作。此种方法要求布局排版设计时，导线的形状尽量为条块状，一般焊盘与导线合为一体。

刀刻法刻制电路板所使用的工具有刻刀、钢尺和尖嘴钳，刻制电路板的流程可以分为 3 个步骤，分别是画出除箔线、刻透除箔线、剥掉除箔条。制作时，先在电路板上按照拓印的图形刻画除箔线，然后用刻刀配合钢尺刻透铜箔，再把不需要的铜箔用刀尖挑起并用尖嘴钳夹走。

（2）热转印法。将设计好的 PCB 图形用打印机先打印在热转印纸上，再通过热转印机将图形转印至铺铜板上，形成由墨粉组成的抗腐蚀图形，再经过腐蚀剂腐蚀后即可获得所需的印制板图形。热转印法制板工艺流程如图 1-24 所示。

（a）计算机（用于 PCB 设计）（b）打印机（将图形打印到热转印纸上）（c）热转印机（将图形转印至铺铜板上）

（d）蚀刻机（将 PCB 上没有墨粉的铜箔腐蚀掉）　　（e）台钻（在 PCB 上打孔）

图 1-24　热转印制板工艺流程

（3）感光法。把预先设计好的电路图打印在透光的胶片上，然后将预备好的胶片遮罩放在感光电路板上照射强光数分钟进行曝光；除去遮罩后，用显影剂把电路板上的图案显示出来；最后进行腐蚀，部分铜箔保留下来形成线路。感光法制板工艺流程如图 1-25 所示。

（a）计算机（用于 PCB 设计）　（b）激光打印机（将图形打印到胶片上）　（c）曝光机（将压好胶片的
电路板曝光）

（d）多功能制板机（将曝光后的电路板显影、腐蚀）　　（e）台钻（钻孔）

图 1-25　感光法制板工艺流程

【项目实施】

1.3　双面 PCB 认知

本实训项目要求学生 2 人一组，根据表 1-6 所示的实训项目任务单内容对双面 PCB 进行认知。

表 1-6　双面 PCB 认知实训项目任务单

实训名称	双面 PCB 认知	实训日期		实训地点	
学生姓名		小组编号		实训成绩	
实训材料/工具	双面 PCB 若干块、刻度尺				
实训目的	1. 使学生能够根据所学理论知识说出 PCB 双面板的特征 2. 使学生能够正确判断 PCB 双面板的各组成要素 3. 训练学生的文档编辑能力和文字表述能力 4. 提高学生的认知水平，训练学生的工程意识、纪律观念、团队合作意识，培养学生认真细致的工作态度				

实训内容		1. 将小组领取的双面板拍照，图片放置在此处。（注意 PCB 的双面都要拍照）
		2. 如何判断这是一块双面板？（请把你的判断依据填写在空白处）
		3. 找出这块 PCB 的组成要素有哪些？（分类列举在下列空白表格里）

实训内容	板层	名称	作用

	封装	封装类型	图形样例	对应元件的原理图符号

		类型	图形样例	
实训内容	焊盘			
		类型	图形样例	线宽/mm
	线			
		类型	图形样例	作用
	孔			
	铺铜	该线路板是否有铺铜？是什么类型的铺铜？		
	泪滴	观察焊盘与导线连接处有无泪滴状设计，回答泪滴设计的作用是什么？		
拓展内容	如果请你设计该 PCB 的加工工艺，你会采用哪种工艺？请把加工过程详细描述下来。			
评价	自我评价	（请从实训内容、拓展内容、小组合作、收获与不足等方面进行自我评价）		
	教师评价	（从实训任务单填写内容、文档排版、小组合作等方面进行评价）		

1.4 Altium Designer 20 的安装

Altium Designer 20 软件的安装非常简单，请参照以下步骤进行：

（1）下载 Altium Designer 20 安装包至本地计算机。

（2）双击打开软件安装包，找到 Altium Designer 20 Setup.exe 文件并右击，选择"以管理员身份运行"，弹出如图 1-26 所示的 Altium Designer 20 安装界面，单击 Next 按钮。

图 1-26 Altium Designer 20 安装界面

（3）如图 1-27 所示，先在安装协议界面 Select language 栏下拉列表框中选择 Chinese，然后勾选 I accept the agreement 复选项，再单击 Next 按钮。

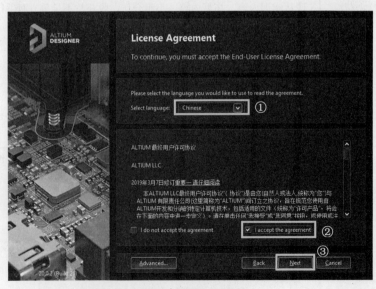

图 1-27 安装协议界面

（4）在图 1-28 所示的功能选择对话框中选择软件功能，如果仅做 PCB 设计，可以只勾选 PCB Design 复选项，系统默认为勾选全部功能，单击 Next 按钮。

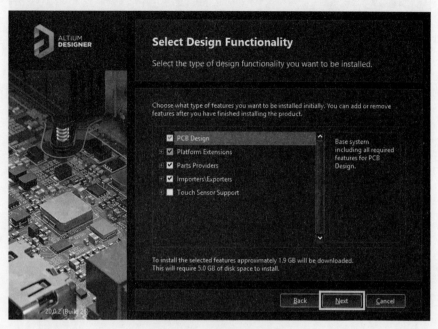

图 1-28　功能选择对话框

（5）如图 1-29 所示，在安装路径设置对话框中设置安装路径，系统文件的默认安装路径是 C:\Program Files\Altium\AD20，共享文件默认安装在 C:\Users\Public\Documents\Altium\AD20 路径下，单击 Program Files 栏右侧的"文件夹图标"可以自定义安装路径，最后单击 Next 按钮。

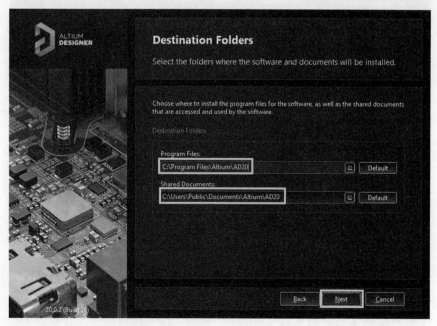

图 1-29　设置安装路径

（6）在图 1-30 所示的准备安装对话框中单击 Next 按钮。

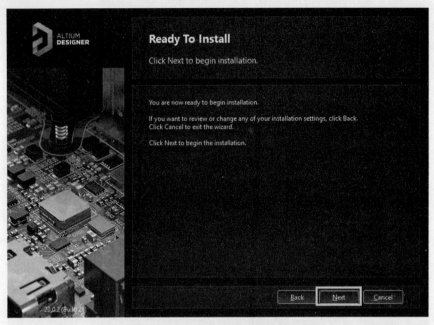

图 1-30　准备安装对话框

（7）图 1-31 所示为安装过程对话框，由于系统安装需要复制大量的文件，整个过程大概 10 分钟左右，请耐心等待。

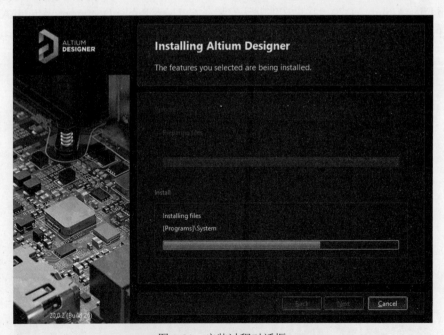

图 1-31　安装过程对话框

（8）在图 1-32 所示的安装完成对话框中，单击 Finish 按钮即完成 Altium Designer 20 的安装。

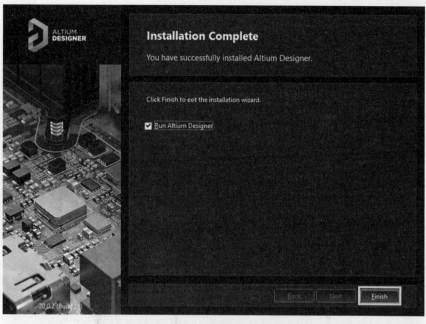

图 1-32 安装完成对话框

（9）单击桌面左下角的"开始"按钮，在弹出的程序菜单中找到 Altium Designer 快捷方式，拖至桌面创建快捷方式，如图 1-33 所示。

图 1-33 创建桌面快捷方式

（10）双击桌面上的 Altium Designer 快捷图标打开软件，软件初始界面如图 1-34 所示。

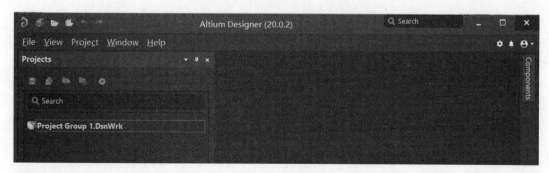

图 1-34 软件初始界面

巩固习题

一、思考题

1. PCB 的全称是什么？
2. 目前，业界 3 款主流的 PCB 设计软件是什么？
3. 简述 PCB 的分类有哪些？
4. 单面板、双面板与多层板划分的依据是什么？
5. PCB 常用的层有哪些？各层的作用是什么？
6. 什么是封装？封装的作用是什么？
7. 常见封装有哪些种类？
8. 列举常见集成电路封装与分立元器件封装的名称。
9. 通孔式焊盘和表面贴装式焊盘有什么不同？
10. 电路板上的导线根据其作用划分可以分为哪些种类？它们各有什么作用？
11. 电路板上的孔根据其作用可以分为哪些种类？它们各有什么作用？
12. PCB 设计流程主要包含哪几个步骤？
13. PCB 元器件布局有哪些原则？
14. PCB 布线原则有哪些？
15. 简述手工制作 PCB 的工艺流程。

二、操作题

下载 Altium Designer 20 软件，安装并熟悉软件界面。

项目 2　双闪警示灯

【项目目标】

本项目是教程设置的两个入门级项目之一。通过学习本项目，学生可熟悉 PCB 设计的流程和 Altium Designer 20 的基本操作，同时养成良好的工程素质。

知识目标

- 理解 Altium Designer 20 文件的管理方式。
- 理解原理图编辑器常用设置各选项的含义。
- 理解元器件原理图符号和封装的对应关系。
- 理解 PCB 编辑器常用参数的设置。
- 熟悉 PCB 设计的简单流程。
- 熟悉热转印法制作 PCB 的流程。

能力目标

- 能够使用 Altium Designer 20 创建完整的项目。
- 能够熟练进行项目文件管理。
- 能够准确查找项目所需元器件。
- 能够正确绘制双闪警示灯电路原理图。
- 能够进行双闪警示灯电路 PCB 设计。
- 能够按照正确流程进行热转印法手工制板。

素质目标

- 培养学生线上自主学习能力。
- 培养学生团队合作、与他人有效沟通的能力。
- 培养学生认真做事、用心做事、严谨细致的工作态度。

【项目分析】

双闪警示灯的工作原理图如图 2-1 所示。这是一个典型的自激多谐振荡电路，电路呈对称形结构，当电源接通时，两只三极管争先导通，由于元件的差异性，只能有一只三极管先导通，该侧的发光二极管就会点亮，此时对该侧电容充电，充电一定时间后，另一侧的三极管导通，使另一侧的发光二极管点亮。两只三极管轮流导通，使两只发光二极管轮流发光，交替闪烁。

在该电路中 200Ω 电阻的作用是控制发光二极管的亮度，100kΩ 电阻和 47μF 电解电容用于控制两只发光二极管交替闪烁的频率，这三个参数可以根据设计调整。

双闪警示灯电路的元器件清单如表 2-1 所示。

1. 发光二极管

发光二极管使用 F5 型红光 LED，其实物、原理图符号、封装如图 2-2 所示，该元件采用库文件查找方式得到。

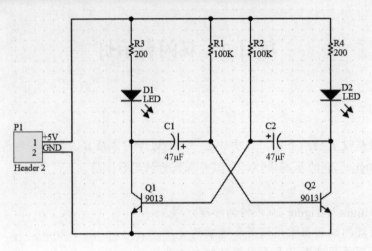

图 2-1　双闪警示灯工作原理图

表 2-1　元器件列表

序号	名称	规格	数量	位号	备注	说明
1	发光二极管	F5	2	D1、D2	红色、直插式	库文件查找
2	色环电阻	100K	4	R1、R2	直插式	软件默认安装库
3	色环电阻	200	2	R3、R4	直插式	软件默认安装库
4	电解电容	16V、47μF	2	C1、C2	直插式	库文件查找
5	三极管	9013	2	Q1、Q2	直插式	软件默认安装库
6	两位插针	XH2.54-2P	1	P1	直插式	软件默认安装库

（a）实物图　　　　（b）原理图符号　　　（c）2D 封装　　　（d）3D 封装

图 2-2　F5 发光二极管

2. 色环电阻

色环电阻实物、原理图符号、封装如图 2-3 所示，在电路板上一般采用卧式直插方式，其尺寸参数如图 2-4 所示。色环电阻一般根据功率选择封装尺寸，依据表 2-2 电阻功率与封装尺寸对应表，本项目中色环电阻选取封装 AXIAL-0.3。

（a）实物图　　　　（b）原理图符号　　　（c）2D 封装　　　（d）3D 封装

图 2-3　色环电阻

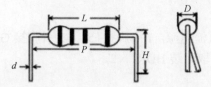

图 2-4　卧式电阻尺寸参数示意图

表 2-2　电阻功率与封装尺寸对应表

功率		尺寸/mm				可选封装（参考）
		$D\pm0.5$	$L\pm1.0$	$P\pm2.0$	$H\pm1.0$	
1/8W	1/4WS	1.5	3.2	6	10	AXIAL-0.3
1/4W	1/2WS	2.3	6	10	10	AXIAL-0.4
1/2W	1WS	3	9	12.5	10	AXIAL-0.5
1W	2WS	4	11	15	10	AXIAL-0.6
2W	3WS	5	15	20	10	AXIAL-0.8
3W	5WS	6	17	25	10	AXIAL-1.0
5W		8	24	30	10	AXIAL-1.2

3. 电解电容

直插式电解电容的实物、原理图符号、封装如图 2-5 所示。电解电容一般采用立式安装，在此取封装 RB2-4，两引脚间距为 2mm，圆筒外径为 4mm。本项目采用库文件查找方式得到该元件，关于电解电容封装的选择方法将在项目 3 中进行详细讲解。

（a）实物图　　　　　（b）原理图符号　　　　（c）2D 封装

图 2-5　电解电容

4. 三极管

直插式三极管的实物、原理图符号、封装如图 2-6 所示，取封装 TO-92A。值得注意的是，原理图符号引脚序号和封装焊盘编号是一致的，如果两者不对应，那么设计的 PCB 就会是错误的。

（a）实物图　　　（b）原理图符号　　　（c）三个引脚顺序　　　（d）2D 封装

图 2-6　三极管

5. 两位插针

两位插针用来接入+5V 直流电源，1 引脚接+5V，2 引脚接 GND。两位插针的实物、原理图符号、封装如图 2-7 所示，取封装 HDR1×2。

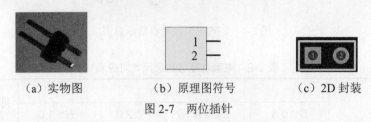

（a）实物图　　　　　（b）原理图符号　　　　（c）2D 封装

图 2-7　两位插针

【项目实施】

2.1　创建完整的项目

Altium Designer 20 采用项目文件来管理所有的设计文件，因此一个完整的项目应当至少包含 5 文件，分别是项目文件（又称为工程文件）、原理图文件、PCB 文件、原理图库文件和PCB 库文件，如图 2-8 所示。

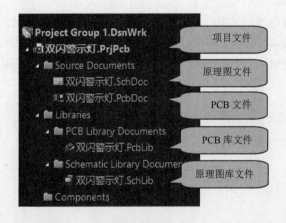

图 2-8　完整的项目组成

对于初学者而言，往往由于不理解各文件之间的关系而造成文件管理混乱，建议初学者按照创建完整项目的方式进行，不但保证设计文件在逻辑上归属于项目文件，还保证设计文件和项目文件物理存储在同一路径下，单独的设计文件都表现为 Free Document，没有和项目文件保存在同一路径下的设计文件图标表现为快捷方式图标。

1. 创建项目文件

如图 2-9 所示，执行菜单命令"文件"→"新的"→"项目"，弹出 Create Project 对话框，如图 2-10 所示，输入项目名称，选择项目的保存路径，然后单击 Create 按钮，系统在保存项目的同时会在保存路径下自动创建与项目同名的文件夹。保存完成后，系统工作界面如图 2-11 所示。

创建完整的项目

图 2-9　新建项目菜单命令

图 2-10　创建并保存项目

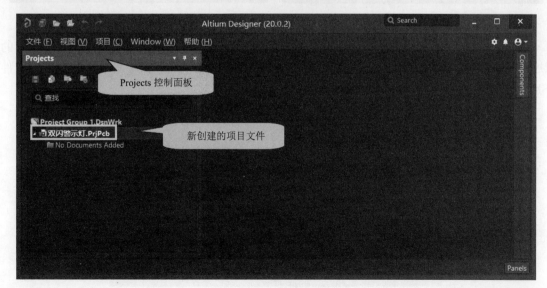

图 2-11　新创建的项目文件

2. 给项目添加设计文件

给项目添加设计文件常用的操作有以下 3 种：

（1）菜单命令。执行菜单命令"文件"→"新的"→"原理图"，如图 2-12 所示，在项目下将直接打开一个后缀为.SchDoc 的原理图文件；执行菜单命令"文件"→"新的"→PCB，如图 2-13 所示，在项目下将直接打开一个后缀为.PcbDoc 的 PCB 文件；执行菜单命令"文件"→"新的"→"库"→"原理图库"，如图 2-14 所示，在项目下将直接打开一个后缀为.SchLib 的原理图库文件；执行菜单命令"文件"→"新的"→"库"→"PCB 元件库"，如图 2-15 所示，在项目下将直接打开一个后缀为.PcbLib 的 PCB 元件库文件。

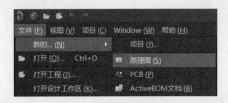
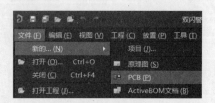

图 2-12　新建原理图文件　　　　　　　　　图 2-13　新建 PCB 文件

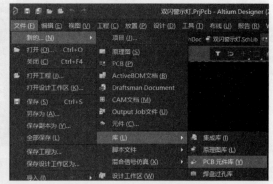

图 2-14　新建原理图库文件　　　　　　　　图 2-15　新建 PCB 元件库文件

（2）右键命令。将光标移至 Projects 面板的"双闪警示灯.PrjPcb"处并右击，在弹出的快捷菜单中选择"添加新的…到工程"→Schematic（如图 2-16 所示），即创建了原理图文件 Sheet1.SchDoc，同时打开原理图编辑器。

图 2-16　给工程添加文件右键命令

重复上述操作，依次添加 PCB、Schematic Library、PCB Library 文件，每一个文件所对应的编辑器不同，不同编辑器所使用的工具也不相同，在使用过程中要注意区别。Schematic Library 和 PCB Library 编辑器都有单独的控制面板，面板可通过面板下方的面板标签切换。如果想要打开某一面板，可以单击屏幕右下角的面板控制中心按钮 Panels，在弹出的快捷菜单中勾选相应面板的名称。

4 个文件添加完成后如图 2-17 所示。

（3）为工程添加已有文件。在后期的设计中，可能会遇到部分文件已经存在的情况，可以把已有文件直接添加到工程中。执行菜单命令"工程"→"添加已有文档到工程"（如图 2-18 所示），或者在 Projects 面板上右击项目名称，在弹出的快捷菜单中选择"添加已有文档到工程"，然后选择需要添加的文件即可。

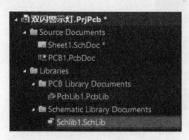

图 2-17　给项目添加 4 个文件

图 2-18　为工程添加已有文件菜单命令

3．文件的保存、移除与删除

（1）文件的保存。文件的保存均可使用工具栏命令、右键命令和菜单命令实现，4 个文件可以分别执行保存，也可以同时执行保存，例如当前文件为 Sheet1.SchDoc，如图 2-19 所示，3 个 🖫 都是保存当前文件图标，🖫 是保存全部文档图标，单击 🖫 图标后系统将依次弹出需要保存文件的对话框。在保存时需要注意不要修改文件的类型，保存操作比较简单，在此不再详细描述。保存完成后如图 2-20 所示。

项目文件的管理

图 2-19　文件的保存

图 2-20　同路径下完整的项目文件

（2）文件的移除与删除。如果要从工程中移除已有的原理图文件、原理图库文件、PCB 或 PCB 库文件，则在 Projects 面板上右击需要被移除的文件，在弹出的快捷菜单中选择"从工程中移除"，如图 2-21 所示。此操作仅仅解除了文件和项目在逻辑上的从属关系，不能等同于删除操作，若还需要删除该文件，则应在关闭该文档后在存储路径下删除它。

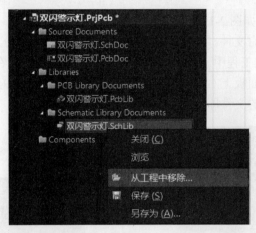

图 2-21 从工程中移除文件

4. 项目的关闭与打开

（1）项目的关闭。在 Projects 面板上右击项目名称，在弹出的快捷菜单中选择 Close Project，如图 2-22 所示，即可关闭整个项目，包括项目所包含的设计文件。

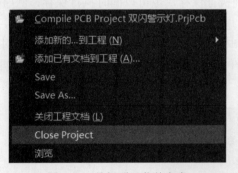

图 2-22 关闭项目菜单命令

（2）项目的打开。常用操作方法有以下两种：一是打开 Altium Designer 软件，执行菜单命令"文件"→"打开工程"，选择项目文件打开；二是直接找到正确的项目文件，双击打开。

2.2 双闪警示灯原理图绘制

熟悉原理图编辑器

2.2.1 熟悉原理图编辑器

如图 2-23 所示为原理图编辑器的工作界面。

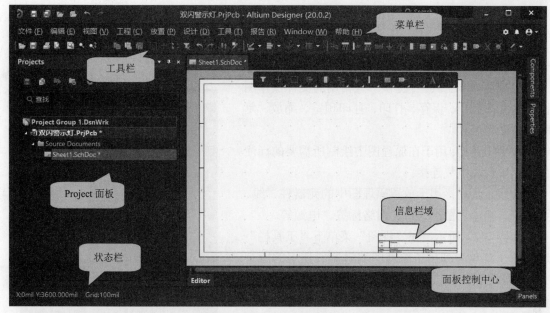

图 2-23　原理图编辑器

1. 菜单栏

原理图编辑器的菜单栏如图 2-24 所示，主要放置原理图操作的各种命令，每个主菜单命令下还有子菜单命令。

文件 (F)　编辑 (E)　视图 (V)　工程 (C)　放置 (P)　设计 (D)　工具 (T)　报告 (R)　Window (W)　帮助 (H)

图 2-24　原理图编辑器的主菜单

"文件"执行文件的新建、打开、关闭、保存和打印等操作。

"编辑"执行对象的选取、复制、粘贴、删除和查找等操作。

"视图"执行视图的管理操作，如工作窗口的放大与缩小，各种工具、面板、状态栏及节点的显示与隐藏等。

"工程"执行与项目有关的操作，如项目文件的建立、关闭、编译和比较等。

"放置"用于放置原理图的各组成部分。

"设计"用于元器件库、网络表的操作。

"工具"提供管理器等操作。

"报告"用于生成各种报表的操作。

2. 工具栏

原理图编辑器的工具栏主要放置原理图操作的各种图标，如图 2-25 和图 2-26 所示，主要有原理图标准工具栏、应用工具栏和布线工具栏。

图 2-25　原理图标准工具栏

图 2-26 应用工具栏与布线工具栏

原理图标准工具栏: 提供一些常用的文件操作图标, 如文件打开、保存、打印、打印预览、缩放、复制、粘贴等工具。

应用工具栏: 用于在原理图中绘制所需要的标注信息, 不代表电气连接。

布线工具栏: 用于放置原理图中的元器件、线、页面符、端口、图纸入口、网络标签、电源等。

如图 2-27 所示, 在 "视图" 菜单下 "工具栏" 选项的子菜单中列出了原理图编辑器所使用的所有工具栏名称, 勾选工具栏名称, 则打开相应的工具栏, 否则该工具栏为关闭状态。

3. 快捷工具栏

在各编辑器工作区域的上方有一个快捷工具栏, 如图 2-28 所示, 该快捷工具栏与编辑器相关, 用来放置常用原理图操作命令的图标, 其显示的是最近调

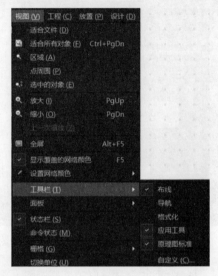

图 2-27 工具栏选项及其子菜单

用命令的图标。右击图标右下方的小三角可以调出下拉菜单, 如图 2-29 所示。

图 2-28 快捷工具栏

4. Panels (面板控制中心)

单击原理图编辑器右下角的 Panels 按钮, 弹出如图 2-30 所示的快捷菜单, 其中列出了各控制面板的名称, 各名称的对应含义如下:

Components: 元器件。

Differences: 差别。

Explorer: 信息查询。

Manufacturer Part Search: 制造商部分搜索。

Messages: 信息。

Navigator: 导航。

Projects: 工程。

Properties: 属性。

SCH Filter: 原理图过滤器。

SCH List: 原理图列表。

Storage Manager: 存储管理器。

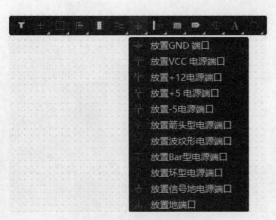

勾选选项
即为面板打开

图 2-29　快捷工具下拉菜单　　　　　　　图 2-30　面板控制中心

2.2.2　原理图编辑器常用设置

在原理图绘制过程中，其效率和正确性往往与环境参数的设置有密切的关系，系统参数设置是否合理直接影响到设计过程中软件功能能否得到最大发挥。

执行菜单命令"工具"→"原理图优选项"，或者在原理图编辑窗口内右击，在弹出的快捷菜单中选择"原理图优选项"命令，即可打开"优选项"对话框，其中有 8 个选项卡，下面逐一进行介绍。

1. General（常规设置）

General 选项卡主要用来设置电路原理图的常规环境参数，推荐设置如图 2-31 所示，完成设置后单击"应用"按钮，设置生效。

（1）单位。可以设置为 mm（公制）或 mil（英制），绘制原理图时推荐使用 mil（英制）。

（2）选项。

1）在节点处断线：勾选此选项，当线相交自动添加节点后，节点两侧的导线被分为两段。

2）优化走线和总线：主要针对画线，勾选此选项，系统对于重复绘制的导线进行移除。

3）元件割线：勾选此选项，当移动元件到导线上时，导线会自动断开，把元件嵌入导线中。

4）使能 In-Place 编辑：勾选此选项时，可以直接对绘制区域内的文字进行编辑，不需要进入属性面板再编辑。

5）转换十字节点：勾选此选项时，两条网络连接的导线十字交叉连接时，交叉节点将自动分开成两个电气节点。

6）显示 Cross-Overs：勾选此选项时，两条非网络连接的导线相交时，穿越导线区域将显示半圆形的跨接圆弧。

7）Pin 方向：勾选此选项时，单击元器件的管脚时会自动显示该管脚的编号及特性等信息。

8）图纸入口方向：勾选此选项时，在顶层原理图中显示子原理图中设置的端口。

9）端口方向：勾选此选项时，根据用户的设置在子原理图中显示端口。

10）使用 GDI+渲染文本+：勾选此选项时，可以使用 GDI 字体渲染功能。

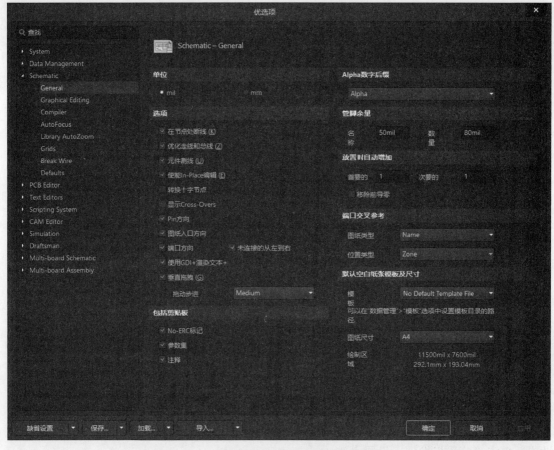

图 2-31　General 选项卡

11）垂直拖拽：勾选此选项时，元器件和与其连接的导线只能直角拖拽，拖拽步进有 4 种选择：Smallest、Small、Medium、Large，如图 2-32 所示。

（3）包括剪贴板。

1）No-ERC 标记：勾选此选项时，将内容复制、剪贴到剪贴板上时或打印时都包含图纸的 No-ERC 标记。

2）参数集：勾选此选项时，将内容复制、剪贴到剪贴板上时或打印时都包含元器件的参数信息。

3）注释：勾选此选项时，将内容复制、剪贴到剪贴板上时或打印时都包含元器件的注释说明信息。

（4）Alpha 数字后缀。Alpha 数字后缀选项如图 2-33 所示。

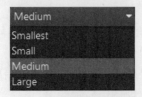

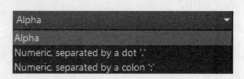

图 2-32　拖拽步进选项　　　　　　　　　图 2-33　Alpha 数字后缀选项

1）Alpha（字母）：勾选此选项时，子部件的后缀以字母表示，例如 U:A、U:B 等。

2）Numeric,separated by a dot '.'（数字间用 "." 间隔）：勾选此选项时，子部件的后缀以数字表示，并用 "." 间隔，例如 U.1、U.2 等。

3）Numeric,separated by a colon ': '（数字间用 ":" 间隔）：勾选此选项时，子部件的后缀以数字表示，并用 ":" 间隔，例如 U:1、U:2 等。

（5）管脚余量。

1）名称：系统默认设置 50mil，设置了元器件管脚名称与元器件符号边缘之间的距离。

2）数量：系统默认设置 80mil，设置了元器件管脚编号与元器件符号边缘之间的距离。

（6）放置时自动增加。该选项用于设置元器件编号及引脚编号的自动增加量。

1）首要的：系统默认设置 1，用于设定在原理图中放置同一种元器件时元器件的编号自动增加量。

2）次要的：系统默认设置 1，用于设定在原理图文件中放置引脚时引脚的编号自动增加量。

3）移除前导零：勾选此选项时，在放置元器件或管脚时移除编号的前导零。

（7）端口交叉参考。

1）图纸类型：用于设置图纸中的端口类型，选项有 Name 和 Number。

2）位置类型：用于设置图纸中端口放置位置的依据，选项有 Zone 和 Location X,Y。

（8）默认空白纸张模板及尺寸。

1）模板：该选项中有系统安装好的原理图模板，如图 2-34 所示，选择某一模板后，在每次创建原理图文件时将会自动套用该模板；如果不需要套用任何模板，可以选择 No Default Template File 选项。

图 2-34　原理图模板选项

2）图纸尺寸：该选项只有在模板选择 No Default Template File 选项后，才能自定义设置图纸尺寸。

2．Graphical Editing（图形编辑）

Graphical Editing 选项卡用来设置与绘图有关的一些参数，推荐设置如图 2-35 所示，设置完成后单击 "应用" 按钮，设置生效。

（1）选项。

1）剪贴板参考：勾选此选项时，在复制或剪切对象时系统将提示确定一个参考点。

2）添加模板到剪贴板：勾选此选项时，在执行复制或剪切操作时会将当前文件的原理图模板一起添加到剪贴板中。

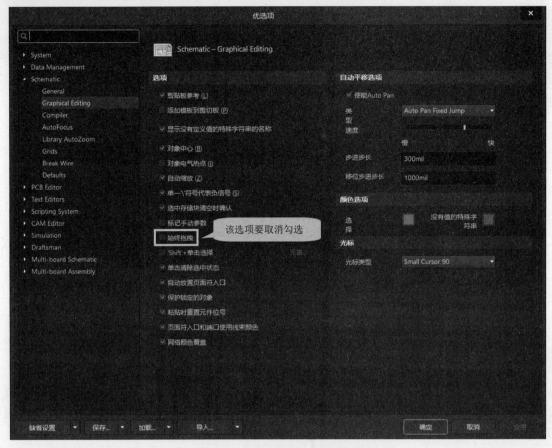

图 2-35　Graphical Editing 选项卡

3）显示没有定义值的特殊字符串的名称：勾选此选项时，当电路原理图中使用特殊字符串时显示状态下会显示实际字符，否则不显示。

4）对象中心：勾选此选项时，在移动元器件时光标自动定位到元器件的参考点或中心，若不勾选，则在移动元器件时光标自动定位至元器件的电气节点。

5）对象电气热点：勾选此选项时，当移动某一对象时光标自动定位至距离对象最近的电气节点。

6）自动缩放：勾选此选项时，在原理图中插入元器件后可自动缩放原理图以获得最佳视图比例。

7）单一'\'符号代表负信号：勾选该选项时，只要在网络标签名称的第一个字符前加一个'\'，则该网络标签名称将全部被加上横线。

8）选中存储块清空时确认：勾选此选项时，在清除选定的存储器时会出现确认对话框。

9）标记手动参数：勾选此选项后，如果对象的某个参数已取消自动定位，那么该参数旁会出现点状标记，提示用户该参数不能自动定位，需要手动定位。

10）始终拖拽：勾选此选项时，当元器件和导线连接时，拖动元器件时与之相连的导线也一起移动；或者在拖动元器件的过程中不能进行镜像、旋转等操作。

11）'Shift'+单击选择：勾选此选项时，只有在按下 Shift 键时单击对象才能选中该对象。

12）单击清除选中状态：勾选此选项时，在空白处单击左键退出选择状态。

13）自动放置页面符入口：勾选此选项时，系统会自动放置图纸入口。

14）保护锁定的对象：勾选此选项时，系统会对锁定对象进行保护。

15）粘贴时重置元件位号：勾选此选项时，粘贴的对象位号会被重置。

16）页面符入口和端口使用线束颜色：勾选此选项时，将原理图中页面符入口和端口颜色设置为线束颜色。

17）网络颜色覆盖：勾选此选项时，原理图中的栅格显示对应颜色。

（2）自动平移选项：用于设置原理图跟随光标自动移动的参数。

（3）颜色选项：用于设置选中对象的颜色，用来区别选择和未选择的状态。

（4）光标：用于设置光标显示形态，有 Large Cursor 90（大型 90°十字光标）、Small Cursor 90（小型 90°十字光标）、Small Cursor 45（小型 45°斜线光标）和 Tiny Cursor 45（极小型 45°斜线光标）4 种光标样式。

3. Compiler（编译）

Compiler 选项卡用于原理图编译参数的相关设置，推荐设置如图 2-36 所示，设置完成后单击"应用"按钮，设置生效。

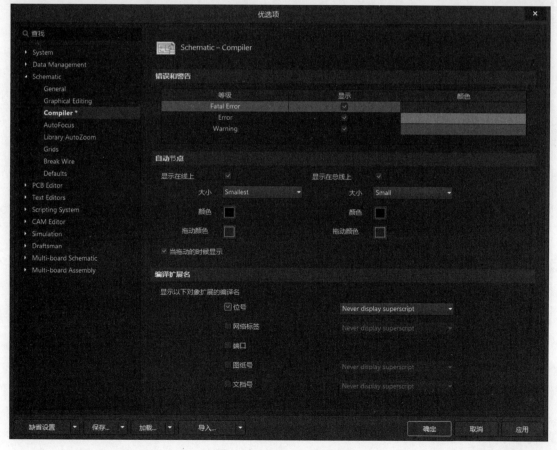

图 2-36　Compiler 选项卡

（1）错误和警告：用来设置是否显示编译过程中出现的错误，是否设置错误的颜色。编译错误分为 3 个等级，分别是 Fatal Error（致命错误）、Error（错误）和 Warning（警告），颜色推荐使用系统默认配置颜色。

（2）自动节点：设置布线时系统自动生成节点的样式，可以分别设置大小和颜色。

（3）编译扩展名：用来设置对象扩展名的显示，勾选某对象前的复选框，则在原理图中显示该对象的扩展名。

4．AutoFocus（自动聚焦）

AutoFocus 选项卡（如图 2-37 所示）用于设置原理图元器件或对象不同状态下的显示情况，可根据需要进行设置，推荐使用系统默认设置。

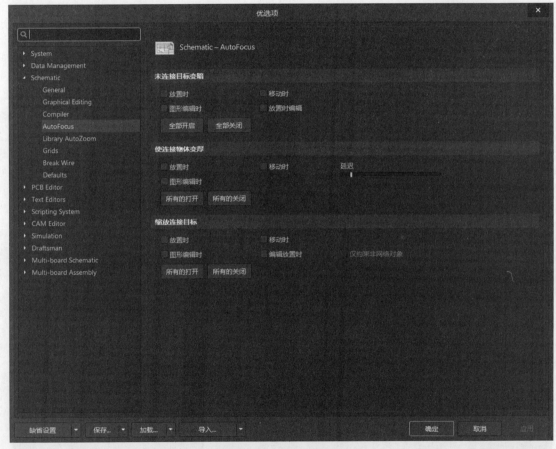

图 2-37　AutoFocus 选项卡

（1）未连接目标变暗：用于设置未连接对象的淡化显示，有"放置时""移动时""图形编辑时"和"放置时编辑"4 个选项。

（2）使连接物体变厚：用于设置连接对象的强化显示，有"放置时""移动时"和"图形编辑时"3 个选项。

（3）缩放连接目标：用于设置连接对象的缩放显示，有"放置时""移动时""图形编辑时""编辑放置时"和"仅约束非网络对象"5 个选项，其中"仅约束非网络对象"选项只有在"编辑放置时"被勾选时才能进行选择。

5. Library AutoZoom（库元件自动缩放）

Library AutoZoom 选项卡用于设置库元件的自动缩放形式，推荐设置如图 2-38 所示。

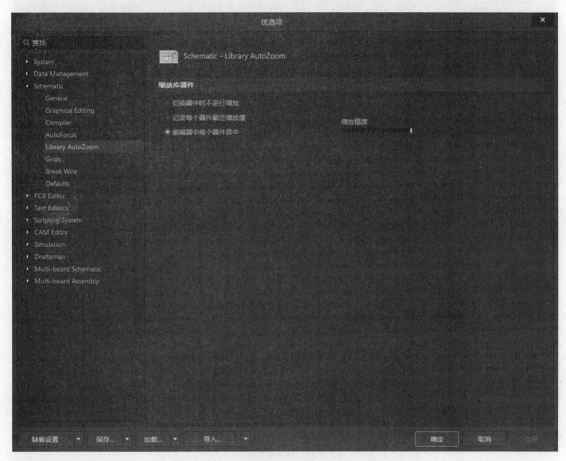

图 2-38　Library AutoZoom 选项卡

缩放库器件共有 3 个选项供设置，分别是"切换器件时不进行缩放""记录每个器件最近缩放值"和"编辑器中每个器件居中"，系统默认设置为"编辑器中每个器件居中"。

6. Grids（栅格）

Grids 选项卡用于设置原理图栅格相关参数，默认设置如图 2-39 所示。

（1）栅格选项：用于设置栅格样式和颜色，栅格样式有 Dot Grid（点型）和 Line Grid（线型）两种，颜色可以通过右侧按钮选择，推荐栅格样式选择 Line Grid，颜色使用系统默认配置颜色。

（2）英制栅格预设：用于预设捕捉栅格、捕捉距离和可视栅格的大小。

捕捉栅格的作用是控制光标每次移动的距离，例如捕捉栅格设置为 10mil，当光标拖动元器件引脚，距离可视栅格在 10mil 范围之内时，元器件引脚自动捕捉到附近的可视栅格上。捕捉栅格也叫跳转栅格，捕捉栅格是看不到的。原理图中切换捕捉栅格快捷键为 G。

图 2-39　Grids 选项卡

　　捕捉距离的作用是，在移动或放置元件时，当元件与周围的电气元件距离在电气栅格范围内时，元件会自动与周围的电气元件吸住。例如捕捉距离设置为 30mil，按下鼠标左键，如果光标离电气对象的距离在 30mil 范围之内时，光标就自动地跳到电气对象的中心上。捕捉距离工作时捕捉栅格不工作。原理图下切换电气栅格快捷键为 Shift+E。

　　可视栅格就是在工作区上看到的网格或网点，其作用类似于坐标线。原理图下可视栅格切换的快捷键为 Shift+Ctrl+G。

　　（3）公制栅格预设。该选项的作用与"英制栅格预设"选项的相同，设置方法也相同。

　　7. Break Wire（切割导线）

　　Break Wire 选项卡（如图 2-40 所示）用于设置与"打破线"命令相关的参数，用户可根据情况自行定义，推荐使用系统默认设置。

图 2-40　Break Wire 选项卡

（1）切割长度：用来设置在执行"打破线"命令时切割导线的长度。

1）捕捉段：选择该选项时，执行"打破线"命令时光标所在的导线被整段切除。

2）捕捉格点尺寸倍增：选择该选项时，执行"打破线"命令时每次切割导线的长度都是栅格的整数倍，数值的大小在 2 和 10 之间。

3）固定长度：选择该选项时，执行"打破线"命令时每次切割导线的长度是固定的。

（2）显示切刀盒：用来设置在执行"打破线"命令时是否显示切割框，有"从不""总是"和"导线上"3 个选项。

（3）显示末端标记：用来设置在执行"打破线"命令时是否显示导线的末端标记，有"从不""总是"和"导线上"3 个选项。

8. Defaults（默认值）

Defaults 选项卡用于设置原理图使用英制单位系统还是公制单位系统，以及原理图各对象的默认值，如图 2-41 所示。推荐使用英制单位系统，各对象的默认值保持系统默认设置。

（1）Primitives 选项组：用于设置绘制原理图时选用的单位系统，可以是英制单位系统（Mils）或公制单位系统（MMs）。

（2）Primitives 下拉列表框：包含 7 个选项，如图 2-42 所示。选择下拉列表框中的某一选项，该选项包含的对象将在 Primitives List 列表框中显示出来。

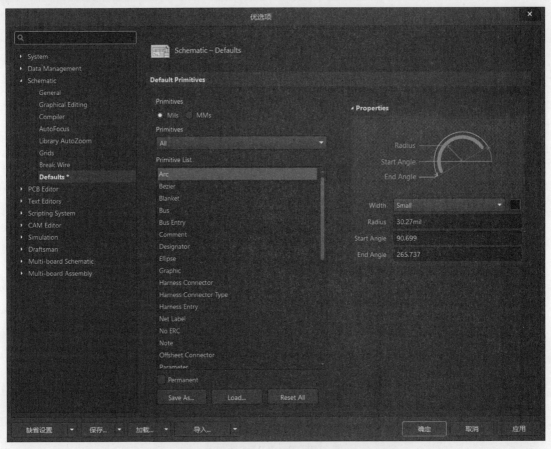

图 2-41　Defaults 选项卡

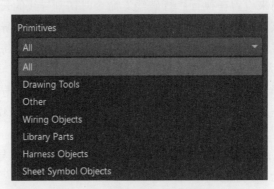

图 2-42　Primitives 下拉列表框

1）All：全部对象。

2）Drawing Tools：绘图工具，主要包含应用工具栏中的对象。

3）Other：其他。

4）Wiring Objects：布线对象，主要包含布线工具栏中的对象。

5）Library Parts：库部件，主要包含与原理图符号相关的对象。

6）Harness Objects：线束对象，主要包含与线束相关的对象。

7）Sheet Symbol Objects：原理图符号对象，主要包含层次原理图中与子原理图符号相关的对象。

（3）Primitives List 列表框：其中显示 Primitives 下拉列表框中选定类别包含的对象，如图 2-43（a）所示，例如在 Primitives 下拉列表框中选中 Drawing Tools，则在 Primitives List 列表框中列出应用栏中的对象。

（4）Properties：用于显示 Primitives List 中选中对象的属性，如图 2-43（b）所示。Primitives List 中选中 Ellipse 对象，右侧 Properties 栏则显示 Ellipse 的属性，可以通过修改相关参数值来设置椭圆图形的默认参数。

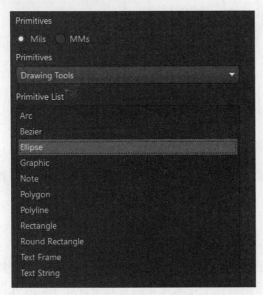

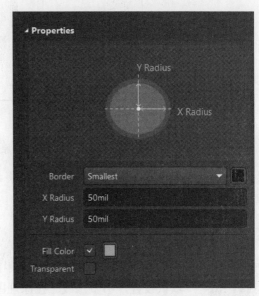

（a）Primitives List 列表框　　　　　（b）Properties 栏

图 2-43　Primitives List 列表框与 Properties 栏

2.2.3　原理图设计流程

原理图设计流程如图 2-44 所示，具体步骤如下：

（1）新建原理图文件：这是原理图设计的第一步。

（2）图纸设置：即设置图纸大小、方向等参数。

（3）加载元件库：将原理图绘制需要的元件库添加到工程中。

（4）放置元器件：从元件库中选择原理图绘制需要的元器件，并将其放置在原理图中。

（5）调整元器件布局：根据原理图设计需要，将元器件调整到合适位置和方向，方便连线。

（6）元器件的连接：根据电路的电气连接关系，用带有电气属性的导线、网络标签等将元器件连接起来。

（7）元器件位号标注：检查位号并进行标注，可以在放置元器件的过程中手动标注，也可以在元器件连接完成后使用原理图标注工具对元器件的位号进行统一标注。

（8）项目编译：原理图绘制完成后，需要对原理图进行检查，应将人工检查和系统项目编译检查相结合。使用系统自带的 ERC 功能对一些常规的电气规则进行检查可避免常规错误，但由于系统进行的 ERC 检查并不能检查出所有类型的错误，因此人工检查是必不可少的一个步骤。

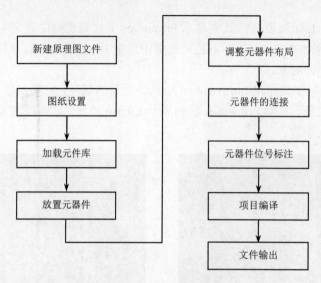

图 2-44　原理图设计流程

（9）文件输出：原理图正确无误后，将元器件报表（BOM）、网络报表和原理图等文件输出。

2.2.4　原理图绘制

绘制原理图

双闪警示灯.PrjPcb 项目中已经创建了双闪警示灯.SchDoc 文件，图纸使用默认设置，不做修改。在原理图绘制过程中，无论是放置元器件还是进行元器件连线，请保持栅格捕捉设置为 100mil，次之 50mil，一方面方便元器件的对齐，另一方面避免项目编译时出错。

Altium Designer 20 默认安装两个集成库：通用插件库 Miscellaneous Connectors.Intlib 和通用元器件库 Miscellaneous Devices.Intlib，但是这两个库没有也不可能包含所有元器件，有些元器件的原理图符号和封装需要自行解决。用户可以自行绘制元器件原理图符号和封装，可以加载已有元件集成库，可以通过库文件查找方式得到，还可以复制所需元器件原理图符号或封装，方法有多种，在后面的学习中将逐一介绍。

查找元器件的方法

1. 查找元器件

以查找元器件 Header 2 为例，有下述 3 种方法。

（1）方法一。打开双闪警示灯.SchDoc 文件，进入原理图编辑器，在 Components 面板的元件库下拉列表中选择系统默认安装的通用插件库 Miscellaneous Connectors.Intlib，使之成为当前库。在元件列表中手动查找 Header2，如图 2-45 所示。

（2）方法二。在 Components 面板的元件库下拉列表中选择系统默认安装的通用插件库 Miscellaneous Connectors.Intlib，使之成为当前库。在如图 2-46 所示的"搜索"栏中输入被查找元器件的名称（不区分大小写），回车确认。

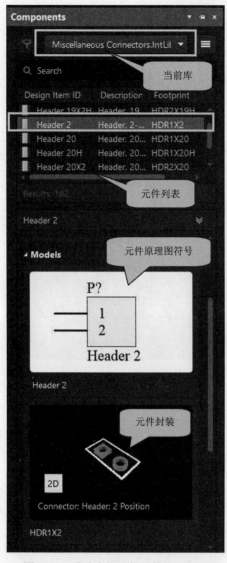

图 2-45　手动查找两位插针 Header 2

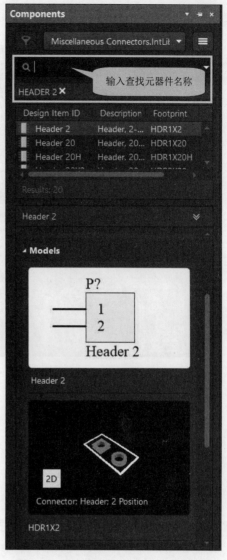

图 2-46　在"搜索"栏中输入 Header 2

（3）方法三。单击 Components 面板上的 Operations 按钮，弹出如图 2-47 所示的快捷菜单，选择 File-based Libraries Search（库文件搜索），弹出如图 2-48 所示的对话框。

File-based Libraries Preferences...
File-based Libraries Search...
Refresh   F5

图 2-47　Operations 按钮的快捷菜单

"过滤器"用于设置查找条件，一般查找"字段"选择 Name，"运算符"选择 contains，"值"填写被查找对象的名称字符（不区分大小写）。"运算符"下拉列表框中有 equals、contains、starts with 和 ends with 四种运算法则，如图 2-49 所示。

"范围"用于设置搜索范围，"搜索范围"下拉列表框中有 4 个选项（如图 2-50 所示）：Components（元器件）、Footprints（封装）、3D Models（3D 模型）和 Database Components（库元器件），"可用库"选项指系统已经安装的库，"搜索路径中的库文件"选项需要在右侧指定库文件所在的路径，Refine last search 选项则是指在上次查询结果中查找。

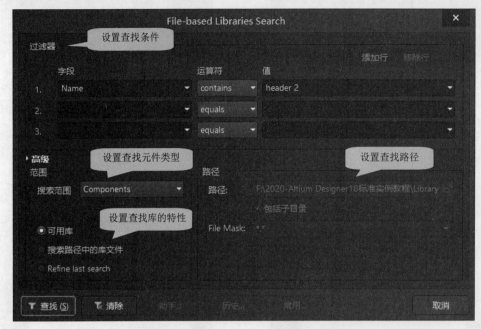

图 2-48　File-based Libraries Search 对话框

图 2-49　运算符选项

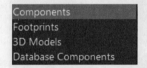

图 2-50　搜索范围选项

"路径"用于设置搜索路径。如勾选"包括子目录"选项，则搜索路径下的子目录也被搜索，File Mask（文件面具）用于设置查找文件的匹配符，"*"表示任意匹配。

设置完成后单击"查找"按钮，查找结果将显示在 Components 面板上，如图 2-51 所示。

图 2-51　查找结果

使用上述方法在系统默认安装的通用元器件库 Miscellaneous Devices.Intlib 中查找电阻

Res1 和 NPN 型三极管 2N3904，如图 2-52 和图 2-53 所示。

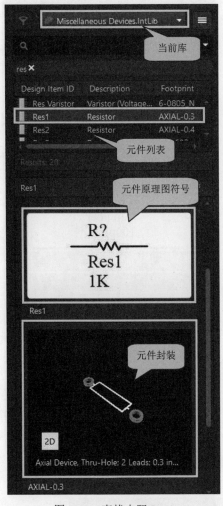

图 2-52　查找电阻 Res1

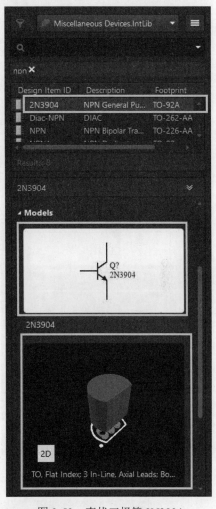

图 2-53　查找三极管 2N3904

如图 2-54 和图 2-55 所示，可以发现系统默认安装库中的发光二极管和电解电容器的封装不符合实际元器件的需要，在本书资源包中提供了 F5 型发光二极管（元器件名称 LED）和 RB2-4 封装的电解电容器（元器件名称 CAP POL）的集成库文件，文件夹名称为 my-lib，通过库文件搜索方式可以查找到两个元器件，LED 元件查找设置详见图 2-56，LED 与 CAP POL 元件的查找结果如图 2-57 和图 2-58 所示。

2. 放置元器件

以放置 Header 2 为例，双击 Components 面板上列表中的元件 Header 2，或者右击 Header 2，在弹出的快捷菜单中选择 Place Header 2，如图 2-59 所示，此时光标变成十字形状，同时光标上悬浮着 Header 2 元件符号。在原理图绘图区域单击鼠标左键可以放置元件，按 Esc 或者右击可以退出当前操作。当光标粘着元件时按下 Space 键可以旋转元件，按下 X、Y 键可以分别将元件沿水平、竖直方向镜像，用以调整元件的方向。

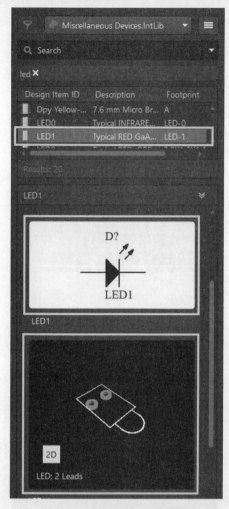

图 2-54　默认库中的 LED1

图 2-55　默认库中的 Cap Pol1

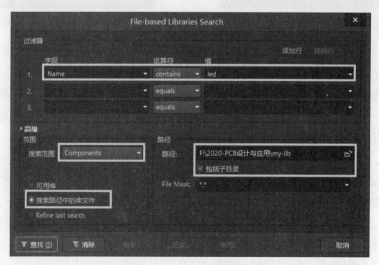

图 2-56　LED 元件查找设置

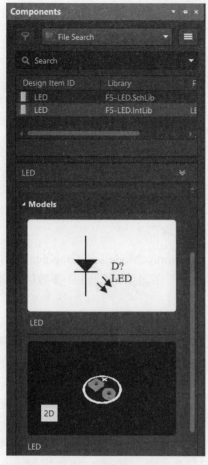

图 2-57　LED 查找结果

图 2-58　CAP POL 查找结果

用同样的方法放置其他元器件，在放置使用库文件查找方式找到的元器件时系统会弹出如图 2-60 所示的 Confirm 对话框，通知用户添加该集成库，单击 Yes 按钮即可。

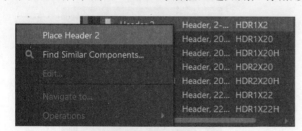

图 2-59　Place Header 2 命令

图 2-60　Confirm 对话框

原理图元器件放置完成后如图 2-61 所示，绘图区域的元器件原理图符号旁边有红色波浪线，主要原因是元器件位号重复，修改完元器件位号波浪线即可消失。如果需要删除对象，可以选择菜单命令"编辑"→"删除"，鼠标变成十字光标，单击被删除对象；或者通过单选、框选的方式选中对象，然后按 Delete 键。

3. 设置元件参数

双击元件，或者在元件悬浮在光标上时按下 Tab 键，打开 Properties 面板。

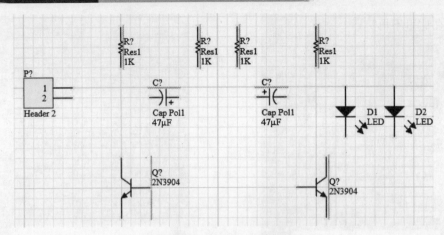

图 2-61　原理图元器件放置完成

Properties 面板上有 Properties、Location、Links、Footprint、Models 和 Graphical 六个选项区，Properties 和 Footprint 是原理图绘制过程中常用的两个，下面以元件 LED 参数的设置为例进行介绍。

Properties 选项区如图 2-62 所示。

Designator（标识符）：用来设置元器件的序号，也就是位号，在电路图中所有元器件的位号都是不可以重复的。图标⊙用来设置元器件标识符是否可见，图标🔒用来设置元器件的锁定与解锁。

Comment（注释）：用来设置元器件的基本特征，例如电阻的阻值、电容的容量、芯片的型号等，用户可以根据电路需要修改元器件的注释，不会发生电气错误。

Description：用于元器件的功能描述。

Design Item ID：在整个设计项目中系统分配给元器件的唯一 ID 号，用来与 PCB 同步，用户一般不用修改。

Footprint 选项区如图 2-63 所示，用于给元器件添加或者删除封装。

图 2-62　Properties 选项区

图 2-63　Footprint 选项区

4. 元器件布局

根据双闪警示灯电路原理图，运用平移拖拽、对齐等操作进行元器件的布局，该操作比较简单，在这里不再赘述，布局完成后效果如图 2-64 所示。

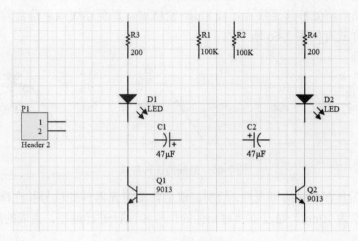

图 2-64　布局效果

5. 添加注释信息

为了使原理图具有更好的可读性，需要添加必要的注释信息。例如，在本项目中两位插针 P1 的作用是接入直流 5V 电源，并且其引脚 1 接电源的正极，引脚 2 接电源的负极，可以用文字进行注释。

执行菜单命令"放置"→"文本字符串"；或者单击应用工具栏中图标后面的下三角，在弹出的下拉列表中选择图标；或者单击原理图绘图区域上方快捷工具栏中的图标，此时光标上会悬浮着 Text 字符串，单击鼠标左键将其放置在合适位置，然后双击字符串，在 Properties 面板上将其修改为需要的字符，操作过程如图 2-65 所示。

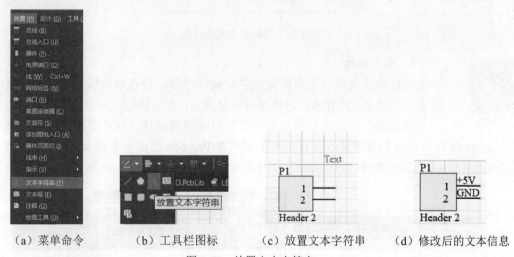

（a）菜单命令　　　（b）工具栏图标　　　（c）放置文本字符串　　　（d）修改后的文本信息

图 2-65　放置文本字符串

6. 元器件的连接

执行菜单命令"放置"→"线"，或者单击布线工具栏或快捷工具栏中的"布线"图标，此时光标变成十字形状，单击需要连接的两点即可完成两点之间的连线。此时连线命令没有结束，可以继续通过单击的方式进行连线，按 Esc 键或者右击可以结束命令。

连接 C1 和 Q2 时需要使用斜线，绘制斜线的方法：输入法切换至美式键盘，光标单击需要连线的起点，然后将光标移至终点，按 Shift+空格键，直至连线效果符合需要，单击鼠标完成绘制，斜线的样式有如图 2-66 所示的 3 种。

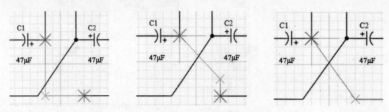

图 2-66　斜线的 3 种样式

为了使原理图具有更好的可观性，绘制完成后需要对元器件的位号和注释进行调整，按 G 键将栅格捕捉切换为 10mil，通过拖拽对元件的位号和注释进行调整，完成的原理图如图 2-67 所示。

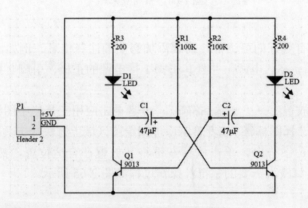

图 2-67　绘制完成的原理图

7. 项目编译

项目编译

项目编译就是对原理图文件进行编译查错，检查电路原理图中有无电气规则方面的错误，只有确认原理图没有错误后，才能进行下一步 PCB 设计的操作。

原理图文件只有归属于项目文件中才能被编译，执行菜单命令"工程"→"Compile PCB Project 2-双闪警示灯.PrjPcb"；或者在 Projects 面板上右击项目文件，在弹出的快捷菜单中选择"Compile PCB Project 2-双闪警示灯.PrjPcb"，如图 2-68 所示。

图 2-68　项目编译菜单命令和右键快捷命令

编译完成后，根据原理图编辑器的设置，如果原理图有电气性质错误将弹出 Messages 面板，如果没有则不弹出 Messages 面板。如果想要查看信息，可以通过单击面板管理中心按钮 Panels，再勾选 Messages 调出 Messages 面板实现。若 Messages 面板显示有错误信息，则要返回原理图修改，直至没有错误提示为止。双击 Messages 面板上的错误信息，原理图对应出错位置将被突出显示，对于警告信息也要检查核对，确保原理图的正确性。若如图 2-69 所示，Messages 面板提示：Compile successful, no errors found，则原理图无电气性质错误，可以进行下一步的操作。

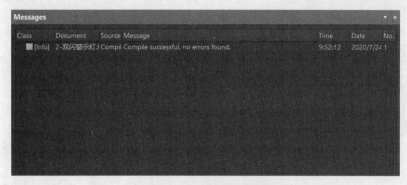

图 2-69　项目编译信息

常见的原理图电气规则错误或警告有以下几个：

- Duplicate Part Designations：重复的元器件位号。
- Floating net labels：悬空的网络。
- Net with multiple names：重复的网络名。
- Nets with only one pin：单端网络。
- Off gird object：对象没有处在栅格点的位置上。

编译完成后，系统还会在 Projects 面板上自动添加 Components 和 Nets 选项组，显示本项目文件中所有的元器件和网络，如图 2-70 所示。

8. 封装匹配检查

为了避免元器件封装出错，在进行下一步操作前需要进行封装检查。如图 2-71 所示，执行菜单命令"工具"→"封装管理器"，弹出如图 2-72 所示的 Footprint Manager 对话框，逐个元件进行封装检查，如果发现封装有问题可进行原封装移除和新封装添加等操作，完成封装操作后要单击"接受变化（创建 ECO）"按钮，在弹出的"工程变更"对话框中单击"执行变更"按钮，完成封装匹配。

图 2-70　简单的 Components 与 Nets 报表

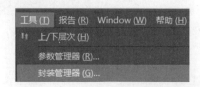

图 2-71　封装管理器菜单命令

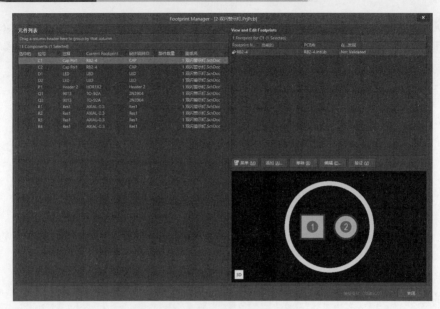

图 2-72　Footprint Manager 对话框

2.3　双闪警示灯 PCB 设计

2.3.1　熟悉 PCB 编辑器

PCB 编辑器工作界面如图 2-73 所示。

图 2-73　PCB 编辑器工作界面

1. 菜单栏

PCB 编辑器的菜单栏如图 2-74 所示，主要放置 PCB 操作的各种命令，每个主菜单命令下还有子菜单命令。

文件 (F)　编辑 (E)　视图 (V)　工程 (C)　放置 (P)　设计 (D)　工具 (T)　布线 (U)　报告 (R)　Window (W)　帮助 (H)

图 2-74　PCB 编辑器的菜单栏

2. 工具栏

PCB 编辑器的工具栏主要放置 PCB 操作的各种图标，如图 2-75 和图 2-76 所示，主要有 PCB 标准工具栏、应用工具栏和布线工具栏。

图 2-75　PCB 标准工具栏

图 2-76　应用工具栏与布线工具栏

如图 2-77 所示，在"视图"菜单的"工具栏"子菜单中列出了 PCB 编辑器所使用的所有工具栏名称，勾选工具栏名称则打开相应的工具栏，否则该工具栏为关闭状态。

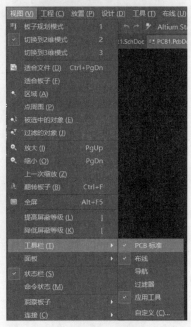

图 2-77　"工具栏"选项及其子菜单

3. 快捷工具栏

在 PCB 编辑器工作区域的上方有一个快捷工具栏，放置了 PCB 编辑常用命令的图标，其显示的是最近调用命令的图标。右击图标右下方的小三角可以调出下拉菜单，如图 2-78 所示。

图 2-78　快捷工具的下拉菜单

4. Panels（面板控制中心）

单击 PCB 编辑器右下角的 Panels 按钮，弹出如图 2-79 所示的快捷菜单，其中列出了 PCB 编辑器的各种面板名称。

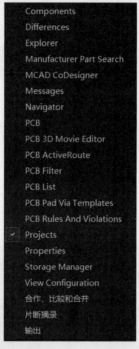

Components
Differences
Explorer
Manufacturer Part Search
MCAD CoDesigner
Messages
Navigator
PCB
PCB 3D Movie Editor
PCB ActiveRoute
PCB Filter
PCB List
PCB Pad Via Templates
PCB Rules And Violations
✓ Projects
Properties
Storage Manager
View Configuration
合作，比较和合并
片断摘录
输出

图 2-79　面板控制中心快捷菜单

Components：元器件。

Differences：差别。

Explorer：信息查询。

Manufacturer Part Search：制造商部分搜索。

Messages：信息。

Navigator：导航。

Projects：工程。

Properties：属性。

Storage Manager：存储管理器。

PCB：印制电路板。

PCB 3D Movie Editor：3D 电影编辑器。

PCB ActiveRoute：自动布线。

PCB Filter：PCB 过滤器。

PCB List：PCB 列表。

PCB Pad Via Templates：焊盘过孔标准。

PCB Rules And Violations：规则和违规。

View Configuration：视图配置。

5. 板层标签

板层标签如图 2-80 所示，单击某一板层标签可以使之成为当前层。板层的显示可以通过 View Configuration（视图配置）控制面板进行设置，如图 2-81 所示，有 3 种调出方法：按 L 键、单击当前板层标签 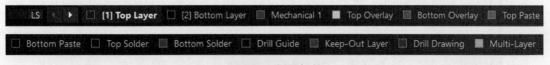 红色区域、单击"面板控制中心"按钮 Panels 后再选择 View Configuration。

图 2-80　板层标签

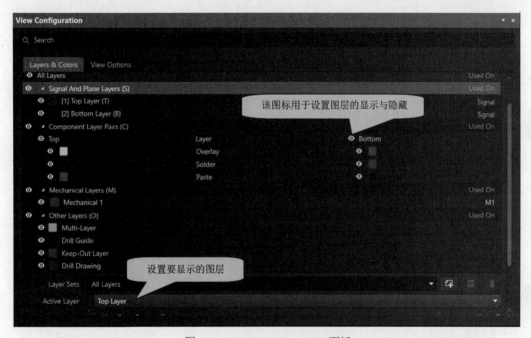

图 2-81　View Configuration 面板

2.3.2　PCB 编辑器常用设置

PCB 编辑器系统参数设置也影响到设计效率，部分参数选项可保持系统默认设置，各参数的具体含义需要在使用过程中加以理解，下面仅就常用设置进行简单说明。

执行菜单命令"工具"→"优选项"；或者在 PCB 编辑窗口内右击，在弹出的快捷菜单中选择"优选项"命令，打开"优选项"对话框。

1. General（常规设置）

General 选项卡主要用来设置 PCB 编辑环境的常规参数，推荐设置如图 2-82 所示，完成设置后单击"应用"按钮，设置生效。

2. Display（显示）

Display 选项卡主要用来设置 PCB 编辑环境的显示参数，推荐设置如图 2-83 所示，完成设置后单击"应用"按钮，设置生效。

图 2-82　General 选项卡

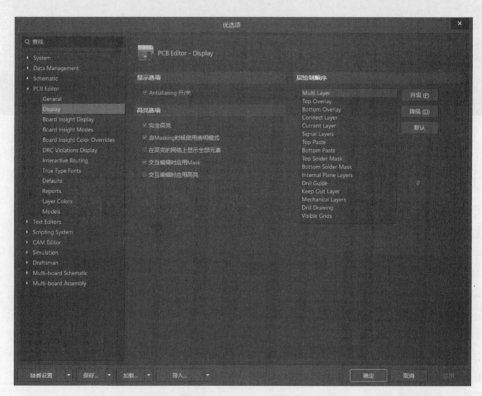

图 2-83　Display 选项卡

3. Board Insight Display（板显示）

Board Insight Display 选项卡用于设置线路板上焊盘和过孔的显示、线路板的单层显示，推荐设置如图 2-84 所示，完成设置后单击"应用"按钮，设置生效。

图 2-84　Board Insight Display 选项卡

4. Interactive Routing（交互布线）

Interactive Routing 选项卡用于设置 PCB 布线的相关参数，推荐设置如图 2-85 所示，完成设置后单击"应用"按钮，设置生效。

5. Grids（栅格）

在 PCB 编辑环境下，Grids（栅格）设置有以下 3 种操作方法：

（1）在英文输入法下按 G 键，弹出如图 2-86 所示的快捷菜单，可直接选择捕捉栅格大小。

（2）在图 2-86 所示的快捷菜单中选择"栅格属性"，弹出如图 2-87 所示的 Cartesian Grid Editor 对话框，在"步进值"选项区设置步进值，在"显示"选项区设置栅格的显示效果。

（3）打开 Properties 面板，在 Gird Manager 选项区（如图 2-88 所示）中双击 Name 列下的 Global Board Snap Gird，同样弹出如图 2-87 所示的 Cartesian Grid Editor 对话框，然后进行栅格步进及栅格显示的设置。

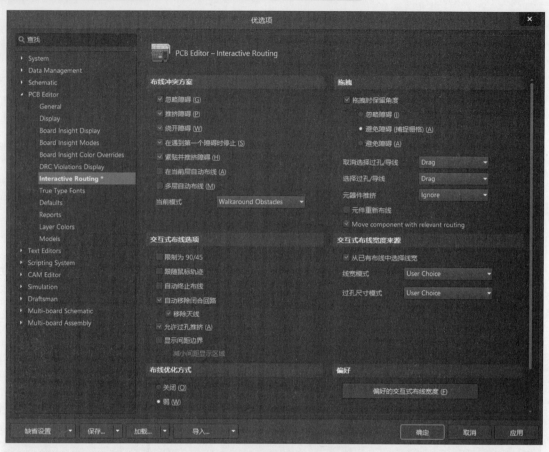

图 2-85　Interactive Routing 选项卡

图 2-86　栅格设置快捷菜单

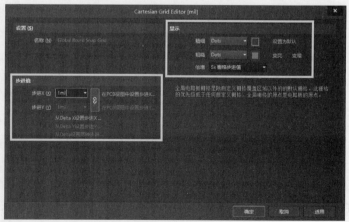

图 2-87　Cartesian Grid Editor 对话框

图 2-88　Grid Manager 选项区

2.3.3　PCB 设计

1. PCB 机械板框定义

按照设计要求定义 1600mil×1200mil（或 40mm×30mm）矩形板框。

Altium Designer 20 系统默认提供 3 个机械层，Mechanical 1 作为 PCB 的边框，加工的时候，铣刀按照这个层进行切割；Mechanical 13 作为元件本体尺寸和外框尺寸；Mechanical 15 作为元件占位面积，用于在设计早期估算线路板尺寸，Mechanical 13 和 Mechanical 15 均与元器件的 3D 模型有关。Altium Designer 20 系统仅显示生效的板层，所以新建的 PCB 文件，还没有放置元器件封装，或者封装没有 3D 模型时，Mechanical 13 和 Mechanical 15 这两个板层处于隐藏状态，没有显示出来。

（1）设置原点。如图 2-89 所示，执行菜单命令"编辑"→"原点"→"设置"，或者按快捷键 E+O+S，光标变成十字形状，在 PCB 设计区域的左下角单击，即可设置当前坐标原点。

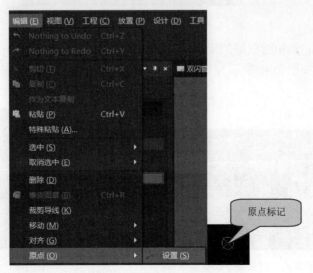

图 2-89　原点设置

（2）绘制 PCB 边框。选择 Mechanical 1 层，使用英制单位，可通过 Q 键快速切换公制单位和英制单位。执行菜单命令"放置"→"线条"或者按快捷键 P+L，放置线条。绘制边框线条的常用方法有以下 3 种：

方法一：随意绘制 4 个线条，双击线条修改线条两个端点的坐标。本项目机械边框 4 条线段的坐标分别是 (0,0)→(1600,0)、(0,0)→(0,1200)、(1600,0)→(1600,1200)、(0,1200)→(1600,1200)，绘制过程如图 2-90 所示。

图 2-90　绘制机械边框方法一

方法二：设置捕捉栅格距离为 PCB 边框尺寸的 1/n（n 取 100、50、10 等），在执行放置线条命令过程中，光标依次捕捉并确定边框图线端点所在坐标，完成 PCB 边框的绘制。绘制规则形状边框线时，该方法操作非常便捷。

方法三：绘制线条过程中定位线条的端点。在执行放置线条命令过程中，光标捕捉原点或按 Ctrl+End 定位至当前原点，单击鼠标左键或回车确认线条放置的第一点，然后按快捷键 J+L，弹出如图 2-91 所示的 Jump To Location 对话框，在其中输入 X 和 Y 的坐标，单击 OK 按钮或按 Enter 键确认，此时光标自动定位在指定位置处，再次按 Enter 键确认新位置，继续使用该操作，完成边框的绘制。

图 2-91　Jump To Location 对话框

（3）裁板。选中绘制好的矩形边框，执行菜单命令"设计"→"板子形状"→"按照选择对象定义"（如图 2-92 所示），或者按快捷键 D+S+D 定义板框，裁板完成后的 PCB 板如图 2-93 所示。

图 2-92　定义板子形状菜单命令

图 2-93　定义后的板子形状

2. PCB 电气边框定义

在 PCB 设计过程中，电气边框界定了元器件放置和布线的范围，是必不可少的。一般情况下，使用裁板机裁切电路板时，电路板边缘部分受剪切力的作用可能会出现裂纹或毛刺，所以可以设置 PCB 的电气边框在机械边框内部 50mil（1～2mm）左右，具体尺寸还要结合加工工艺和电路板设计情况进行确定。

选中 Keep-Out Layer 图层使其成为当前图层。如图 2-94 所示，执行菜单命令"放置"→Keepout→"线径"，或者按快捷键 P+K+T，根据 PCB 的设计需要绘制电气边框。本项目电气边框绘制在机械边框内部，距机械边框取 50mil，绘制完成效果如图 2-95 所示。

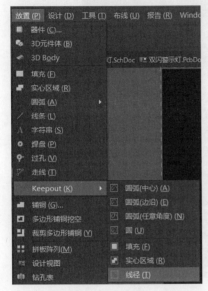

图 2-94　绘制电气边框菜单命令

图 2-95　电气边框图示

3. 更新 PCB 文件

原理图编译无误、完成封装检查和 PCB 板框定义完成后，就需要把原理图网络表更新到 PCB，这一步非常重要，是原理图与 PCB 联系的桥梁。这一步操作不但把原理图中元器件的封装导入 PCB 中，还把原理图中元器件的连接网络关系导入到 PCB 中，元器件的连接关系用飞线表现出来。

更新 PCB 文件

（1）执行更新命令。该操作有两种方法：一种是在原理图编辑器中执行菜单命令"设计"→"Update PCB Document 双闪警示灯.PcbDoc"；另一种是在 PCB 编辑环境下执行菜单命令"设计"→"Import Changes From 2-双闪警示灯.PrjPcb"，如图 2-96 和图 2-97 所示。

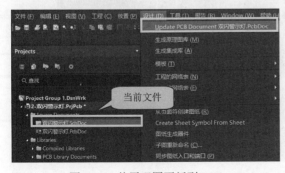

图 2-96　从原理图更新到 PCB

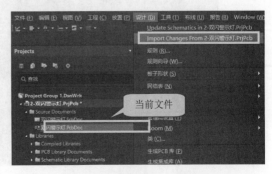

图 2-97　PCB 导入工程变更

（2）确认更新。执行更新后会弹出"工程变更指令"对话框，如图 2-98 所示。单击"验证变更"按钮，系统检测所有的变更是否有效，如果所有变更有效，右侧"检测"栏下面应显示一列✓图标，如果某项变更无效，右侧"检测"栏对应位置显示✗，一般是因为系统找不到元器件对应的封装，应当返回原理图找到对应元器件添加封装或在封装管理器中添加封装，再重新更新到 PCB。

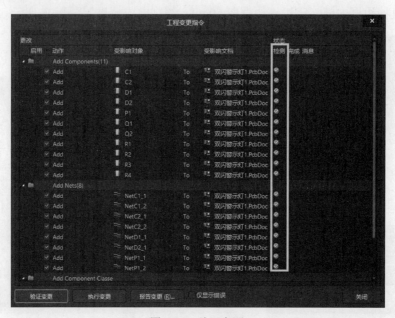

图 2-98　验证变更

验证变更无误后再单击"执行变更"按钮，执行变更完成后右侧"完成"栏下面显示一列✓图标，如图 2-99 所示。

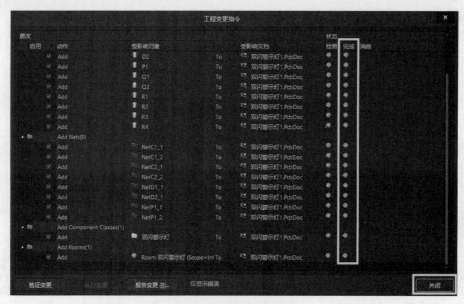

图 2-99　执行变更

（3）关闭对话框。单击图 2-99 所示对话框中的"关闭"按钮，此时可发现 PCB 编辑界面已发生变化，如图 2-100 所示，说明由原理图更新到 PCB 的操作已完成。所有的元器件封装都在同一个 Room 里，元器件的连接关系用飞线体现。

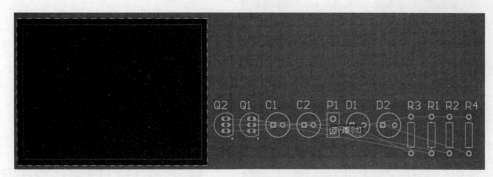

图 2-100　PCB 的变化

4．PCB 布局

（1）元器件布局。根据信号的流向性，参照原理图进行布局，拖拽元件放置在 PCB 中，当光标上悬浮着元器件时，可以按空格键旋转该元件，需要注意 PCB 中的封装可以旋转，但慎用沿水平、竖直方向镜像，4 个引脚以上的元件不允许镜像。飞线代表了元器件之间的网络连接，布局时尽量使飞线交叉较少。参考布局图如图 2-101 所示。

PCB 布局

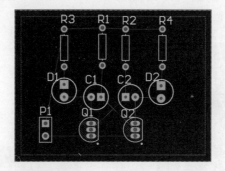

图 2-101　元器件布局

（2）全局操作修改元器件位号。元器件位号显示过大，与元器件封装显示比例不协调。PCB 上的位号有共同属性，可以使用全局操作进行修改。

右击某一元器件位号，在弹出的快捷菜单中选择"查找相似对象"命令，弹出"查找相似对象"对话框，如图 2-102 所示，勾选"选择匹配"复选项，依次单击"应用"和"确定"按钮。此时可以发现，具有相同属性的元器件位号都被选中，如图 2-103 所示。Properties 面板弹出，如图 2-104 所示，修改位号的文本高度和字体宽度参数，即可完成所有元器件位号的外观修改。一般位号字高和字宽常用的尺寸为 20/4mil、25/5mil、30/6mil，具体尺寸还可以根据板子的实际情况灵活设置。完成设置后的效果如图 2-105 所示。

在 PCB 线路板上，一般要求元器件的位号不能被遮挡，但是在元器件特别密集没有足够的空间放置位号时，也可以将位号放在元器件的内部；位号的方向尽量与元器件一致，例如水平放置的元器件其位号第一个字符在左侧，垂直放置的元器件其位号第一个字符在下方。

图 2-102 "查找相似对象"对话框

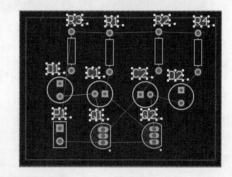

图 2-103 被选中的对象

图 2-104 Properties 面板

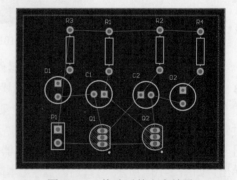

图 2-105 修改后的文本效果

（3）元器件对齐操作。Altium Designer 20 可以很方便地进行元器件的对齐操作，对齐方法有以下 3 种：

1）选中需要对齐的元器件，按快捷键 A+A，打开如图 2-106 所示的"排列对象"对话框，选择对应的选项，单击"确定"按钮。

2）选中需要对齐的元器件，按快捷键 A，在如图 2-107 所示的快捷菜单中选择对应操作。

图 2-106　"排列对象"对话框

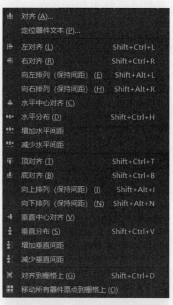

图 2-107　对齐快捷菜单

3）选中需要对齐的元器件，单击应用工具栏中的"排列工具"按钮，在如图 2-108 所示的下拉列表中选择相应的对齐工具按钮。

元件封装尽量坐落在栅格上，执行布线命令时方便捕捉。除了元器件的对齐外，元器件的位号也要方向一致，便于安装、维护和维修。如果受电路板的限制，无法做到所有位号方向一致，可以使位号分为水平和垂直两个方向，但也要保证这两个方向上的位号方向一致。PCB 布局完成后如图 2-109 所示。

图 2-108　"排列工具"下拉列表

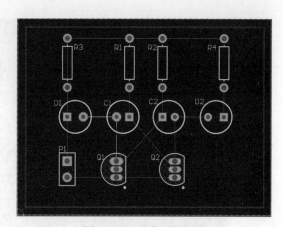

图 2-109　对齐后的布局

5. PCB 布线

PCB 布线是 PCB 设计中最重要、最耗时的一个环节，将直接影响到板子性能的好坏。在 PCB 设计过程中有 3 种布线境界：一是能布通，二是能满足电气性能，三是美观。对于 PCB 设计入门

布线规则设置

PCB 布线

者来讲,首先要做到的就是布通,在布通的前提下,仔细调整布线,使其达到最佳电气性能,最后才是在满足最佳电气性能的前提下,力求布线整齐美观。

PCB 布线前应当进行相关规则的设计。

(1)创建类。该操作并不是每一个 PCB 设计项目都必须执行。在本项目中,P1 接入+5V 直流电压,本质上是电源类网络,但在电路中其网络名称为 NetP1_1 和 NetP1_2,并非电源网络,所以需要创建一个 POWER 类,将 NetP1_1 和 NetP1_2 包含进来,这样在后面对电源网络进行设置时只需要将规则适用对象选择为 POWER 类即可。

如图 2-110 所示,执行菜单命令"设计"→"类",或者按快捷键 D+C,弹出"对象类浏览器"对话框。在 Net Class 处右击,在弹出的快捷菜单中选择"添加类"命令(如图 2-111 所示),并将新的类命名为 POWER,然后将需要归为电源的网络从"非成员"列表移至"成员"列表中,如图 2-112 所示。

图 2-110 "类"菜单命令

图 2-111 "添加类"命令

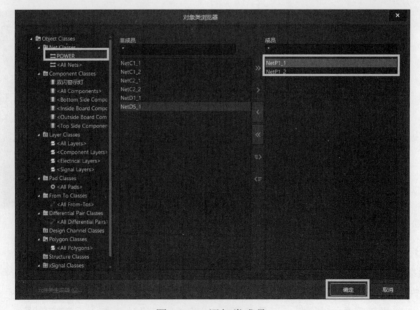

图 2-112 添加类成员

（2）Routing 规则。执行菜单命令"设计"→"规则"，或者按快捷键 D+R，弹出"PCB 规则及约束编辑器"对话框。如图 2-113 所示，PCB 设计规则共 10 个选项，双闪警示灯电路作为一个简单的入门项目，在此仅介绍 Routing（布线）规则。Routing 规则包含 8 个子规则，如图 2-114 所示。

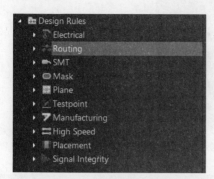

图 2-113　PCB 设计规则

图 2-114　Routing 规则

1）Width（线宽）：用来设定布线时铜导线的宽度，以便于自动布线或手工布线时线宽的选取和约束。在双闪警示灯电路中，主要有普通信号线和电源线，要分别进行设置。

Width 选项面板如图 2-115 所示，为了方便，通常普通信号线的线宽规则名称采用系统默认的名称 Width，适用对象选择为 All，在"约束"栏设置该规则线宽的最小宽度、首选宽度、最大宽度，双闪警示灯电路电流较小，普通信号线设置为 12mil。设置完成后单击"应用"按钮使设置生效。

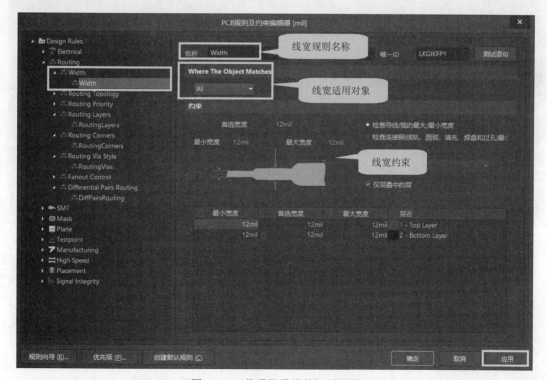

图 2-115　普通信号线的规则设置

进行电源线线宽设置需要新建规则,将光标移至左侧规则列表中的 Width 处并右击,选择"新规则"(如图 2-116 所示),在弹出的对话框中进行名称、线宽适用对象及线宽的设置,然后单击"应用"按钮使设置生效,如图 2-117 所示。

图 2-116 新建线宽规则

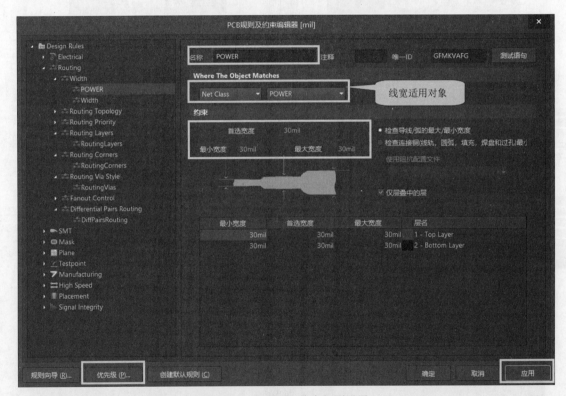

图 2-117 POWER 线宽规则设置

设置线宽规则后,必须正确设置线宽规则的优先级,在布线过程中才能正确使用布线规则。单击图 2-117 所示对话框中的"优先级"按钮,弹出如图 2-118 所示的"编辑规则优先级"对话框,使 POWER 规则的优先级高于 Width 规则。如果优先级顺序不符合要求,可选中线宽规则后单击"增加优先级"按钮或"降低优先级"按钮进行调整,其中数字 1 表示优先级最高,设置完成后单击"关闭"按钮。

2)Routing Topology(布线拓扑规则):共有 7 种,如图 2-119 所示。Altium Designer 20 常用的布线拓扑约束为最短拓扑规则,用户也可以根据设计选择不同的布线拓扑规则。

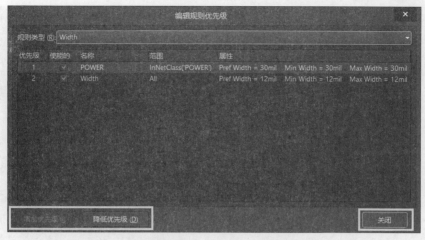

图 2-118　线宽规则优先级设置

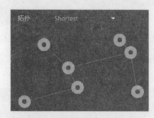

（a）最短拓扑规则

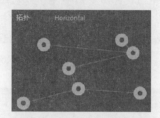

（b）水平拓扑规则

（c）垂直拓扑规则

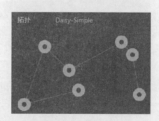

（d）简单链状拓扑规则

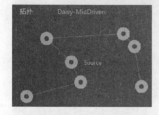

（e）简单中点拓扑规则

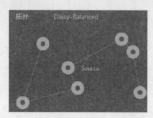

（f）简单平衡拓扑规则

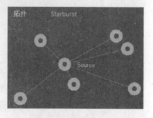

（g）星型拓扑规则

图 2-119　Routing Topology 规则

3）Routing Priority（布线优先级规则）：用于设置布线的优先级，如图 2-120 所示，系统默认无规则。布线优先级可设置范围为 0～100，数值越大，优先级越高。

4）Routing Layers（布线层）。本项目采用单层布线的方式，所有布线均在 Bottom 层进行，设置如图 2-121 所示，设置完成后，单击"应用"按钮使设置生效。

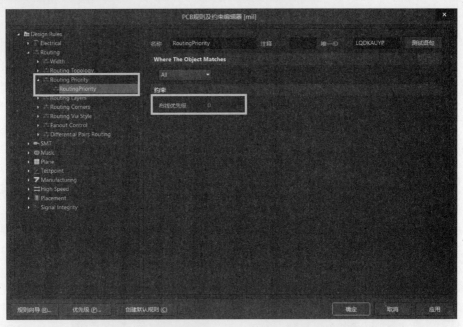

图 2-120　Routing Priority 规则

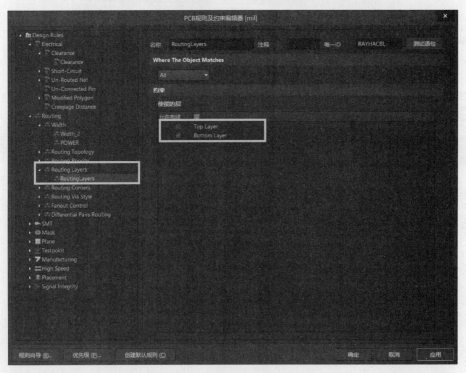

图 2-121　Routing Layers 规则

5）Routing Corners（走线转角）。Routing Corners 类型有 45 Degrees、90 Degrees 和 Rounded，本项目走线转角采用默认的 45°转角，设置如图 2-122 所示。布线转角按照 Routing Corners 规则设置进行，如果在布线过程中想改变布线转角，可在执行走线命令的过程中按住 Shift+空格键依次循环切换 5 种转角模式。

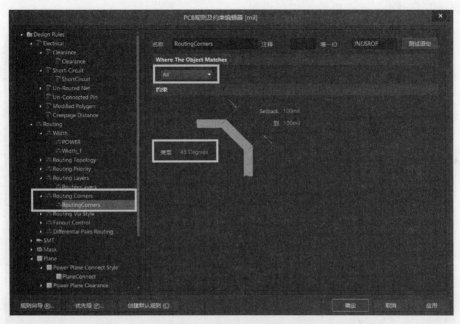

图 2-122　Routing Corners 规则

6）Routing Via Style（过孔布线规则）：用于设置布线过程中过孔的尺寸，如图 2-123 所示。单面板布线不使用过孔，只有在双面板及多层板布线时才使用过孔。过孔参数的设计要与加工工艺相结合，过孔的孔径与过孔直径相差不宜太小，建议 10mil（或 0.3mm）以上。

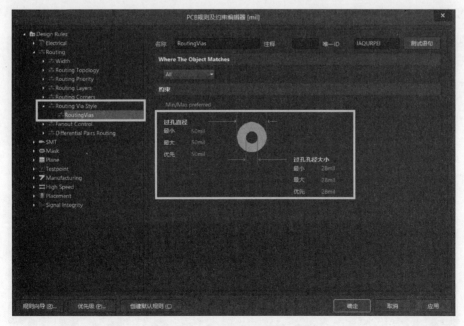

图 2-123　Routing Via Style 规则

7）Fanout Control（扇出式布线规则）：用于设置表面贴装式元器件的布线方式，如图 2-124

所示，系统针对不同的贴片元器件提供了 5 种扇出式布线规则，每一种扇出式布线规则的设置方法相同，用户可根据元器件特性进行设置。

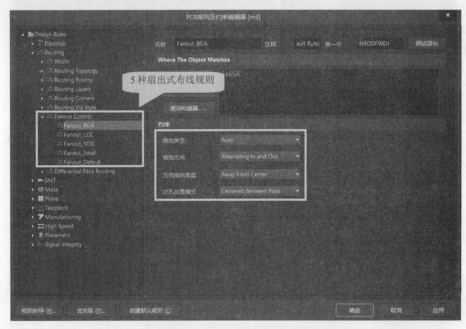

图 2-124　Fanout Control 规则

8）Differential Pairs Routing（差分对布线规则）：用于设置差分对布线规则，如图 2-125 所示，用户可以设置差分对布线的最小宽度、最小间隙、优选宽度、优选间隙、最大宽度、最大间隙和最大未耦合长度等参数。

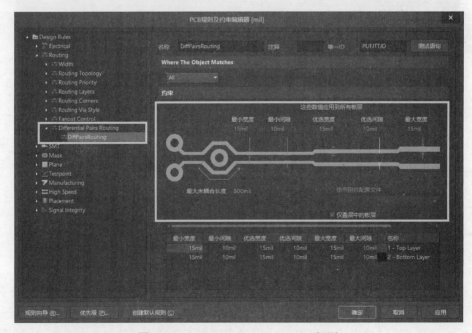

图 2-125　Differential Pairs Routing 规则

（3）布线。完成布线规则设置后，可以运用系统提供的自动布线命令进行布线，也可以手工进行布线。

1）自动布线。执行菜单命令"布线"→"自动布线"→"全部"（如图 2-126 所示），弹出如图 2-127 所示的"Situs 布线策略"对话框，单击 Route All 按钮，弹出如图 2-128 所示的 Messages 栏，其中会显示布线完成情况，自动布线完成后的 PCB 效果如图 2-129 所示。

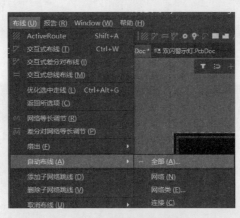

图 2-126　自动布线菜单命令

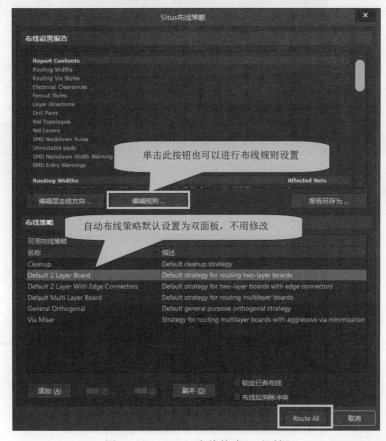

图 2-127　"Situs 布线策略"对话框

Class	Document	Source	Message	Time	Date	No.
Routing Statu	双闪警示灯.PcbDoc	Situs	Calculating Board Density	22:20:57	2020/7/28	8
Situs Event	双闪警示灯.PcbDoc	Situs	Completed Layer Patterns in 0 Seconds	22:20:57	2020/7/28	9
Situs Event	双闪警示灯.PcbDoc	Situs	Starting Main	22:20:57	2020/7/28	10
Routing Statu	双闪警示灯.PcbDoc	Situs	Calculating Board Density	22:20:57	2020/7/28	11
Situs Event	双闪警示灯.PcbDoc	Situs	Completed Main in 0 Seconds	22:20:57	2020/7/28	12
Situs Event	双闪警示灯.PcbDoc	Situs	Starting Completion	22:20:57	2020/7/28	13
Situs Event	双闪警示灯.PcbDoc	Situs	Completed Completion in 0 Seconds	22:20:57	2020/7/28	14
Situs Event	双闪警示灯.PcbDoc	Situs	Starting Straighten	22:20:57	2020/7/28	15
Situs Event	双闪警示灯.PcbDoc	Situs	Completed Straighten in 0 Seconds	22:20:57	2020/7/28	16
Routing Statu	双闪警示灯.PcbDoc	Situs	16 of 16 connections routed (100.00%) in 0 Seconds	22:20:57	2020/7/28	17
Situs Event	双闪警示灯.PcbDoc	Situs	Routing finished with 0 contentions(s). Failed to complete 0 connection(s) in 0 Seconds	22:20:57	2020/7/28	18

布通率为 100%

图 2-128　Messages 栏

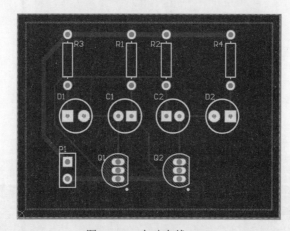

图 2-129　自动布线 PCB

2）手动布线。执行菜单命令"布线"→"交互式布线"，或者按快捷键 U+T，或者单击布线工具栏中的"交互式布线连接"按钮，此时光标变为十字光标。将光标移到一个焊盘上，单击鼠标左键作为布线的起点，根据飞线连接提示移动光标在合适位置单击即可完成布线。

想要取得良好的布线效果，需要反复调整走线。选中走线，可以进行拖拽、推挤等操作；Altium Designer 20 系统还具有优化走线的功能，单击某一走线后，按 Tab 键选中该走线所在网络，效果如图 2-130 所示，然后选择菜单命令"布线"→"优化选中走线"进行自动优化（如图 2-131 所示），布线优化后的 PCB 效果如图 2-132 所示。

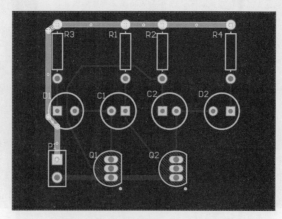

图 2-130　按 Tab 键选中某一网络

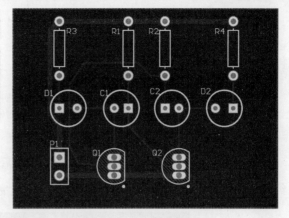

图 2-131　优化选中走线菜单命令　　　　　　图 2-132　优化后的 PCB

6. 滴泪

滴泪

进行 PCB 设计，需要在导线与焊盘或导线与过孔的连接处用铜膜布置一个过渡区，形状像泪滴，故常称作补泪滴，目的在于提高信号的完整性，当导线与焊盘或导线与过孔尺寸差距较大时，采用补泪滴连接可以减小这种差距，从而减少信号损失和反射，还可以降低导线与焊盘或导线与过孔的接触点因外力而断裂的风险。

执行菜单命令"工具"→"滴泪"，弹出如图 2-133 所示的对话框，对工作模式、对象、泪滴形式、加泪滴方式、泪滴范围进行设置后单击"确定"按钮，即完成补泪滴操作，一般采用默认设置。补泪滴前后的对比如图 2-134 所示。

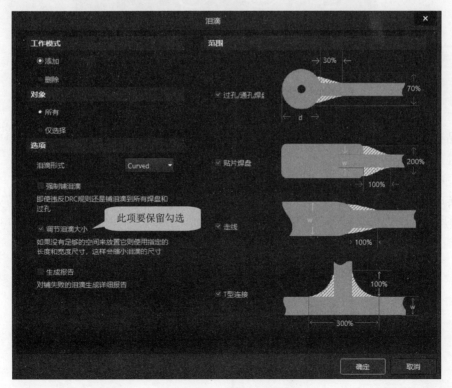

图 2-133　"泪滴"对话框

（a）补泪滴前　　　　　　　　（b）补泪滴后

图 2-134　补泪滴前后的对比

经过以上步骤，双闪警示灯电路的 PCB 设计就完成了，其 3D 效果如图 2-135 所示。

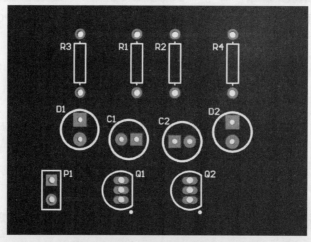

图 2-135　双闪警示灯电路 PCB 的 3D 效果

2.4　热转印法手工制板

产品设计完成后一般都是先打板进行实验和测试，这就离不开手工制板，本项目采用热转印法进行手工制板。

1. 准备工具及耗材

热转印法手工制板需要的工具有镊子、钳子、螺丝刀、工具刀、剪刀、油性马克笔，如图 2-136 所示；需要的耗材有单面覆铜板、热转印纸、砂纸、环保腐蚀剂，如图 2-137 所示。

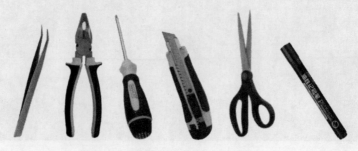

图 2-136　热转印法手工制板需要的工具

图 2-137　热转印法手工制板需要的耗材

2. 打印电路板图纸

本项目电路板为单面板，只需将 PCB 的底层打印出来即可，不用选中镜像。

执行菜单命令"文件"→"页面设置"，在弹出的 Composite Properties 对话框中设置打印纸的方向、缩放比例和颜色，如图 2-138 所示。然后单击"高级"按钮打开"PCB 打印输出属性"对话框，在其中设置打印输出的层。选中某一板层可以使用右键命令删除，可以在空白处右击，使用右键命令创建某一板层，如图 2-139 所示，最终只保留 Bottom Layer 输出。

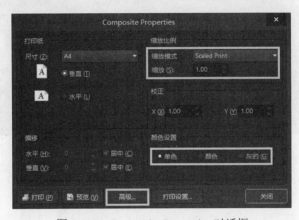

图 2-138　Composite Properties 对话框

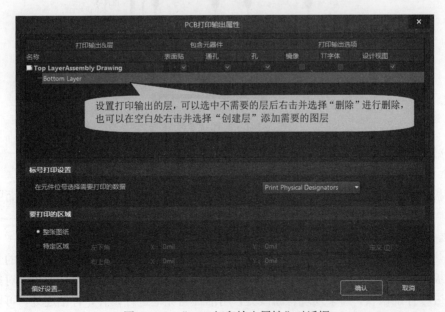

图 2-139　"PCB 打印输出属性"对话框

单击"偏好设置"按钮打开"PCB 打印设置"对话框，在 Colors & Gray Scales 设置区域将 Bottom Layer 的 Colors & Gray Scales 都修改为黑色，如图 2-140 所示，以保证打印效果足够清晰，然后单击 OK 按钮，打印预览效果如图 2-141 所示。

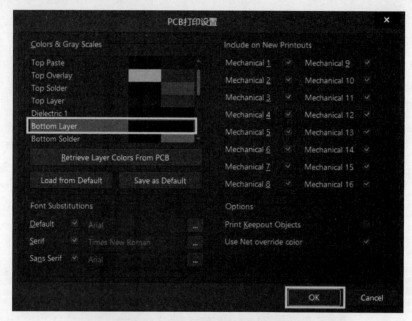

图 2-140　"PCB 打印设置"对话框

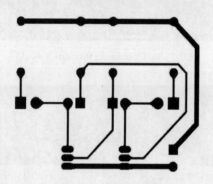

图 2-141　打印预览效果

预览效果正确无误即可打印输出，注意一定要打印在热转印纸的光滑面上。

3. 准备覆铜板

用裁板机裁剪出大小合适的覆铜板，用砂纸对覆铜板表面进行打磨，去除表面的杂质和氧化物。

4. 进行热转印

预热热转印机，待热转印温度达到设定值（一般为 170℃左右）后将热转印纸的光滑面贴合在覆铜板上放入热转印机进行热转印，转印结束，等板子冷却再取下热转印纸。对热转印后的铺铜板进行仔细检查，如果发现有断线处，用油性马克笔进行修补，有粘连处，可以用镊子或工具刀等尖锐的工具将粘连处断开，热转印后的覆铜板如图 2-142 所示。

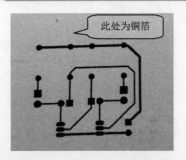

图 2-142　热转印后的覆铜板

5. 腐蚀

腐蚀液可以采用三氯化铁与水以 1:3 比例配置；也可以用双氧水+盐酸+水按 1:3:4 比例配置；或者使用专用的蚀刻剂按照使用说明配置腐蚀液。蚀刻剂分为温度型和压力型，温度型蚀刻剂配置的腐蚀液在加热情况下腐蚀效果较好，一般温度控制在 45℃～50℃；压力型蚀刻剂配置的腐蚀液不需要加热，但需要大幅度的晃动，以保证腐蚀液对电路板表面有足够的冲击。

本项目使用绿色环保蚀刻剂，为压力冲击型，也可以加热，加热会使腐蚀速度加快，但会有气味产生。按照使用说明将腐蚀液配置到饱和状态，在腐蚀过程中保证溶液有大幅度的晃动，让药液对电路板表面形成冲击，蚀刻过程中要随时观察腐蚀情况，既要保证电路板腐蚀完成，又要避免出现过度腐蚀的情况。腐蚀完成后的效果如图 2-143 所示。

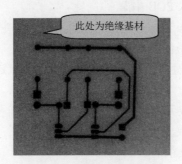

图 2-143　腐蚀后的覆铜板

6. 钻孔

腐蚀完成后，用工具刀轻刮去除热转印油墨，并在焊盘位置对电路板进行打孔，需要选择合适的钻头，以免将焊盘损坏掉。钻孔后的 PCB 如图 2-144 所示。

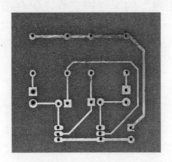

图 2-144　钻孔后的 PCB

7. 涂松香水

松香水可以用碾成粉末的松香与无水酒精按照 1:5 的比例制成，涂松香水的目的是防止铜皮氧化，同时可以起到助焊的作用。

巩固习题

一、思考题

1. 简述一个完整的 Altium Designer 20 项目文件的组织结构，各个文件的扩展名分别是什么？

2. 如何正确关闭一个项目？

3. 如何打开或隐藏工作面板？

4. 在原理图中如何调出所需的工具栏？

5. Altium Designer 20 系统默认安装的集成库有哪些？

6. 如何从库中查找元器件？

7. 如何调整元器件的方向？

8. 在原理图编辑器中如何切换捕捉栅格？

9. 如何绘制 PCB 机械边框？如何调整 PCB 尺寸？

10. 如何将原理图网络导入 PCB 中？

11. PCB 更新主要进行哪些方面的检查？如果更新过程中有错误出现，应当怎样解决？

12. PCB 布局时如何将元器件对齐？

13. 怎样设置 PCB 走线线宽？要想使走线按照设定线宽进行，除了线宽设置还应当注意什么？

14. 如何使用全局操作修改元器件的位号？

15. PCB 走线过程中如何改变走线方向？

16. 为什么要在线路板上补泪滴？

二、操作题

1. 创建一个完整的 PCB 项目，包括项目文件、原理图文件、PCB 文件、原理图库文件和 PCB 库文件各一个，命名均为"声光报警电路"，保存在 D:\TZSL\路径下。

2. 创建一个名为"信号发生器"的原理图文件，保存在 D:盘根目录下。

3. 在 D:\TZSL\路径下创建一个名为"信号发生器"的项目文件，将操作题 2 创建的原理图文件添加到该项目文件中，并将原理图文件存储在项目文件的相同路径下。

项目 3 双声道小音箱

【项目目标】

本项目是教程设置的两个入门级项目之二。通过学习本项目，学生可进一步熟悉 Altium Designer 20 基本操作和 PCB 设计的流程，掌握元器件原理图符号及封装的绘制，同时养成良好的工程素质。

知识目标

- 掌握元器件原理图符号的绘制方法。
- 掌握元器件封装的绘制方法。
- 掌握给元件添加或修改封装的方法。
- 进一步熟悉 PCB 设计的流程。
- 进一步熟悉 PCB 布局和布线方法。
- 熟悉感光法制作 PCB 的工艺流程。

能力目标

- 进一步熟悉 Altium Designer 20 软件的基本操作。
- 能够正确绘制原理图符号。
- 能够准确分析元器件封装尺寸并正确绘制封装。
- 能够正确绘制原理图。
- 能够进行项目编译差错和封装检查。
- 能够合理进行 PCB 设计。
- 能够正确运用感光法制作 PCB。

素质目标

- 培养学生线上自主学习能力。
- 培养学生具体问题具体分析的务实精神。
- 培养学生良好沟通的能力和团队协作精神。
- 培养学生良好的劳动纪律观念和严谨细致的工作态度。

【项目分析】

双声道小音箱电路如图 3-1 所示，主要由电源滤波电路、功放电路、LED 频谱电路组成，是一款带有 LED 频谱显示的小音箱，能够把手机、计算机等设备输出的双声道音频信号进行放大输出，喇叭功率为 3W，能满足日常音响音量和音质的需要。

RP1 是功放电路音频信号输入的分压电阻，可以调节输入到功放电路的音量大小，经 C3 耦合后进行放大。8002A 是专为大功率、高保真的应用场合而设计的音频功放 IC，带有关断模式，在 5V 输入电压下工作时，负载（3Ω）上的平均功率为 3W，且失真度不超过 10%；对于手提设备而言，当 VDD 作用于关断端时，8002A 进入关断模式，此时功耗极低，其工作电流仅为 0.6μA，R1/R2 的比值决定了放大倍数。

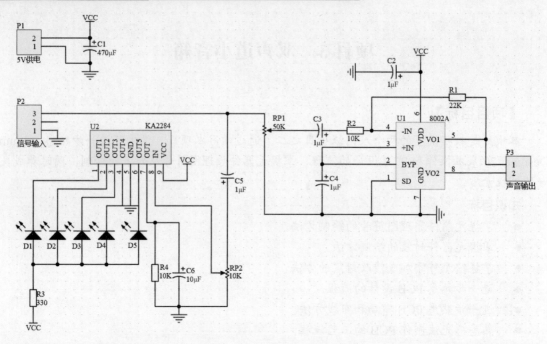

图 3-1　双声道小音箱电路原理图

　　RP2 是频谱电路音频信号输入的分压电阻，可以调节输入到频谱电路的音量大小，经过 C5 耦合后输入到 KA2284 电平指示芯片，KA2284 实质上就是一个 AD 转换器，输入高低不同的电压就可以输出 5 个 LED 不同的点亮状态，LED 只能顺序点亮和熄灭，输出也只有 6 个状态，即"全熄—亮 1—再亮 2—再亮 3—再亮 4—再亮 5"。电平指示常用 LED 点亮的数量来作功放输出或者环境声音大小的指示，即声音越大点亮的 LED 越多，声音越小点亮的 LED 越少。

　　双声道小音箱电路的元器件清单如表 3-1 所示。

表 3-1　元器件清单

序号	名称	规格	数量	位号	备注	说明
1	发光二极管	F5	2	D1	黄色、直插式	封装自制
2	发光二极管	F5	6	D3～D5	红色、直插式	封装自制
3	发光二极管	F5	2	D2	绿色、直插式	封装自制
4	电阻	10K	4	R2、R4	直插式	默认安装库
5	电阻	22K	2	R1	直插式	默认安装库
6	电阻	330	2	R3	直插式	默认安装库
7	芯片	KA2284	2	U2	直插式	原理图符号、封装自制
8	芯片	8002A	2	U1	贴片式	原理图符号、封装自制
9	卧式电位器	103	2	RP2	蓝白可调、直插式	封装自制
10	卧式电位器	503	2	RP1	蓝白可调、直插式	封装自制
11	电解电容	50V，1μF	8	C2～C5	尽量小、直插式	封装自制
12	电解电容	50V，10μF	2	C6	尽量小、直插式	封装自制
13	电解电容	25V，470μF	2	C1	6.3V、尽量小、直插式	封装自制

1. 发光二极管

发光二极管使用 F5 型红光、黄光和绿光 LED，其实物、原理图符号、封装如图 3-2 所示，本项目中其封装自制。

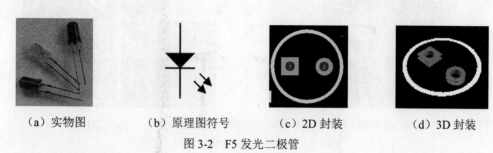

（a）实物图　　　（b）原理图符号　　　（c）2D 封装　　　（d）3D 封装

图 3-2　F5 发光二极管

2. 电阻

电阻使用 1/4W 色环电阻，其实物、原理图符号、封装如图 3-3 所示，根据项目 2 中表 2-2 电阻功率与封装尺寸对应表可知，其封装选择 AXTAL-0.4。

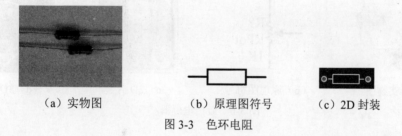

（a）实物图　　　　　（b）原理图符号　　　（c）2D 封装

图 3-3　色环电阻

3. KA2284

KA2284 是用于 5 点 LED 电平指示的集成电路，其实物、原理图符号、封装如图 3-4 所示，其原理图符号及封装自制。

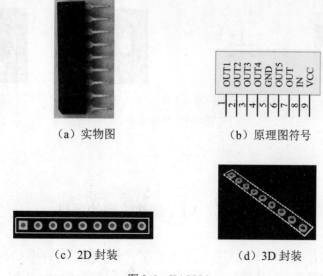

（a）实物图　　　　　（b）原理图符号

（c）2D 封装　　　　　（d）3D 封装

图 3-4　KA2284

4. 功放 IC8002A

功放 IC8002A 的实物、原理图符号和封装如图 3-5 所示，其原理图符号及封装自制。

 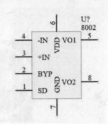 

（a）实物图　　　　　　（b）原理图符号　　　　　（c）2D 封装

图 3-5　功放 IC8002A

5. 蓝白电位器

蓝白电位器的实物、原理图符号、封装如图 3-6 所示，其封装自制。

（a）实物图　　　　（b）原理图符号　　　　（c）2D 封装　　　　（d）3D 封装

图 3-6　蓝白电位器

6. 电解电容

双声道小音箱中用到的电解电容标称参数分别是"50V，1μF""50V，10μF"和"25V，470μF"，其实物、原理图符号、封装如图 3-7 所示，电解电容的原理图符号相同，但封装尺寸不同，封装自制。

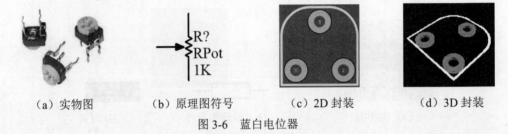

（a）实物图　　　　（b）原理图符号　　　　（c）2D 封装　　　　（d）3D 封装

图 3-7　电解电容

【项目实施】

3.1　创建完整的项目

创建完整的项目

执行菜单命令"文件"→"新的"→"项目"，弹出 Create Project 对话框，输入项目名称，选择项目的保存路径，然后单击 Create 按钮，Projects 面板显示新创建的项目"双声道小音箱.PrjPcb",如图 3-8 所示。

图 3-8 新创建的项目

将光标移至 Projects 面板的"双声道小音箱.PrjPcb"处并右击,在弹出的快捷菜单中选择"添加新的...到工程"→Schematic,即创建了原理图文件 Sheet1.SchDoc。重复上述操作,依次添加 PCB、Schematic Library 和 PCB Library 文件,添加完 4 个文件后如图 3-9 所示,此时项目名称后有"*"标志,表明项目有更新尚未保存。单击标题栏左上角的"保存全部文档"按钮,依次弹出 4 个保存文件对话框,依次命名保存,效果如图 3-10 所示。

图 3-9 文件保存前的默认名称

图 3-10 文件保存后的名称

3.2 绘制元器件原理图符号

元器件的原理图符号用于原理图绘制,必须要体现出元器件的图形符号轮廓和引脚信息,在 PCB 电路设计中还要求元器件的原理图符号要带有位号、注释、描述等信息。元器件原理图符号的绘制需要使用后缀为.SchLib 的库文件,在原理图库文件中制作的元器件叫做原理图库元件。

原理图库元件的制作包括新建库元件、绘制库元件、设置库元件属性 3 个步骤,顺序可以根据自己的习惯调整。除此之外,为了在调用原理图库元件时操作方便,使原理图库元件能贴在光标上,要求原理图库元件主要绘制在第四象限,紧靠坐标原点处。

对于初学者而言,往往困惑于元器件原理图符号的尺寸。元器件原理图符号用于原理图绘制,与元器件实际尺寸大小无关,但这也不能说明元器件原理图符号尺寸可以随便设置。原理图图纸尺寸有一定的规格,元器件原理图符号过大会占用图纸较多空间,元器件原理图符号过小会影响图纸的查看。建议根据元器件引脚个数和引脚名称字符的多少设计元器件原理图符号尺寸,引脚较少的元器件可以设置引脚长度为 200mil,引脚间距为 100mil,引脚名称字体默认即可;引脚较多的元器件可以适当减小引脚长度和引脚间距,但一般都要设置引脚间距为 50mil 的整数倍。

3.2.1 熟悉原理图库编辑器

原理图库编辑器如图 3-11 所示。

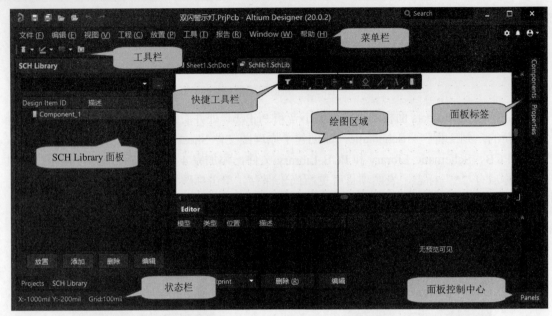

图 3-11 SCH Library 编辑器

绘制库元件 8002A

3.2.2 功放 IC8002A

功放 IC8002A 的引脚说明如表 3-2 所示,原理图符号绘制需要注意引脚序号、名称及引脚类型要一一对应, 功放 IC8002A 的原理图符号如图 3-5（b）所示。

表 3-2 功放 8002A 引脚

引脚排列图	序号	名称	类型	说明
SHUTDOWN 1 8 VO2 BYPASS 2 7 GND +IN 3 6 VDD −IN 4 5 VO1	1	SHUTDOWN	I	关断端口
	2	BYPASS	I	电压基准端
	3	+IN	I	正向输入端
	4	-IN	I	反向输入端
	5	VO1	O	音量输出端
	6	VDD	POWER	电源端
	7	GND	POWER	接地端
	8	VO2	O	音量输出端

下面详细介绍功放 IC8002A 原理图符号的绘制过程。

1. 新建库元件

打开双声道小音箱.SchLib 文件，单击 Projects 面板上的 SCH Library 选项卡打开 SCH Library 控制面板，如图 3-12 所示，可以发现 SCH Library 控制面板上有一个 Design Item ID 名称为 Component_1 的库元件，这个库元件是用户在创建双声道小音箱.SchLib 文件时系统自动为该库文件添加的。

若需要新创建库元件，可以执行菜单命令"工具"→"新器件"，或者单击 SCH Library 控制面板上的"添加"按钮，或者单击应用工具栏上"绘图工具"图标  的下三角，然后单击"创建器件"图标 ▊，如图 3-13 所示，3 种操作均弹出如图 3-14 所示的 New Component 对话框，填入新库元件的 Design Item ID 名称 8002，单击"确定"按钮即完成 8002 库元件的创建。

图 3-12　SCH Library 控制面板

图 3-13　创建器件与添加器件部件工具

需要注意，在绘图工具中，"创建器件"图标 ▊ 和"添加器件部件"图标 ▊ 非常相似，添加器件部件工具用于复合元器件（即一个元件中包含几个相同的部件）的原理图符号绘制，初学者在选用时千万不要混淆。

图 3-14　New Component 对话框

2．绘制库元件

（1）放置引脚、编辑引脚特性。执行菜单命令"放置"→"管脚"（如图 3-15（a）所示），或者按快捷键 P+P，或者单击快捷工具栏中的图标 ▊（如图 3-15（b）所示），或者单击"绘图工具"图标 ，然后单击"放置引脚"图标 ▊。

当光标粘着引脚时按 Tab 键，或者单击屏幕放下引脚后双击引脚，均会弹出如图 3-16 所示的 Properties 面板，在其中可以编辑引脚属性。

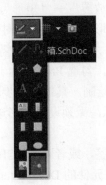

（a）菜单命令　　（b）快捷工具栏图标

图 3-15　放置管脚操作

图 3-16　编辑引脚属性

Designator：用于设置引脚位号，应该与元器件实际引脚编号一致。

Name：用于填写引脚名称，应该与元器件实际引脚名称一致。

Electrical Type：用于选择设置引脚的电气类型，下拉列表中有 8 个选项：Input（输入）、I/O（输入/输出）、Output（输出）、Open Collect（集电极开路）、Passive（无源）、HiZ（高阻）、Open Emitter（发射极开路）和 Power（电源），如图 3-17 所示。

Description：用于设置元器件引脚的特性描述，一般可以省略。

Pin Package Length：用于设置库元件管脚封装长度。

Part Number：用于显示或设置引脚所在部件的编号，此项用于含有子部件的库元件。

Pin Length：用于设置引脚的长度。

依次放置其余引脚并编辑引脚属性，注意 6 号、7 号引脚的 Electrical Type 类型务必设置为 Power，其余引脚的 Electrical Type 类型可以根据表 3-2 设置，不考虑电路仿真的情况下也可以设置为 Passive，完成效果如图 3-18 所示。

图 3-17　Electrical Type 选项

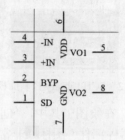

图 3-18　放置完引脚后效果

放置引脚时需要注意，如图 3-19 所示带有"×"标记的一端有电气特性，要放在元器件外侧，用于电路连接，放置好引脚后放大观察带有"×"标记的引脚端，如图 3-20 所示，可以看到该引脚上有 4 个小亮点，这就是引脚的电气连接点。

图 3-19　引脚"×"标记　　　　　　　　图 3-20　引脚的电气属性标志

（2）绘制库元件符号轮廓。执行菜单命令"放置"→"矩形"，或者按快捷键 P+R，或者单击"绘图工具"图标，然后单击"放置矩形"图标。此时光标上粘着一个矩形，单击鼠标左键依次确定矩形的两个对角点，放置合适大小的矩形，若需要调整矩形，可以选中矩形进行边框调整。双击矩形，弹出 Properties 面板，勾选 Properties 选项区中的 Transparent 复选项使矩形透明，完成原理图库元件 8002 的轮廓绘制，具体操作步骤参考图 3-21。如果改变矩形和引脚的放置顺序，则引脚的名称能直接显示，无须设置矩形透明。

3．设置库元件属性

单击原理图库编辑器右侧的 Properties 面板标签，或者双击 SCH Library 控制面板上库元件列表中的 8002 打开库元件 Properties 面板，填写元件的 Design Item ID、Designator（位号）、Comment（注释）、Description（描述）等信息，如图 3-22 所示。位号填写为 U？，其中？可提醒用户放置该元件时注意位号的修改。

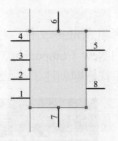

（a）"放置矩形"工具　　　　（b）绘制矩形

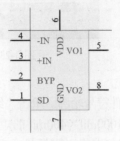

（c）使矩形透明　　　　（d）绘制完成

图 3-21　绘制库元件符号轮廓

图 3-22　设置库元件属性

功放 IC8002A 原理图库元件完成，单击"保存"按钮保存文件。

3.2.3　KA2284

绘制库元件 KA2284

KA2284 的引脚说明如表 3-3 所示，下面详细介绍其原理图库元件的制作过程。

表 3-3　KA2284 的引脚符号及功能

引脚序号	引脚名称	引脚功能	引脚序号	引脚名称	引脚功能
1	OUT1	-10dB 输出	6	OUT5	6dB 输出
2	OUT2	-5dB 输出	7	OUT	输出端
3	OUT3	0dB 输出	8	IN	输入端
4	OUT4	3dB 输出	9	VCC	电源
5	GND	地			

1. 新建库元件

打开双声道小音箱.SchLib 文件，打开 SCH Library 控制面板，单击元件列表下方的"添加"按钮，在弹出的 New Component 对话框中输入 Design Item ID 名称 KA2284，如图 3-23 所示，单击"确定"按钮即创建了 KA2284 的原理图库元件。

图 3-23　新建 KA2284 库元件

2. 绘制库元件

（1）绘制库元件符号轮廓。单击"绘图工具"图标，然后单击"放置矩形"图标，放置如图 3-24 所示的 1000mil×400mil 的矩形，若需要调整矩形，可以选中矩形进行边框调整。

（2）放置引脚、编辑引脚属性。单击"绘图工具"图标，然后单击"放置引脚"图标并选择，此时光标上粘着一个管脚，按 Tab 键编辑引脚属性，引脚属性参照表 3-3 进行设置。依次放置其余引脚，引脚放置完成后的效果如图 3-25 所示。

3. 设置库元件属性

打开库元件 KA2284 的 Properties 面板，填写库元件的 Design Item ID、Designator（位号）、Comment（注释）、Description（描述）等信息，如图 3-26 所示。

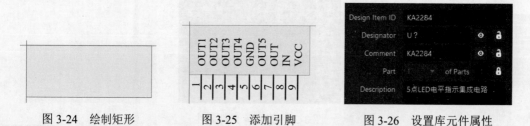

图 3-24　绘制矩形　　　　图 3-25　添加引脚　　　　图 3-26　设置库元件属性

KA2284 原理图库元件制作完成，单击"保存"按钮保存文件。

3.3　双声道小音箱原理图绘制

绘制原理图

1. 查找并放置元器件

打开双声道小音箱.SchDoc 文件进入原理图编辑器，在 Components 面板的元件库下拉列表中选择系统默认安装的通用插件库 Miscellaneous Connectors.Intlib 使之成为当前库，在元件列表中分别找到 Header 2 和 Header 3，放置在绘图区域。

在 Components 面板的元件库下拉列表中选择系统默认安装的通用元器件库 Miscellaneous Devices.Intlib 使之成为当前库，在元件列表中找到 Res2、RPot、Cap Pol1、Led0，放置在绘图区域。

功放 IC8002A 和 KA2284 原理图符号是自制的，两者调入原理图的方法相同，有两种方法。以放置功放 IC8002A 为例，方法一：在 Components 面板的元件库下拉列表中选择"双声道小音箱.SchLib"使之成为当前库，选中元器件 8002，右击并选择 Place 8002 放置在原理图绘图区域，操作如图 3-27 和图 3-28 所示；方法二：打开双声道小音箱.SchLib 文件，在 SchLibrary 控制面板的库元件列表中选中 8002，单击"放置"按钮即可在原理图中放置该元件，如图 3-29 所示。

图 3-27　选择原理图库

图 3-28　选择 8002

图 3-29　"放置"按钮

所有元器件放置完成后如图 3-30 所示。

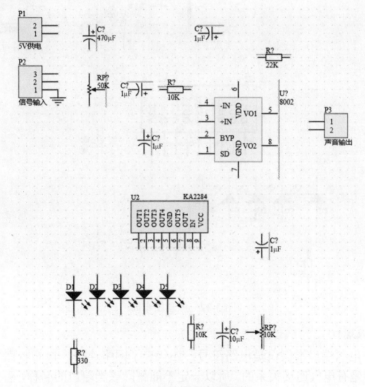

图 3-30　放置所有元器件

2．设置元件参数及元器件布局

可以通过双击某对象打开 Properties 面板来进行相应信息修改，也可以直接选中位号、注释等进行修改。单击位号或注释，再次单击该对象即可直接修改（能够进行本操作，是因为在原理图优选项的 General（常规设置）中勾选了"使能 In-Place 编辑"复选项），In-Place 编辑如图 3-31 所示。

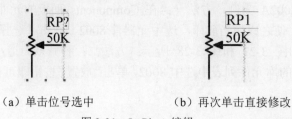

（a）单击位号选中　　　　　　（b）再次单击直接修改

图 3-31　In-Place 编辑

元器件位号及注释修改完成后使用拖拽和对齐操作进行布局，完成后效果如图 3-32 所示。

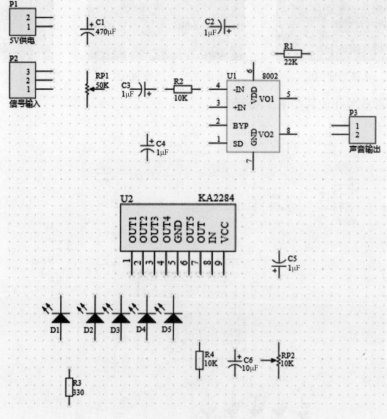

图 3-32　原理图布局

3. 添加电源端口

在原理图中电源端口不仅仅是电路符号，还代表了网络连接，相同名称（区分大小写）的端口在电路中是有电气连接关系的，所以一定不能删除该类端口的名称，丢失名称的电源端口在原理图中是没有作用的。

单击应用工具栏中"电源"图标█的下三角，或者单击快捷工具栏中图标█的下三角，均会弹出如图 3-33（a）所示的下拉列表，或者单击图 3-33（b）所示"布线"工具栏中相对应的图标，将 VCC 电源端口和 GND 端口放置到原理图中的相应位置。

4. 元器件的连接

单击"布线"工具栏中的"布线"图标█，此时光标变成十字形状，单击需要连接的两点即可完成两点之间的连线，原理图连线完成后的效果如图 3-34 所示。

（a）电源端口下拉列表

（b）"布线"工具栏

图 3-33 放置电源符号

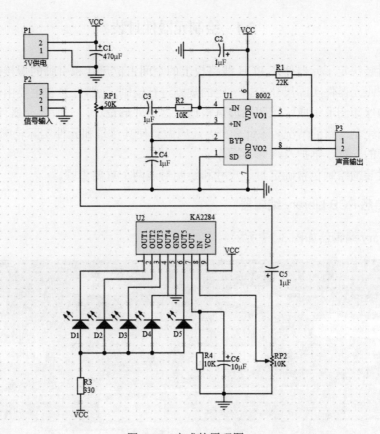

图 3-34 完成的原理图

5. 项目编译

如图 3-35 所示，执行菜单命令"工程"→"Compile PCB Project 双声道小音箱.PrjPcb"，或者在 Projects 面板上右击工程，在弹出的快捷菜单中选择"Compile PCB Project 双声道小音箱.PrjPcb"。

（a）菜单命令　　　　　　　　　　　　　　　（b）右键命令

图 3-35　编译命令

编译完成后，单击屏幕右下角的 Panels 按钮，在弹出的菜单中选择 Messages 命令，在打开的 Messages 面板中查看编译结果。如图 3-36 所示，若提示"Compile successful，no errors found."，则原理图无电气性质错误，可以进行下一步的操作；否则要返回原理图修改，直至没有错误提示为止。

图 3-36　原理图编译信息

3.4　绘制元器件封装

元器件封装决定了元器件在 PCB 线路板上的空间占位尺寸和引脚的焊接位置，所以元器件封装必须按照元器件实际尺寸依据一定的规则进行绘制。元器件封装主要由焊盘和表示元器件外形轮廓的丝印图形组成，丝印图形可根据元器件外形设计，一般比器件实际轮廓稍大，但也有稍小和完全一致的情况，除此之外，还应做到使其尽量和元件实际轮廓相符，美观、直观，方便后续的安装、维护及维修等操作。

元器件封装的绘制包含确定封装尺寸和绘制封装两个重要步骤。

3.4.1　熟悉 PCB Library 编辑器

PCB Library 编辑器如图 3-37 所示。

图 3-37　PCB Library 编辑器

3.4.2 SOP-8

SOP-8 为功放 IC8002A 的封装，是一种表面贴装式翼型引脚封装，图 3-38 所示是功放 IC8002A 的俯视图，图 3-39 所示是功放 IC8002A 的尺寸规格，该规格图纸给出的是元器件实际尺寸，如引脚长度、宽度、间距、元器件最大轮廓等，但是在 PCB 板上焊盘大小应该比引脚的尺寸大，否则焊接的可靠性将不能保证。

绘制库封装 SOP-8

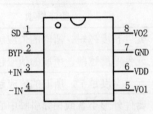

图 3-38 8002A 俯视图

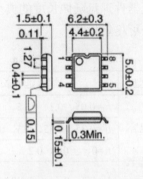

图 3-39 8002A 尺寸规格（单位：mm）

1. 确定封装尺寸

（1）确定焊盘形状。如图 3-39 所示，焊盘形状为长方形。

（2）确定焊盘尺寸。表面贴装式元器件的焊接可靠性主要取决于焊盘的长度而不是宽度。如图 3-40 所示，焊盘的长度 B 等于焊端（或引脚）的长度 T，加上焊端（或引脚）内侧（焊盘）延伸长度 b_1，再加上焊端（或引脚）外侧（焊盘）延伸长度 b_2，即 $B=T+b_1+b_2$。其中 b_1 的长度以有利于焊料熔融时能形成良好的弯月形轮廓的焊点、有效避免焊料产生桥接现象及兼顾元器件的贴装偏差为宜；b_2 的长度主要以保证能形成最佳的弯月形轮廓的焊点为宜（对于 SOIC、QFP 等器件还应兼顾其焊盘抗剥离的能力）。焊盘的宽度应等于或稍大（或稍小）于焊端（或引脚）的宽度。

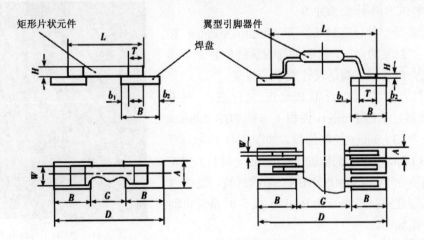

图 3-40 常用贴片元件焊盘设计图解

焊盘长度 $B=T+b_1+b_2$。

焊盘内侧间距 $G=L-2T-2b_1$。

焊盘宽度 $A=W+K$。

焊盘外侧间距 $D=G+2B$。

式中，L 为元件长度（或元器件引脚外侧之间的距离），W 为元件宽度（或元器件引脚宽度），H 为元件厚度（或元器件引脚厚度），b_1 为焊端（或引脚）内侧（焊盘）延伸长度，b_2 为焊端（或引脚）外侧（焊盘）延伸长度，K 为焊盘宽度修正量。

常用元器件焊盘延伸长度的典型值如表 3-4 所示，$B=1.5\sim3$mm，一般取 2mm 左右，若外侧空间允许可尽量长些。

表 3-4　常用元器件焊盘延伸长度的典型值

元器件类型	焊盘延伸长度典型值/mm	备注事项
矩形电阻/电容	b_1=0.05、0.1、0.15、0.2、0.3	元件长度越短，所取的值应越小
	b_2=0.25、0.35、0.5、0.6、0.9、1	元件厚度越薄，所取的值应越小
	K=0、±0.1、0.2	元件宽度越窄，所取的值应越小
翼型引脚 SOIC、QFP	b_1=0.3、0.4、0.5、0.6	器件外形小者或相邻引脚中心距小者，所取的值应小些
	b_2=0.3、0.4、0.8、1、1.5	器件外形大者，所取的值应大些
	K=0、0.03、0.3、0.1、0.2	相邻引脚间距中心距小者，所取的值应小些

依据上面所述，功放 IC8002A 引脚长度 T=0.3mm，宽度 W=0.4mm，b_1=0.4mm，b_2=0.8mm，因此焊盘长度 B=1.5mm（也可以取 2mm），焊盘宽度 A=0.4mm。

（3）确定焊盘间距。焊盘纵向间距为同列两相邻引脚中心的距离，横向间距为两列引脚中心的距离。根据图 3-39 可以得到，纵向间距为 1.27mm，横向间距为 6.3mm。

（4）确定丝印图形尺寸。对于集成电路，其丝印图形的绘制一般取其塑封尺寸，故功放 IC8002A 的丝印图形取 5.0mm×4.4mm 长方形。

2. 创建 PCB 库封装 SOP-8

SOP 封装是一种标准封装，在 Altium Designer 20 中有创建该类封装的向导，只要创建封装的信息完全具备，软件就会自动创建满足设计要求的封装。

（1）打开双声道小音箱.PcbLib 文件进入 PCB Library 编辑器，单击 Projects 面板下方的 PCB Library 选项卡打开 PCB Library 控制面板。如图 3-41 所示，可以发现 PCB Library 控制面板的 Footprints（封装）列表中有一个名称为 PCBCOMPONENT_1 的封装，这个封装是用户在创建双声道小音箱.PcbLib 文件时系统自动为该库文件添加的。

（2）执行菜单命令"工具"→"元器件向导"，弹

图 3-41　PCB Library 控制面板

出如图 3-42 所示的 Footprint Wizard 对话框，单击 Next 按钮。

图 3-42　封装向导打开界面

（3）如图 3-43 所示，选择器件图案为 SOP 类型，单位选择 mm，单击 Next 按钮。

图 3-43　选择器件图案及单位

（4）如图 3-44 所示，输入焊盘的长度和宽度数值，单击 Next 按钮。

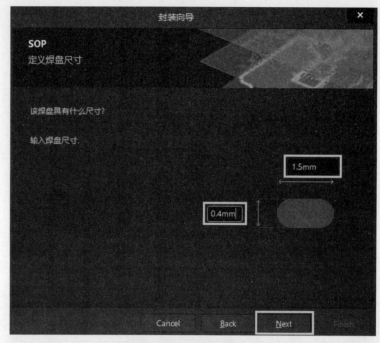

图 3-44 定义焊盘尺寸

（5）如图 3-45 所示，输入焊盘的横向间距和纵向间距，单击 Next 按钮。

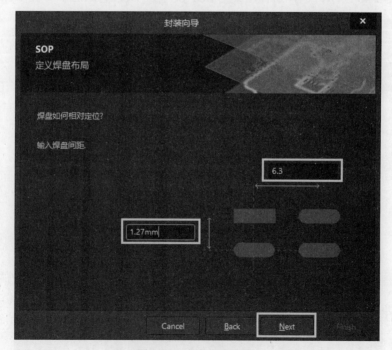

图 3-45 定义焊盘布局

（6）输入元器件边框轮廓的线宽，边框轮廓在焊盘内部，其线宽和尺寸均不影响元件封装的尺寸，这里可以选用默认值 0.2mm，单击 Next 按钮，如图 3-46 所示。

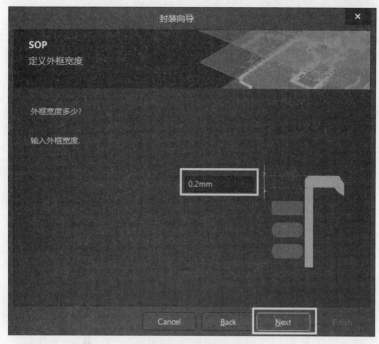

图 3-46　定义外框宽度

（7）如图 3-47 所示，输入焊盘的数量，单击 Next 按钮。

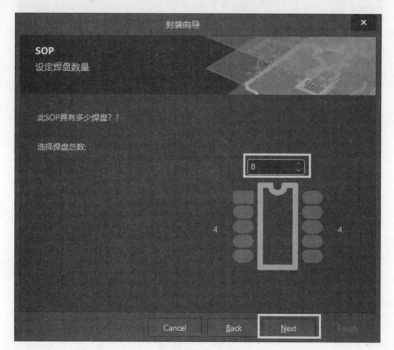

图 3-47　设定焊盘数量

（8）如图 3-48 所示，输入该封装的名称 SOP-8，单击 Next 按钮。

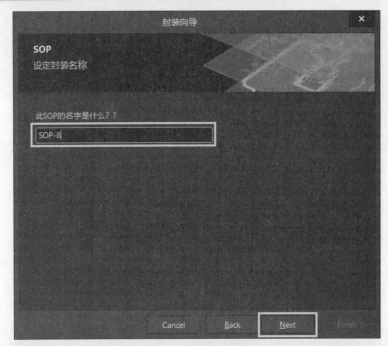

图 3-48 设定封装名称

（9）提示生成封装的信息已经具备，如图 3-49 所示，单击 Finish 按钮。

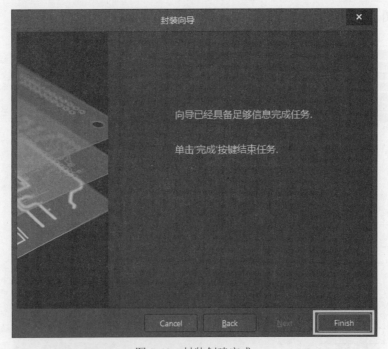

图 3-49 封装创建完成

（10）此时，在 PCB 库封装编辑界面中显示 SOP-8 封装，并且该封装取引脚 1 为参考点，如图 3-50 所示。

（11）双击 PCB Library 控制面板 Footprints 列表中的 SOP-8，弹出"PCB 库封装"对话框，添加该封装的描述信息"功放 IC8002"，如图 3-51 所示。

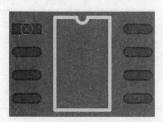

图 3-50　SOP-8 封装

图 3-51　添加封装的描述信息

至此，SOP-8 库封装绘制完成，单击"保存"按钮保存文件。

3.4.3　RB2-5 和 RB5-10

RB2-5 和 RB5-10 为直插式电解电容器的封装。RB2-5 表示焊盘中心距为 2mm，圆筒直径为 5mm；RB5-10 表示焊盘中心距为 5mm，圆筒直径为 10mm。直插式电解电容器常见封装尺寸如表 3-5 所示。

绘制库封装
RB2-5 和 RB5-10

表 3-5　常见电解电容器封装尺寸

耐压值/V	容量/μF	电容直径/mm	管脚直径/mm	管脚中心距/mm	耐压值/V	容量/μF	电容直径/mm	管脚直径/mm	管脚中心距/mm
6.3	220	5	0.5	2	10	330	6.3	0.5	2.5
	470	6.3	0.5	2.5		470	8	0.6	3.5
	1000	8	0.6	3.5		1000	10	0.6	5
	2200	10	0.6	5		2200	10	0.6	5
	3300	10	0.6	5		3300	12.5	0.6	5
	4700	12.5	0.6	5		4700	12.5	0.6	5
	6800	12.5	0.6	5		6800	16	0.8	7.5
	10000	16	0.8	7.5		10000	16	0.8	7.5
	15000	16	0.8	7.5		15000	18	0.8	7.5
	22000	18	0.8	7.5	25	47	5	0.5	2
16	100	5	0.5	2		100	6.3	0.5	2.5
	220	6.3	0.5	2.5		220	8	0.6	3.5
	330	8	0.6	3.5		330	8	0.6	3.5
	470	8	0.6	3.5		470	10	0.6	5
	1000	10	0.6	5		1000	10	0.6	5
	2200	12.5	0.6	5		2200	12.5	0.6	5
	3300	12.5	0.6	5		3300	16	0.8	7.5
	4700	16	0.8	7.5		4700	16	0.8	7.5
	6800	16	0.8	7.5		6800	18	0.8	7.5
	10000	18	0.8	7.5	63	10	5	0.5	2
35	47	5	0.5	2		22	5	0.5	2
	100	6.3	0.5	2.5		33	6.3	0.5	2.5
	220	8	0.6	3.5		47	6.3	0.5	2.5
	330	10	0.6	5		100	10	0.6	5
	470	10	0.6	5		220	10	0.6	5
	1000	12.5	0.6	5		330	10	0.6	5
	2200	16	0.8	7.5		470	12.5	0.6	5
	3300	16	0.8	7.5		1000	16	0.8	7.5
	4700	18	0.8	7.5		2200	18	0.8	7.5

耐压值 /V	容量/μF	电容直径 /mm	管脚直径 /mm	管脚中心距 /mm	耐压值 /V	容量/μF	电容直径 /mm	管脚直径 /mm	管脚中心距 /mm
50	0.1	5	0.5	2	100	0.47	5	0.5	2
	0.22	5	0.5	2		1	5	0.5	2
	0.33	5	0.5	2		2.2	5	0.5	2
	0.47	5	0.5	2		3.3	5	0.5	2
	1	5	0.5	2		4.7	5	0.5	2
	2.2	5	0.5	2		10	6.3	0.5	2.5
		5	0.5	2		22	6.3	0.5	2.5
	4.7	5	0.5	2		33	8	0.6	3.5
	10	5	0.5	2		47	10	0.6	5
	22	5	0.5	2		100	10	0.6	5
	33	5	0.5	2		220	12.5	0.6	5
	47	6.3	0.5	2.5		330	16	0.8	7.5
	100	8	0.6	3.5		470	16	0.8	7.5
	220	10	0.6	5		1000	18	0.8	7.5
	330	10	0.6	5	200	1	6.3	0.5	2.5
	470	10	0.6	5		2.2	6.3	0.5	2.5
	1000	12.5	0.6	5		3.3	6.3	0.5	2.5
	2200	16	0.8	7.5		4.7	8	0.6	3.5
	3300	18	0.8	7.5		10	10	0.6	5
160	1	6.3	0.5	2.5		22	10	0.6	5
	2.2	6.3	0.5	2.5		33	12.5	0.6	5
	3.3	6.3	0.5	2.5		47	12.5	0.6	5
	4.7	6.3	0.5	2.5		100	16	0.8	7.5
	10	10	0.6	5		220	18	0.8	7.5
	22	10	0.6	5	250	1	6.3	0.5	2.5
	33	10	0.6	5		2.2	6.3	0.5	2.5
	47	12.5	0.6	5		3.3	8	0.6	3.5
	100	16	0.8	7.5		4.7	8	0.6	3.5
	220	16	0.8	7.5		10	10	0.6	5
	330	18	0.8	7.5		22	12.5	0.6	5
350	1	6.3	0.5	2.5		33	12.5	0.6	5
	2.2	8	0.6	3.5		47	12.5	0.6	5
	3.3	10	0.6	5		100	16	0.8	7.5
	4.7	10	0.6	5	400	1	6.3	0.5	2.5
	10	10	0.6	5		2.2	8	0.6	3.5
	22	12.5	0.6	5		3.3	10	0.6	5
	33	16	0.8	7.5		4.7	10	0.6	5
	47	16	0.8	7.5		10	10	0.6	5
	100	18	0.8	7.5		22	12.5	0.6	5
450	1	8	0.6	3.5		33	16	0.8	7.5
	2.2	10	0.6	5		47	16	0.8	7.5
	3.3	10	0.6	5					
	4.7	10	0.6	5					
	10	12.5	0.6	5					
	22	16	0.8	7.5					
	33	16	0.8	7.5					

备注：未列入表格中的电解电容，根据其厂家规格手册绘制封装，也可以使用游标卡尺实际测量，取得其规格尺寸。

1. 确定封装尺寸

由表 3-5 可知，"50V，1μF"和"50V，10μF"规格的电容外形尺寸相同，电容直径为 5mm，管脚直径为 0.5mm，管脚中心距为 2mm；"25V，470μF"规格的电容直径为 10mm，管脚直径为 0.6mm，管脚中心距为 5mm。

该封装焊盘设计为常规的圆形，一般焊盘的内孔不小于 0.6mm，因为小于 0.6mm 的孔开模冲孔不易加工，以金属引脚直径加上 0.2～0.4mm 作为焊盘内孔直径。所有焊盘单边最小不小于 0.25mm，整个焊盘直径最大不大于焊盘孔径的 3 倍。一般情况下，通孔元件采用圆形焊盘，焊盘直径为插孔孔径的 1.8 倍以上；单面板焊盘直径不小于 2mm；双面板焊盘尺寸与通孔直径最佳比为 2.5，对于能用自动插件机的元件，其双面板的焊盘为其标准孔径加 0.5～0.6mm。在设计过程中，焊盘的具体尺寸还要根据元器件的实际情况进行调整。

因此，库封装 RB2-5 焊盘孔径取 0.7mm，焊盘直径取 1.6mm；库封装 RB5-10 焊盘孔径取 0.8mm，焊盘直径取 2mm。

2. 创建 PCB 库封装 RB2-5

（1）执行菜单命令"工具"→"元器件向导"，弹出 Footprint Wizard 对话框，单击 Next 按钮。

（2）如图 3-52 所示，选择器件图案为 Capacitors 类型，单位选择 mm，单击 Next 按钮。

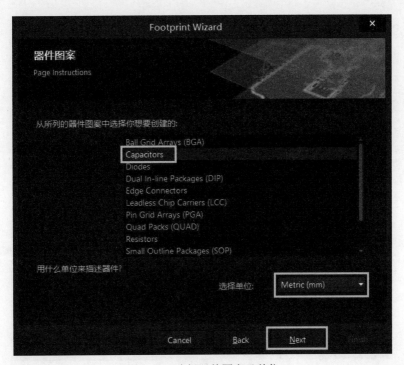

图 3-52　选择器件图案及单位

（3）如图 3-53 所示，选择电路板技术为 Through Hole（通孔），单击 Next 按钮。

图 3-53　定义电路板技术

（4）如图 3-54 所示，输入焊盘孔径和焊盘直径，单击 Next 按钮。

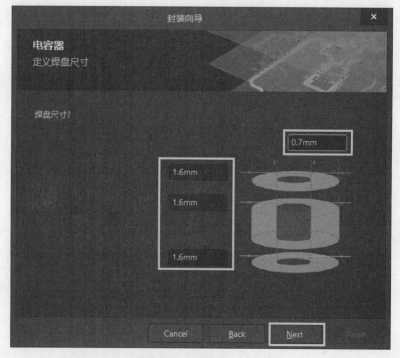

图 3-54　定义焊盘尺寸

（5）如图 3-55 所示，输入焊盘间距，单击 Next 按钮。

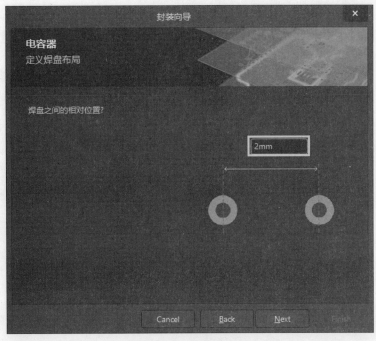

图 3-55　定义焊盘布局

（6）如图 3-56 所示，选择电容极性为 Polarised（有极性的），电容的装配样式为 Radial（径向的），电容的几何形状为 Circle（圆形），单击 Next 按钮。

图 3-56　定义外框类型

（7）如图 3-57 所示，输入外框宽度和外框直径，单击 Next 按钮。

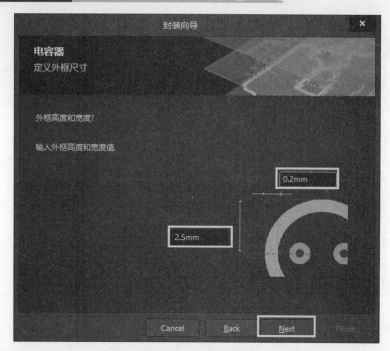

图 3-57　定义外框尺寸

（8）如图 3-58 所示，输入该封装的名称，单击 Next 按钮。

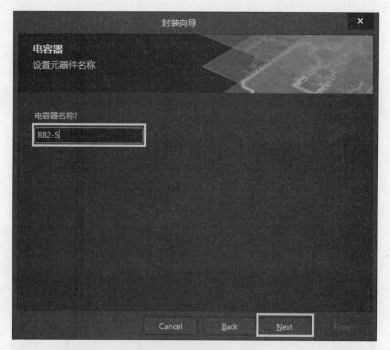

图 3-58　设置封装名称

（9）此时在 PCB 库封装编辑界面中显示 RB2-5 封装，该封装默认 1 号焊盘为参考点。对于有极性的元器件，一般取 1 号引脚极性为正，故拖动极性化符号"+"至 1 号焊盘附近合适位置，库封装 RB2-5 绘制完成，如图 3-59 所示。

库封装 RB5-10 的创建方法和 RB2-5 相同，不再赘述，其封装样式如图 3-60 所示。

图 3-59　RB2-5 封装样式　　　　图 3-60　RB5-10 封装样式

3.4.4　LED

绘制库封装 LED

LED 为 F5 型发光二极管的封装，封装向导中不存在该封装样式，需要进行自定义绘制。

1. 确定封装尺寸

从图 3-61 可以得到 F5 型发光二极管引脚直径为 0.5mm，引脚中心距为 2.54mm，圆柱轮廓直径为 5.8mm。焊盘设计为常规圆形，焊盘孔径取 0.8mm，焊盘直径取 1.8mm，丝印图形轮廓取直径为 5.8mm 的圆形。

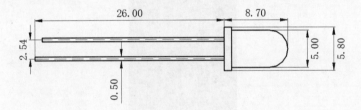

图 3-61　F5 型 LED 尺寸规格（单位：mm）

2. 绘制 PCB 库封装 LED

（1）创建 LED 库封装。在 PCB Library 控制面板的 Footprints 列表栏下方单击 Add 按钮，添加一个新 PCB 库元件，如图 3-62 和图 3-63 所示。

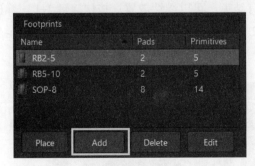
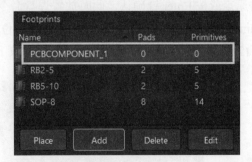

图 3-62　封装列表　　　　　　图 3-63　添加一个新的 PCB 库元件

双击 Footprints 列表栏中新创建的 PCBCOMPONENT_1，弹出 "PCB 库封装" 对话框，修改该库封装的名称为 LED 并添加描述信息 F5，类型默认为 Standard，如图 3-64 所示，单击 "确定" 按钮。

图 3-64   "PCB 库封装"对话框

（2）放置焊盘。

1）放置焊盘操作。执行菜单命令"放置"→"焊盘"（如图 3-65 所示），或者单击 PCB 库放置工具栏中的"放置焊盘"图标 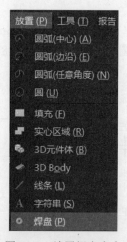，或者单击快捷工具栏中的"放置焊盘"图标 ，或者按快捷键 P+P。此时光标上悬浮着焊盘，该焊盘样式为系统记忆上一次放置的焊盘样式。

图 3-65   放置焊盘命令

1 号焊盘应当放置在原点，按 Ctrl+End 组合键或者按快捷键 J+R 可定位焊盘至原点，单击原点或按 Enter 键确认，此时放置焊盘命令没有结束，可以继续放置。按快捷键 J+L，弹出 Jump To Location 对话框，输入 2 号焊盘的位置(2.54,0)，单击 OK 按钮，此时光标已定位至坐标(2.54,0)处，单击鼠标左键或按 Enter 键放下 2 号焊盘，如图 3-66 所示。

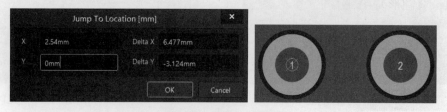

图 3-66   放置 2 号焊盘

还可以先放置焊盘，然后双击焊盘，在 Properties 面板 Location 选项区的（X/Y）处输入坐标来修改焊盘的位置，如图 3-67 所示。

图 3-67 修改焊盘位置

2）设置焊盘属性。在执行放置焊盘命令的过程中，按 Tab 键或者先放置一个焊盘后双击该焊盘，均会弹出如图 3-68 所示的 Properties 面板。需要对焊盘位号、焊盘形状、焊盘孔径、焊盘直径等参数进行设置。此处需要注意元器件的焊盘从 1 号开始，并且习惯上默认 1 号焊盘为极性元件的正极性引脚对应的焊盘。

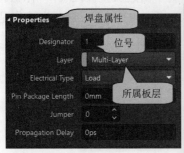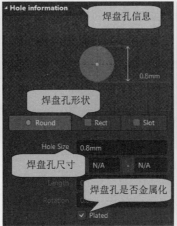

图 3-68 焊盘属性设置

Properties 选项区主要用于设置焊盘的位号、焊盘所属板层，焊盘位号从 1 开始，直插式元器件的焊盘所属板层为 Multi-Layer（多层），贴片元器件的焊盘选择 Top Layer（顶层）。

Hole information 选项区主要用于设置焊盘孔的相关参数，焊盘孔的形状有 Round（圆形）、Rectangle（长方形）、Slot（割缝形状），Slot 形焊盘孔的实际形状与具体尺寸有关，可以是椭圆形或长圆形。Plated 选项用于设置焊盘孔是否金属化，勾选该选项，即设置该焊盘孔金属化。

Size and Shape 选项区主要用于设置焊盘的相关参数，设置类型通常选择 Simple，焊盘形状有 Round（圆形）、Rectangle（方形）、Octagonal（八角形）和 Rounded Rectangle（圆角方形），X/Y 用来填写焊盘尺寸。

（3）绘制元器件丝印图形。单击绘图区下方板层标签中的 Top Overlay 使其成为当前层，如图 3-69 所示。

图 3-69 使 Top Overlay 成为当前层

为了简化计算，可以适当调整参考点，执行菜单命令"编辑"→"设置参考"→"中心"，参考点跳至两焊盘的中心点，如图 3-70 所示。

如图 3-71 所示，单击 PCB 库放置工具栏中的图标 ，或者执行菜单命令"放置"→"圆"，或者按快捷键 P+U；单击参考点作为圆的圆心，按快捷键 J+L，弹出 Jump To Location 对话框，输入圆半径端点所在的位置，如图 3-72 所示，单击 OK 按钮，此时光标已定位至坐标(2.9,0) 处，单击鼠标左键（或按 Enter 键）确定圆的半径，按 Esc 键结束放置圆命令。

图 3-70 重设参考点

图 3-71 放置圆命令

为了元器件安装方便，可将 1 号焊盘设置为方形，并在引脚 1 附近放置极性"+"标识。

LED 封装绘制完成后，重新设置参考点为 1 号焊盘，效果如图 3-73 所示，这一步操作是为了方便放置封装。

图 3-72 Jump To Location 对话框

图 3-73 LED 封装

绘制库封装 RPOT

3.4.5 RPOT

RPOT 为蓝白电位器的 PCB 库封装，其封装规格如图 3-74 所示。

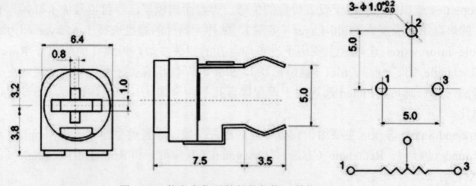

图 3-74 蓝白电位器的封装规格（单位：mm）

1. 确定封装尺寸

根据图 3-74 所示的蓝白电位器的封装规格，结合推荐 PCB Layout 尺寸，焊盘孔径取 1mm，焊盘直径取 2.5mm，1 脚与 3 脚中心距为 5.0mm，2 脚位于 1 脚和 3 脚中心线上方 5mm 处。外形轮廓实际为 6.4mm×7mm 的长方形，倒圆角，结合蓝白电位器的实际结构，取外形轮廓为 8mm×8mm，圆角半径取 2mm。

如图 3-75 所示，蓝白电位器原理图符号中滑动引脚为 3 脚，其封装的引脚编号应当和原理图符号一致，所以绘制蓝白电位器封装 RPOT 时应当将图 3-74 中的 2 号引脚与 3 号引脚对调，这样才能保证元器件的连接关系不会出错。

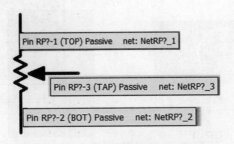

图 3-75　蓝白电位器原理图符号引脚图

2. 绘制 PCB 库封装 RPOT

（1）创建库封装 RPOT。在 PCB Library 控制面板上，单击 Footprints 列表栏下方的 Add 按钮添加一个新 PCB 库元件，修改该库封装的名称并添加描述信息，如图 3-76 所示，单击"确定"按钮。

（2）放置焊盘、设置焊盘属性。单击 PCB 库放置工具栏中的图标█，按 Tab 键，弹出焊盘 Properties 面板，按照前面的分析进行焊盘位号、焊盘形状、焊盘孔径、焊盘直径的尺寸设置，然后放置焊盘。1 号、2 号、3 号这 3 个焊盘的坐标分别为(0,0)、(5.0,0)、(2.5,5.0)，放置后如图 3-77 所示。

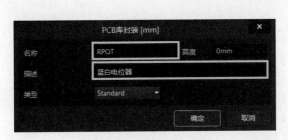

图 3-76　添加库封装信息

图 3-77　放置焊盘

（3）绘制元器件丝印图形。

1）为了简化计算，重新调整参考点，执行菜单命令"编辑"→"设置参考"→"位置"，然后按快捷键 J+L，在弹出的 Jump To Location 对话框中输入参考点坐标(-1.5,-1.5)，连续按两次 Enter 键确认。

2）单击绘图区下方板层标签中的 Top Overlay 使之成为当前层。

3）单击 PCB 库放置工具栏中的图标█，单击参考点作为第一点，然后按快捷键 J+L，定位至(8,0)、(8,8)和(0,8)处，绘制出 8mm×8mm 的正方形。

4）单击 PCB 库放置工具栏中的图标█，或者执行菜单命令"放置"→"圆弧（中心）"，或者按快捷键 P+A，绘制半径 2mm 的圆弧。两圆弧的圆心分别是(2,6)和(6,6)。圆弧的绘制需要 4 个关键点：圆心、半径端点、圆弧起点和圆弧终点，放置圆弧命令是在圆弧起点和终点之间逆时针绘制圆弧，如图 3-78 所示。

库封装 RPOT 绘制完成后如图 3-79 所示，重新设置参考点为 1 号焊盘。

图 3-78　圆弧的关键点

图 3-79　绘制丝印图形轮廓

绘制库封装 SIP-9

3.4.6　SIP-9

SIP-9 为单列直插式封装，是集成电路 KA2284 的封装。

1. 确定封装尺寸

从图 3-80 所示的规格图纸上可以看出，引脚为 0.5mm×0.25mm 的长方形，9 个引脚呈直线排列，引脚间距为 2.54mm，外形轮廓为 3mm×23.32mm 的长方形，为了保证钻孔效果焊盘孔取 0.8mm 圆形，焊盘取直径 2mm 圆形。

2. 绘制 PCB 库封装 SIP-9

（1）创建库封装 SIP-9。在 PCB Library 控制面板的 Footprints 列表栏下方单击 Add 按钮，添加一个新 PCB 库元件。如图 3-81 所示，修改该库封装的名称并添加描述信息，单击"确定"按钮。

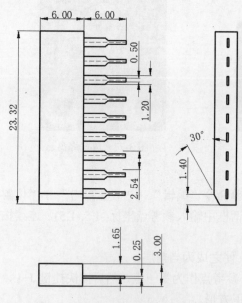

图 3-80　KA2284 的封装规格（单位：mm）

图 3-81　添加库封装信息

（2）放置焊盘、设置焊盘属性。单击 PCB 库放置工具栏中的图标，按 Tab 键，弹出焊盘 Properties 面板，按照前面的分析进行焊盘位号、焊盘形状、焊盘孔径、焊盘直径等参数设置，然后放置焊盘。1 号焊盘放置在(0,0)处，2 号焊盘放置在(0,-2.54)处，100mil=2.54mm，按 G 键，设置栅格捕捉为 100mil，这时光标跳转间距为 2.54mm，可以快速放置其余 8 个焊盘。

（3）绘制元器件丝印图形。由于该丝印图形尺寸有多位小数，因此应将栅格捕捉设置为最小。

1）为了简化计算，重新调整参考点，执行菜单命令"编辑"→"设置参考"→"位置"，然后按快捷键 J+L，在弹出的 Jump To Location 对话框中输入参考点(-1.225,1.5)，按两次 Enter 键确认新参考点。

2）单击绘图区下方板层标签中的 Top Overlay 使其成为当前层。

3）单击 PCB 库放置工具栏中的"放置线条"图标，单击参考点作为第一点，然后按快捷键 J+L，定位至(3,0)、(3,-23.32)和(0,-23.32)，绘制出 3mm×23.32mm 的长方形。

库封装 SIP-9 完成后如图 3-82 所示，重新设置参考点为 1 号焊盘。

图 3-82　SIP-9 样式

3.5　双声道小音箱 PCB 设计

封装匹配检查

3.5.1　封装匹配检查

打开双声道小音箱.SchDoc 文件，执行菜单命令"工具"→"封装管理器"，弹出 Footprint Manager 对话框，对元件逐个进行封装检查。

该项目中需要修改封装的元件较多，如图 3-83 所示，C1 需要修改封装为 RB5-10，C2～C6 需要修改封装为 RB2-5，D1～D5 的 PCB 库封装需要换成 LED，RP1 和 RP2 需要修改封装为 RPOT，U1 需要添加封装 SOP-8，U2 需要添加封装 SIP-9。

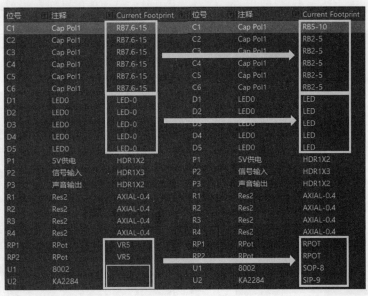

图 3-83　封装管理器

　　元器件 PCB 库封装修改可以在原理图中操作，也可以在封装管理器中操作；可以每一个元器件单独修改封装，也可以相同元器件批量修改封装，操作比较灵活。

　　1. 在封装管理器中修改封装

　　在如图 3-84 所示的 Footprint Manager 对话框中，单击左侧元件列表中的 C1，在右侧显示元器件当前封装的名称和模型，选中封装名称，单击"移除"按钮将当前封装移除。

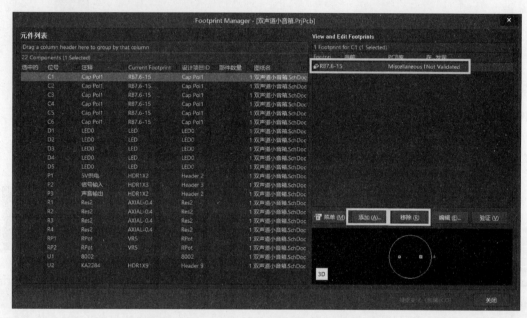

图 3-84　Footprint Manager 对话框（封装管理器）

　　单击"添加"按钮，弹出如图 3-85 所示的"PCB 模型"对话框；在"PCB 元件库"选项组中勾选"任意"，然后单击"浏览"按钮，弹出如图 3-86 所示的"浏览库"对话框；选择库封装 RB5-10，单击"确定"按钮，再单击"PCB 模型"对话框中的"确定"按钮。

图 3-85　"PCB 模型"对话框

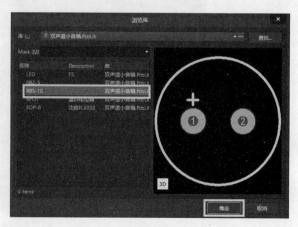

图 3-86　"浏览库"对话框

　　再例如 C2～C6 这 5 个电解电容的封装均为 RB2-5，可以在封装管理器的元件列表中同时选中这 5 个元件，进行原有封装 RB7.6-15 的移除和新封装 RB2-5 的添加。

　　所有元器件的封装修改完成后，单击封装管理器右下角的"接受变化"按钮，在弹出的"工程变更指令"对话框中依次单击"验证变更""执行变更"和"关闭"按钮（如图 3-87 所示）完成工程变更，完成后请再次打开封装管理器进行封装确认。

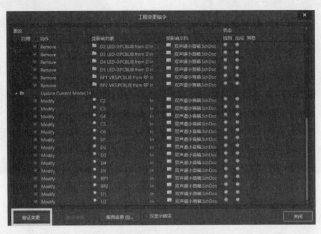

图 3-87　执行变更

2. 在原理图中修改封装

　　（1）为功放 IC8002A 添加封装。以为功放 IC8002A 添加封装为例，在原理图中双击功放 IC8002A 原理图符号调出其 Properties 面板，找到 Footprint 选项区，如图 3-88 所示，单击 Add 按钮，然后在图 3-89 所示的"PCB 模型"对话框中直接输入封装名称 SOP-8，该封装显示在封装预览窗口中，如图 3-90 所示，单击"确定"按钮，库封装 SOP-8 添加完成，返回功放 IC8002A 的 Properties 面板 Footprint 选项区即可观察到封装模型，如图 3-91 所示。

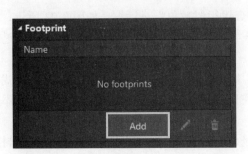

图 3-88　添加封装前的 Footprint 选项区　　　　　图 3-89　输入库封装名称

图 3-90　浏览库

图 3-91　添加封装后的 Footprint 选项区

（2）为 D1～D5 批量更改封装。

1）在原理图中，按住 Shift 键，依次单击 D1～D5 选中这 5 个发光二极管，如图 3-92 所示。

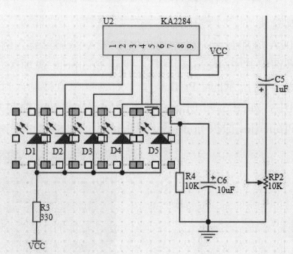

图 3-92　选中 5 个 LED

2）在 D1～D5 任意一个元件上右击，弹出"查找相似对象"对话框，如图 3-93 所示，将 Selected 选项后面的 Any 修改为 Same，依次单击"应用"和"确定"按钮，过滤器按照过滤条件重新过滤出 5 个 LED，如图 3-94 所示。

3）打开 Properties 面板，如图 3-95 所示，其中列出的选项为 D1～D5 的共有属性，找到 Footprint 选项区，先单击"删除"图标 将封装 LED0 删除，再单击 Add 按钮为 D1～D5 添加自制库封装 LED，如图 3-96 所示。

在原理图中修改完元器件封装后，为了防止遗漏，还需要在更新网络到 PCB 前打开封装管理器进行检查核对，所以建议更换封装和添加封装直接在封装管理器中进行。

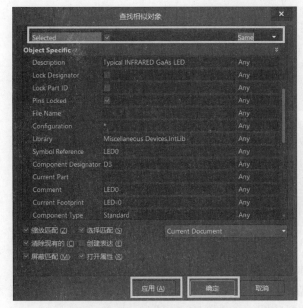

图 3-93　"查找相似对象"对话框

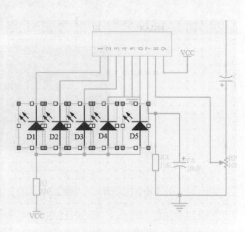

图 3-94　重新过滤出的 5 个 LED

图 3-95　Footprint 选项区

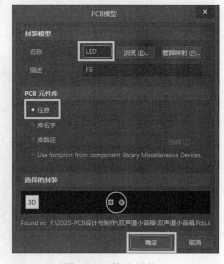

图 3-96　修改封装后

3.5.2　PCB 板框定义

PCB 板框定义

1. PCB 机械板框定义

打开双声道小音箱.PcbDoc 文件，按照设计要求定义 45mm×35mm 矩形板框。

选择 Mechanical 1 层使之成为当前层，按 Q 键快速切换单位为公制单位 mm，并设置栅格捕捉为 1mm。执行绘制线条命令，按快捷键 J+A 或者按 Ctrl+Home 定位至绝对原点处，单击鼠标左键放置线条的起点。按快捷键 J+L，弹出"定位"对话框，在其中输入 X 和 Y 的坐标，完成边框的绘制。PCB 矩形边框其余 3 个顶点的坐标分别是(45,0)、(45,35)、(0,35)，如图 3-97 所示。

 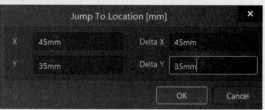

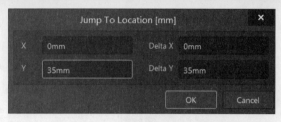

图 3-97　PCB 板框的 3 个顶点坐标

选中绘制好的矩形边框，然后按快捷键 D+S+D 定义板框。

在板框定义完成后，如果因为设计调整的原因需要修改板框的形状和尺寸，可以重新绘制封闭的机械边框图线，然后选中调整后的封闭图线，重新定义板框。

2. PCB 电气边框定义

选中 Keep-Out Layer 层使之成为当前层，执行菜单命令"放置"→Keepout→"线径"，在机械边框内部绘制封闭区域作为电气边框，效果如图 3-98 所示。

图 3-98　PCB 板框定义

3.5.3　更新 PCB 文件

1. 执行更新命令

在原理图编辑环境下，执行菜单命令"设计"→"Update PCB Document 双声道小音箱.PcbDoc"。

2. 确认更新

执行更新后，在"工程变更指令"对话框中，单击"验证变更"按钮，系统检测所有的变更是否有效，如果某项变更无效，右侧"检测"栏对应位置显示，返回原理图找到对应元器件添加封装或在封装管理器中添加封装，再重新更新到 PCB 中。

验证变更无误后再单击"执行变更"按钮，执行变更完成后如图 3-99 所示。

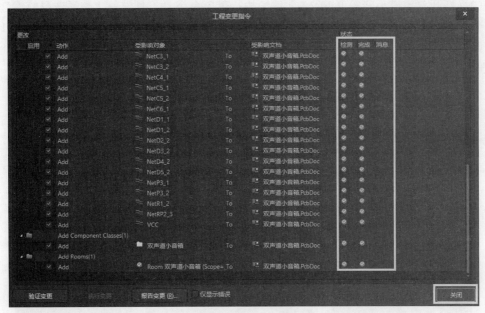

图 3-99　执行变更

3. 关闭对话框

单击图 3-99 所示对话框中的"关闭"按钮，此时可以发现 PCB 编辑界面已发生变化，完成由原理图到 PCB 的操作，PCB 的变化如图 3-100 所示。

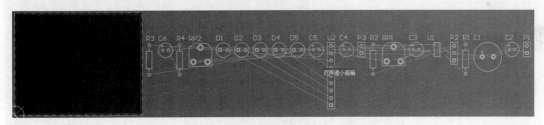

图 3-100　PCB 的变化

3.5.4　PCB 布局

本项目电路比较简单，为了节省电路板生产成本，仍采用单面走线的方式进行设计。根据信号的流向性，参照原理图进行布局。其中 RP1、RP2 为可调电阻，其布局要满足方便操作的要求，尽量放在板子边缘；P1 为电源接口，P2、P3 为信号输入输出接口，也需要放在板子边缘；功放 IC8002A 为表面贴装式元件，需要将其安装在单面 PCB 的焊接面即底层。

1. 交叉选择模式

交叉选择模式是一种将原理图和 PCB 对应起来，使两者之间相互映射的一种布局方式，尤其在元件数量多、元件位号被隐藏的情况下可以大大提到布局效率。设置交叉选择模式的菜单命令如图 3-101 所示，具体操作如下：

（1）打开双声道小音箱.SchDoc 文件，执行菜单命令"工具"→"交叉选择模式"。

（2）打开双声道小音箱.PcbDoc 文件，执行菜单命令"工具"→"交叉选择模式"。

（3）执行菜单命令 Window→"垂直平铺"，使原理图文件和 PCB 文件的两个窗口平铺。

（4）在原理图中选择元件，在 PCB 上对应的元件也会被选中；在 PCB 中选中某个元件，在原理图中对应的元件也会被选中，如图 3-102 所示。

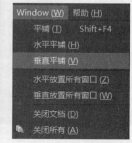

（a）原理图设置　　　　　　（b）PCB 设置　　　　　　（c）窗口平铺设置

图 3-101　设置交叉选择模式

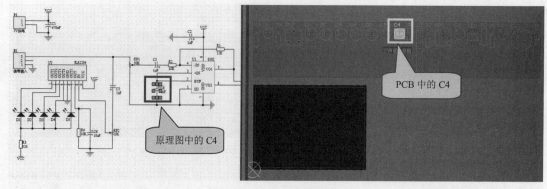

图 3-102　交叉选择模式

2．全局操作修改元器件位号

右击某一元器件标号，在弹出的快捷菜单中选择"查找相似对象"命令，弹出"查找相似对象"对话框，选中"选择匹配"复选项，依次单击"应用"和"确定"按钮。此时可以发现，具有相同属性的元器件位号都被选中，打开 Properties 面板，修改位号的位置、文本高度、字体宽度等参数，即可完成所有元器件位号的外观修改，具体操作详见项目 2。

3．元件对齐操作

使用元件排列工具或菜单命令进行元件对齐操作，元件封装尽量坐落在栅格上，便于布线时捕捉关键点，布局完成后效果如图 3-103 所示。

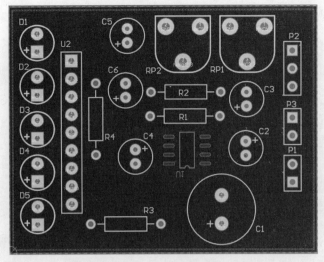

图 3-103　双声道小音箱 PCB 布局

3.5.5　PCB 布线

布线前先对布线相关规则进行规划设置。

1. 设置 Routing 规则

执行菜单命令"设计"→"规则",弹出"PCB 规则及约束编辑器"对话框。

（1）Width（线宽）。普通信号线布线级别最低,线宽优选 12mil,具体设置如图 3-104 所示。

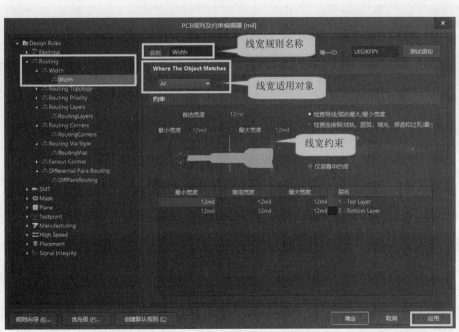

图 3-104　普通信号线规则设置

右击 Routing 规则列表中的 Width,在弹出的快捷菜单中选择"新规则"添加一个新线宽规则，重新命名新规则、选择规则适用对象、设置相应线宽，具体设置如图 3-105 所示。

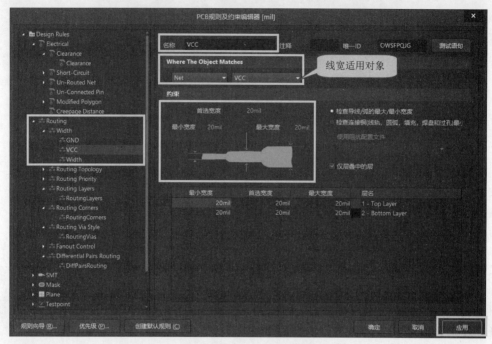

图 3-105　VCC 规则设置

重复执行上述操作，再添加一个新的线宽规则，具体设置如图 3-106 所示。

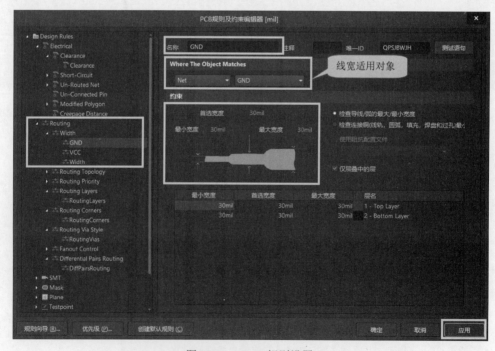

图 3-106　GND 规则设置

3 个线宽规则设置完成后，单击"优先级"按钮，弹出"编辑规则优先级"对话框，检查线宽规则的优先级是否正确，正确的优先级如图 3-107 所示，如果有误，先单击选中线宽规则，再单击"增加优先级"或"降低优先级"按钮进行调整。

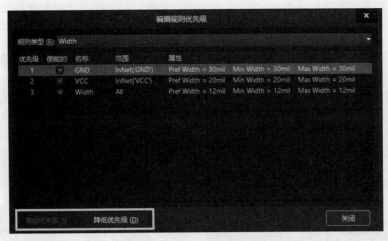

图 3-107　线宽规则优先级

（2）Routing Layers。本项目采用单层布线的方式，所有布线均在 Bottom Layer 上进行。

（3）Routing Corners。本项目走线转角采用默认 45°转角。

2. 布线

完成布线规则设置后，进行手动布线。

单击"布线"工具栏中的"交互式布线连接"按钮进行布线。在布线过程中，系统自动识别网络，根据布线规则进行布线。想要取得良好的布线效果，需要反复调整走线，用鼠标按住走线可以进行拖拽、推挤等操作，保证电气性能要求的前提下力求走线最简洁。

PCB 布线

手动布线完成后的 PCB 效果如图 3-108 所示。

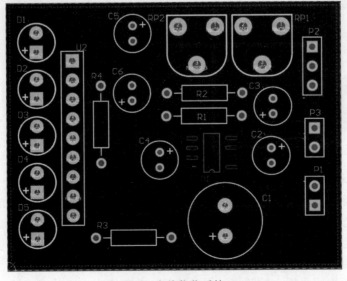

图 3-108　布线优化后的 PCB

3.5.6 滴泪

执行菜单命令"工具"→"滴泪",在弹出的"泪滴"对话框中,设置工作模式为"添加",其余选项默认,单击"确定"按钮,完成滴泪操作,效果如图 3-109 所示。

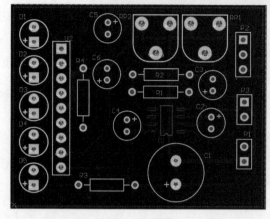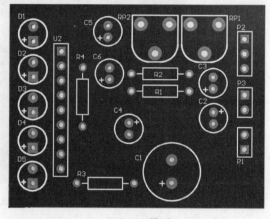

（a）2D 显示 　　　　　　　　　　　　（b）3D 显示

图 3-109　泪滴优化后的 PCB

3.6　感光法手工制板

双声道小音箱 PCB 线路板采用感光法制作,感光法制作电路板的精度高、成功率高,但工艺相对比较复杂,下面详细介绍制作步骤。

1. 准备工具及耗材

感光法手工制板需要的工具有黑色油性马克笔、锉刀、镊子、钳子、工具刀等,需要的耗材有感光板、透明菲林片（或 A4 纸）、显影剂、脱膜剂、环保腐蚀剂等,如图 3-110 所示。

图 3-110　感光法手工制板需要的耗材

2. 准备感光板

感光板上预涂的感光油墨有正性和负性之分,预涂正性感光油墨的感光板称为正性感光板,预涂负性感光油墨的感光板称为负性感光板。正性感光板在曝光显影后,没有遮蔽的地方被腐蚀;负性感光板在曝光显影后,遮蔽的地方被腐蚀。因此,在打印电路板图纸时,正性感光板使用的图纸需要正片打印,负性感光板使用的图纸需要负片打印。

本项目采用正性感光板,按照设计电路的尺寸裁剪大小合适的感光板,由于裁板机裁板会造成裁切线附近的感光膜面受损，因此需要考虑一定的预留量，剪切边的毛边可用锉刀进行打磨。

3. 打印电路板图纸

按照 1:1 的比例打印电路板图纸，推荐使用透明菲林片，也可以用 A4 打印纸代替。打印后检查图纸，若有透光或漏洞，使用黑色油性马克笔修补。

（1）正片打印设置。只需要打印 Bottom Layer（底层），不需要镜像，打印预览效果如图 3-111 所示，具体操作详见项目 2 双闪警示灯电路图纸打印设置过程。

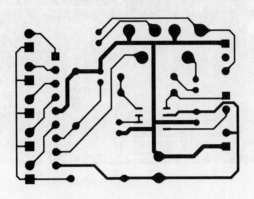

图 3-111　Bottom Layer 正片

（2）负片打印设置。如果选用负性感光板，则 PCB 线路图应当采用负片打印，负片打印的设置方法如下：

1）在 Mechanical 1 层放置填充。选择 Mechanical 1 层使之成为当前层，执行菜单命令"放置"→"填充"，或者按快捷键 P+F，此时光标变成十字光标，单击并按住鼠标左键拖动画出与 PCB 机械边框大小相同的框，放置填充后如图 3-112 所示。

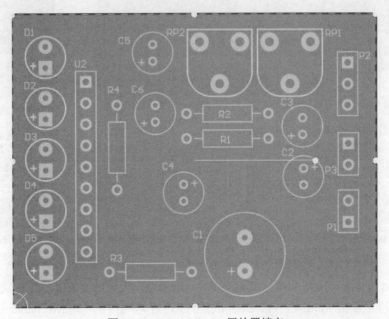

图 3-112　Mechanical 1 层放置填充

2）打印图层设置。执行菜单命令"文件"→"页面设置"，在弹出的 Composite Properties 对话框中设置打印纸的方向、缩放比例及颜色，如图 3-113 所示。需要注意，负片打印需要打印多个层面，颜色设置不能选择"单色"，建议选择"灰的"。

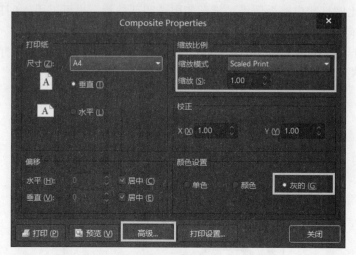

图 3-113　Composite Properties 对话框

单击"高级"按钮打开"PCB 打印输出属性"对话框（如图 3-114 所示），在其中设置打印输出的层，通过如图 3-115 所示的右键快捷菜单命令"创建层"或"删除"实现，最后保留 Bottom Layer、Multi-Layer 和 Mechanical 1 这 3 个图层。接着对这 3 个图层进行排序，通过右键快捷菜单命令"上移"或"下移"实现，使 Multi-Layer 层在最前，中间为 Bottom layer 层，最下面为 Mechanical 1 层，效果如图 3-114 所示。

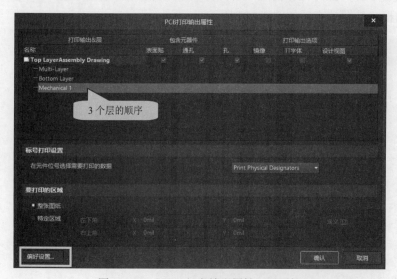

图 3-114　"PCB 打印输出属性"对话框

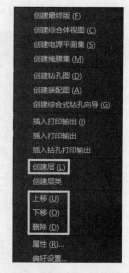

图 3-115　图层的右键快捷菜单

单击图 3-114 所示对话框中的"偏好设置"按钮，在弹出的"PCB 打印设置"对话框中设置打印颜色，这里要把 Multi-Layer、Bottom Layer 设置为纯白色，把 Mechanical 1 层设置为纯黑色，如图 3-116 所示。

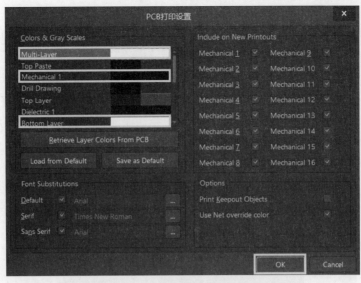

图 3-116 "PCB 打印设置"对话框

打印预览效果如图 3-117 所示，打印预览正确无误即可打印。

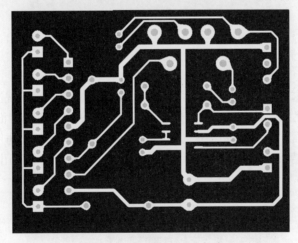

图 3-117 Bottom Layer 负片

4. 曝光

将覆盖在正性感光板上的薄膜撕掉，露出预涂的正性蓝色感光油墨，这一步操作无需暗房，在一般室内光线下可维持 10 分钟。然后将电路板图纸打印面和感光板压紧，正确的贴合方法如图 3-118 所示。先使用金电子曝光箱的抽真空功能使图纸和感光板贴合紧密，然后打开曝光灯，关闭曝光箱，对感光板进行曝光。使用金电子曝光箱进行曝光时间控制分别是透明稿 60 秒、半透明稿 90 秒、白纸 250 秒。曝光后，没有被光照射的部分会硬化，紧贴在铜箔上。

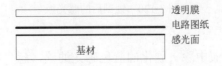

图 3-118 图纸与感光板的贴合方法

5. 显影

（1）调配显影液。按照显影剂使用说明，将显影剂和水按 1:20 的比例混合均匀，误差在 -10%～20%，即一包 50g 的显影剂配 800～1100mL 的水。

（2）显影。将曝光好的感光板放入显影液中，注意需要显影的板层面不能触碰容器壁。能够观察到曝到光的感光膜逐渐被溶解而呈现蓝绿色雾状飘散开来，轻摇板子，直到线路清晰且没有任何蓝绿色冒出，即为显影完成，再静置一会儿保证显影百分之百成功，显影完成后效果如图 3-119 所示。

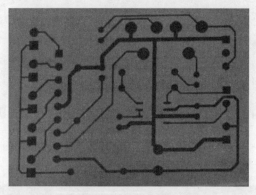

图 3-119　显影后的感光板

（3）水洗。显影完成后，取出线路板用清水冲洗干净。

6. 腐蚀

将环保型蚀刻粉末和水按照使用说明书混合，配置腐蚀液，浸入洗净的感光板，约 10 秒左右取出检查，若线路闪闪发亮，线路以外的铜箔由光亮变成无光泽雾面，则显影完全，若有部分区域没有变成雾面，则该处显影不完全，可用清水洗净线路板后再回去补显影。

要随时观察腐蚀情况，当铜箔部分蚀刻完毕时即可将电路板取出用清水冲洗，腐蚀完成后的感光板如图 3-120 所示。

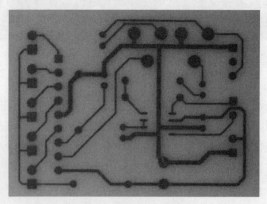

图 3-120　蚀刻后的感光板

7. 脱膜

将电路板放入适量脱膜液中除去硬化的蓝色感光油墨，感光膜也可以不用去除，直接进行焊接，残留膜面可以保护铜箔。

8．钻孔

腐蚀完成后，选择合适的钻头在焊盘位置钻孔，钻孔后的感光板如图 3-121 所示。

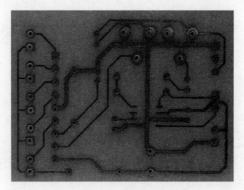

图 3-121　钻孔后的感光板

巩固习题

一、思考题

1．原理图库元件应当包含哪些信息？
2．原理图库元件的绘制包含哪几个步骤？
3．原理图库元件的尺寸应当怎样确定？
4．元件封装焊盘的尺寸应当怎样确定？
5．制作元器件封装包括哪几个步骤？
6．绘制元器件封装时怎样保证焊盘位置的准确性？
7．封装的参考点一般怎样定义？
8．如何利用封装管理器进行封装检查和修改？
9．定义完 PCB 的形状及尺寸后，如何重新定义其机械边框？

二、操作题

1．创建一个名为 mylib.SchLib 的文件，绘制如图 3-122 所示的原理图库元件，并合理添加库元件属性信息。

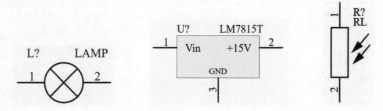

图 3-122　库元件样例

2．创建一个名为 mylib.PcbLib 的文件并绘制元器件封装。

（1）绘制如图 3-123 所示的电解电容器封装 RB.1/.2，其中 ".1" 表示焊盘中心距为 0.1in，".2" 表示电容器圆柱形轮廓的直径为 0.2in，焊盘孔径取 40mil，焊盘直径取 80mil。注：1in=1000mil。

图 3-123　电解电容器封装 RB.1/.2

（2）绘制直插式两节 7 号电池座，其尺寸规格如图 3-124 所示，5 号孔为固定孔，封装上必须注明正极性引脚。

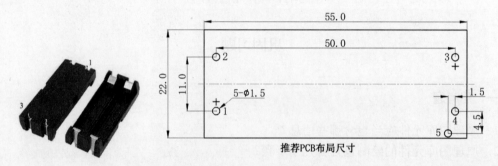

图 3-124　两节 7 号电池座尺寸规格（单位：mm）

项目 4　心形流水灯

【项目目标】

本项目为教程设置的提高项目之一。通过学习本项目，学生可掌握贴片元件及通孔贴片混合式元件原理图符号和封装的绘制方法，掌握智能粘贴操作技巧，掌握网络标签的使用，同时养成良好的工程素质。

知识目标

- 掌握多引脚元器件原理图符号的绘制方法。
- 理解网络标签的应用。
- 熟练掌握贴片元件封装绘制方法。
- 掌握通孔贴片混合式元件封装绘制方法。
- 掌握给元件添加或修改封装的方法。
- 进一步熟悉 PCB 布局和布线方法。
- 了解 Gerber 文件的输出方法。

能力目标

- 能够正确识读元器件原理图符号信息、规格尺寸信息。
- 能够正确导入原理图库元件的引脚信息。
- 能够正确绘制表面贴装元件及通孔贴片混合式元件封装。
- 能够运用智能粘贴技巧正确绘制原理图。
- 能够正确使用网络标签。
- 能够进行原理图编译差错、封装检查。
- 能够在 PCB 中运用特殊粘贴技巧。
- 能够合理进行 PCB 布局布线设计。
- 能够正确输出 Gerber 文件。

素质目标

- 培养学生线上自主学习能力。
- 培养学生独立看图、分析图纸的能力。
- 培养学生具体问题具体分析的务实精神。
- 培养学生良好的劳动纪律观念和严谨细致的工作态度。

【项目分析】

心形流水灯电路如图 4-1 所示，由单片机 STC89C51RC 控制。电路相对简单，采用全贴片元件，电路小巧，固定安装在底座上，因此要求在 PCB 上预留螺丝孔。

单片机 STC89C51RC 是该电路的核心元件，单片机最小系统包括复位电路、电源和振荡电路，电源由 USB 供电。32 个 I/O 口控制 32 盏 LED，LED 布局为心形样式，LED 发光规则由程序决定。

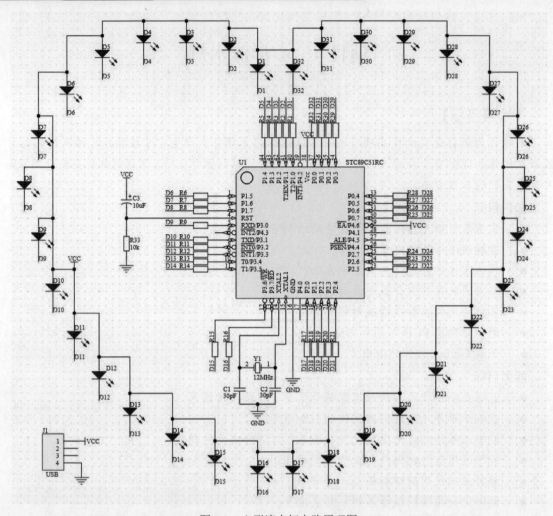

图 4-1　心形流水灯电路原理图

心形流水灯电路元器件清单如表 4-1 所示。

表 4-1　心形流水灯电路元器件清单

序号	名称	规格	数量	位号	说明	备注
1	发光二极管	红色	32	D1～D32	0805 贴片	封装自制
2	电阻	560	32	R1～R32	0805 贴片	封装自制
3	电阻	10K	1	R33	0805 贴片	封装自制
4	电容	30pF	2	C1、C2	0805 贴片	封装自制
5	铝电解电容	10μF	1	C3	贴片	封装自制
6	晶振	12MHz	1	Y1	贴片	封装自制
7	单片机 IC	STC89C51RC	1	U1	贴片	原理图符号及封装自制
8	USB 插座	USB-B	1	J1	通孔贴片混合式封装	封装自制

1. 贴片发光二极管

贴片发光二极管的实物、原理图符号、封装如图 4-2 所示，其封装为表面贴装 0805 封装，需要自行绘制。

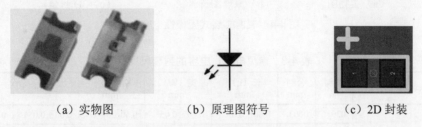

（a）实物图　　　（b）原理图符号　　　（c）2D 封装

图 4-2　表面贴装式 LED

2. 贴片电阻

贴片电阻的实物、原理图符号、封装如图 4-3 所示，其封装为表面贴装 0805 封装，需要自行绘制。常规贴片电阻的标准封装及额定功率如表 4-2 所示。

（a）实物图　　　（b）原理图符号　　　（c）2D 封装

图 4-3　表面贴装式电阻

表 4-2　常规贴片电阻的标准封装及额定功率

英制/mil	公制/mm	额定功率/W
0201	0603	1/20
0402	1005	1/16
0603	1608	1/10
0805	2012	1/8
1206	3216	1/4
1210	3225	1/3
1812	4832	1/2
2010	5025	3/4
2512	6432	1

3. 贴片无极性电容

贴片无极性电容的实物、原理图符号、封装如图 4-4 所示，其封装为表面贴装 0805 封装，需要自行绘制。相同封装的贴片电阻和贴片电容尺寸是相同的，也就是说同一封装可以对应不同的元件，常见电阻、电容的封装尺寸如表 4-3 所示。

（a）实物图　　　　　（b）原理图符号　　　　（c）2D 封装

图 4-4　表面贴装式无极性电容

表 4-3　常见电阻、电容的封装尺寸

尺寸示意图	英制 /in	公制 /mm	长（L） /mm	宽（W） /mm	高（t） /mm	a/mm	b/mm
	0201	0603	0.60±0.05	0.60±0.05	0.60±0.05	0.60±0.05	0.60±0.05
	0402	1005	1.00±0.10	0.50±0.10	0.30±0.10	0.20±0.10	0.25±0.10
	0603	1608	1.60±0.15	0.80±0.15	0.40±0.10	0.30±0.20	0.40±0.20
	0805	2012	2.00±0.20	1.25±0.15	0.50±0.10	0.40±0.20	0.40±0.20
	1206	3216	3.20±0.20	1.60±0.15	0.55±0.10	0.50±0.20	0.50±0.20
	1210	3225	3.20±0.20	2.50±0.20	0.55±0.10	0.50±0.20	0.50±0.20
	1812	4832	4.50±0.20	3.20±0.20	0.55±0.10	0.50±0.20	0.50±0.20
	2010	5025	5.00±0.20	2.50±0.20	0.55±0.10	0.60±0.20	0.60±0.20
	2512	6432	6.40±0.20	3.20±0.20	0.55±0.10	0.60±0.20	0.60±0.20

4. 贴片铝电解电容

"25V，10μF"贴片铝电解电容的实物、原理图符号、封装如图 4-5 所示，其封装需要自行绘制。

　　　　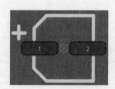

（a）实物图　　　　　（b）原理图符号　　　　（c）2D 封装

图 4-5　表面贴装式电解电容

5. 贴片晶振

12MHz 晶振的实物、原理图符号、封装如图 4-6 所示，其封装需要自行绘制。

　　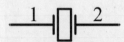　　

（a）实物图　　　　　（b）原理图符号　　　　（c）2D 封装

图 4-6　表面贴装式晶振

6. 贴片单片机 STC89C51RC

单片机 STC89C51RC 为方形扁平式 IC，其实物、原理图符号、封装如图 4-7 所示，原理图符号和封装需要自行绘制。

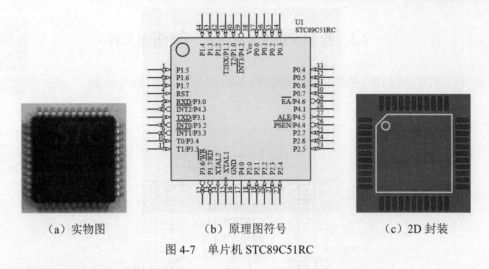

（a）实物图　　　　（b）原理图符号　　　　（c）2D 封装

图 4-7　单片机 STC89C51RC

7. USB B 型插座

USB B 型插座为贴片通孔混合式封装，其实物、原理图符号、封装如图 4-8 所示。观察 USB B 型插座可知，1~4 号贴片引脚用于电气连接，两侧的贴片金属耳朵用于焊接固定，中间两个绝缘圆柱插入电路板，起固定 USB 插座的作用，其封装自制。

（a）实物图　　　　（b）原理图符号　　　　（c）2D 封装

图 4-8　USB B 型插座

【项目实施】

4.1　创建完整的项目

创建名称为心形流水灯的项目文件，并添加心形流水灯.SchDoc、心形流水灯.PcbDoc、心形流水灯.SchLib、心形流水灯.PcbLib 四个文件，保存在同一路径下，如图 4-9 所示。

图 4-9　创建完整的项目

4.2 绘制 STC89C51RC 原理图库元件

绘制 STC89C51RC
原理图库元件

单片机 STC89C51RC 的外形及引脚如图 4-10 所示，共有 44 个引脚。

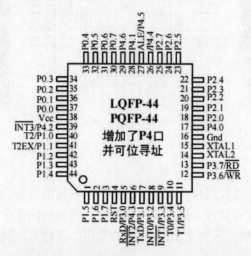

图 4-10 单片机 STC89C51RC 引脚图

由于该元件引脚数目较多，直接录入引脚名称比较烦琐且容易出错，可以先将引脚信息录入 Excel 表格，然后采用批量导入的方式进行，引脚列表如表 4-4 所示。在输入引脚字符时，字符后面加 "\" 显示为在该字符上方加 "—"，例如 "I\N\T\2\/P4.3" 显示为 $\overline{\text{INT2}}\text{/P4.3}$，表示该引脚输入低电平有效。

表 4-4 单片机 STC89C51RC 引脚名称和类型

Designator	Name	LQFP44	Type	Designator	Name	LQFP44	Type
1	P1.5	1	I/O	23	P2.5	23	I/O
2	P1.6	2	I/O	24	P2.6	24	I/O
3	P1.7	3	I/O	25	P2.7	25	I/O
4	RST	4	Input	26	P\S\E\N\/P4.4	26	Output
5	RXD/P3.0	5	I/O	27	ALE/P4.5	27	Output
6	I\N\T\2\/P4.3	6	I/O	28	P4.1	28	Passive
7	TXD/P3.1	7	I/O	29	E\A\/P4.6	29	Input
8	I\N\T\0\/P3.2	8	I/O	30	P0.7	30	I/O
9	I\N\T\1\/P3.3	9	I/O	31	P0.6	31	I/O
10	T0/P3.4	10	I/O	32	P0.5	32	I/O
11	T1/P3.5	11	I/O	33	P0.4	33	I/O
12	P3.6/W\R\	12	I/O	34	P0.3	34	I/O
13	P3.7/R\D\	13	I/O	35	P0.2	35	I/O

Designator	Name	LQFP44	Type	Designator	Name	LQFP44	Type
14	XTAL2	14	Input	36	P0.1	36	I/O
15	XTAL1	15	Input	37	P0.0	37	I/O
16	GND	16	Power	38	V_{CC}	38	Power
17	P4.0	17	Passive	39	I\N\T\3Vp4.2	39	Passive
18	P2.0	18	I/O	40	T2/P1.0	40	I/O
19	P2.1	19	I/O	41	T2EX/P1.1	41	I/O
20	P2.2	20	I/O	42	P1.2	42	I/O
21	P2.3	21	I/O	43	P1.3	43	I/O
22	P2.4	22	I/O	44	P1.4	44	I/O

1. 新建库元件

打开心形流水灯.SchLib 文件，单击 Projects 控制面板上的 SCH Library 面板标签打开面板，单击"添加"按钮，在弹出的 New Component 对话框中填入新库元件的 Design Item ID 名称 STC89C51RC，即完成 STC89C51RC 的库元件创建。

2. 绘制库元件

（1）绘制库元件符号轮廓。执行菜单命令"放置"→"多边形"，单击鼠标左键依次确定多边形的顶点，放置一个有缺角的 1800mil×1800mil 的正方形，缺角的尺寸不唯一确定。执行菜单命令"放置"→"圆圈"，单击鼠标左键依次确定圆圈的圆心和半径，该圆圈作为芯片引脚起点的标志。单片机 STC89C51RC 的库元件符号轮廓如图 4-11 所示。

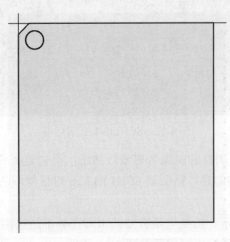

图 4-11　单片机 STC89C51RC 的库元件符号轮廓

（2）放置引脚、编辑引脚特性。执行菜单命令"放置"→"管脚"，此时光标上粘着一个管脚，按 Tab 键，在弹出的 Properties 面板中输入引脚的位号 1，并设置引脚长度为 300mil，然后放置 1 号引脚，并利用系统的自增量功能连续放置 2～44 号引脚。

在本教程配套资源包中打开 STC89C51RC 引脚名称及类型.xlsx 文件，该文件内容如表

4-4，选中 1～44 号引脚名称复制。

回到心形流水灯.SchLib 文件，按住 Shift 键框选单片机 STC89C51RC 的 44 个引脚，单击右下角的"面板控制中心"按钮 Panels，在弹出的列表中选择 SCHLIB List，弹出 SCHLIB List 对话框，如图 4-12 所示。单击列表左上角的 View 选项将其修改为 Edit，并确保 Pin Designator 列引脚编号按照从小到大的顺序进行排列。

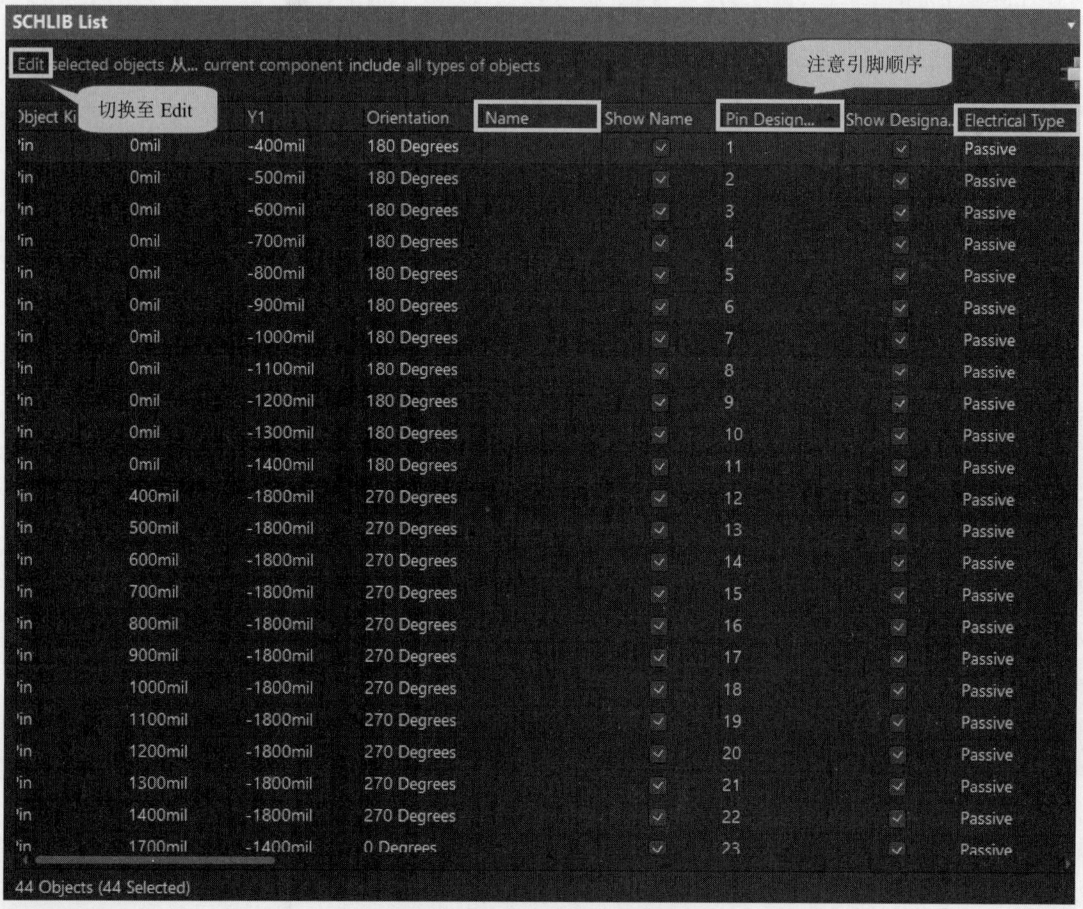

Object Ki		Y1	Orientation	Name	Show Name	Pin Design...	Show Designa.	Electrical Type
'in	0mil	-400mil	180 Degrees		✓	1	✓	Passive
'in	0mil	-500mil	180 Degrees		✓	2	✓	Passive
'in	0mil	-600mil	180 Degrees		✓	3	✓	Passive
'in	0mil	-700mil	180 Degrees		✓	4	✓	Passive
'in	0mil	-800mil	180 Degrees		✓	5	✓	Passive
'in	0mil	-900mil	180 Degrees		✓	6	✓	Passive
'in	0mil	-1000mil	180 Degrees		✓	7	✓	Passive
'in	0mil	-1100mil	180 Degrees		✓	8	✓	Passive
'in	0mil	-1200mil	180 Degrees		✓	9	✓	Passive
'in	0mil	-1300mil	180 Degrees		✓	10	✓	Passive
'in	0mil	-1400mil	180 Degrees		✓	11	✓	Passive
'in	400mil	-1800mil	270 Degrees		✓	12	✓	Passive
'in	500mil	-1800mil	270 Degrees		✓	13	✓	Passive
'in	600mil	-1800mil	270 Degrees		✓	14	✓	Passive
'in	700mil	-1800mil	270 Degrees		✓	15	✓	Passive
'in	800mil	-1800mil	270 Degrees		✓	16	✓	Passive
'in	900mil	-1800mil	270 Degrees		✓	17	✓	Passive
'in	1000mil	-1800mil	270 Degrees		✓	18	✓	Passive
'in	1100mil	-1800mil	270 Degrees		✓	19	✓	Passive
'in	1200mil	-1800mil	270 Degrees		✓	20	✓	Passive
'in	1300mil	-1800mil	270 Degrees		✓	21	✓	Passive
'in	1400mil	-1800mil	270 Degrees		✓	22	✓	Passive
'in	1700mil	-1400mil	0 Degrees		✓	23	✓	Passive

44 Objects (44 Selected)

图 4-12　SCHLIB List 对话框

选中 Name 列，将已复制好的引脚名称进行粘贴，再去复制 STC89C51RC 引脚名称及类型.xlsx 表格中引脚类型列的信息，粘贴到 SCHLIB List 对话框中的 Electrical Type 列，粘贴完成后如图 4-13 所示。

如图 4-14 和图 4-15 所示，给低电平有效的引脚在外部边缘添加 Dot，给晶振脉冲输入端在内部边缘添加 Clock，引脚编辑完成后如图 4-16 所示。

3. 设置库元件属性

双击 SCH Library 控制面板上库元件列表中的 STC89C51RC，打开库元件 Properties 面板，填写元件的 Design Item ID、Designator（位号）、Comment（注释）、Description（描述）等信息，如图 4-17 所示。

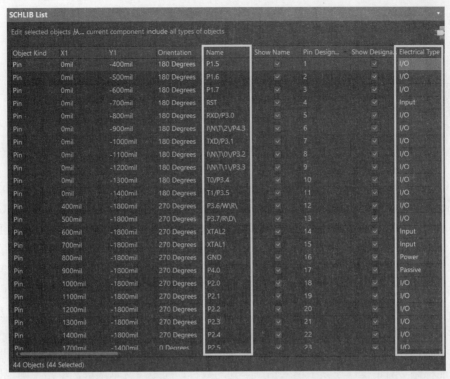

图 4-13 粘贴引脚名称和类型

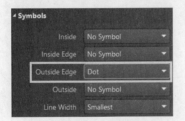

图 4-14 添加 Dot

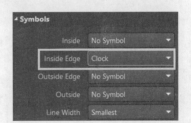

图 4-15 添加 Clock

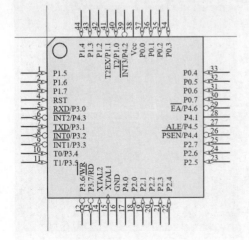

图 4-16 STC89C51RC 原理图符号绘制完成

图 4-17 设置库元件属性

单片机 STC89C51RC 原理图库元件绘制完成，单击"保存"按钮保存文件。

4.3　绘制心形流水灯原理图

智能粘贴

1．查找并放置元器件

打开心形流水灯.SchDoc 文件，在 Components 面板的元件库下拉列表中选择系统默认安装的通用插件库 Miscellaneous Connectors.Intlib 使之成为当前库，在元件列表中找到 Header4 并放置在绘图区域。

在 Components 面板的元件库下拉列表中选择系统默认安装的通用元器件库 Miscellaneous Devices.Intlib 使之成为当前库，在元件列表中找到 Res2、LED2、Cap、Cap Pol3、XTAL 并放置在绘图区域。单片机 STC89C51RC 原理图符号由心形流水灯.SchLib 文件调入并放置。

在本原理图中，发光二极管和限流电阻的数量较多，一个一个放置比较麻烦，可以运用智能粘贴的方式进行放置，下面以发光二极管的智能粘贴操作为例来进行示例。

（1）在原理图中放置一个发光二极管，修改其位号为 D1，隐藏注释，然后通过剪切操作将其放在剪贴板中。

（2）执行菜单命令"编辑"→"智能粘贴"，或者按 Shift+Ctrl+V 快捷键，弹出如图 4-18 所示的"智能粘贴"对话框，在其中填入粘贴阵列的数目、间距及文本增量，单击"确定"按钮。

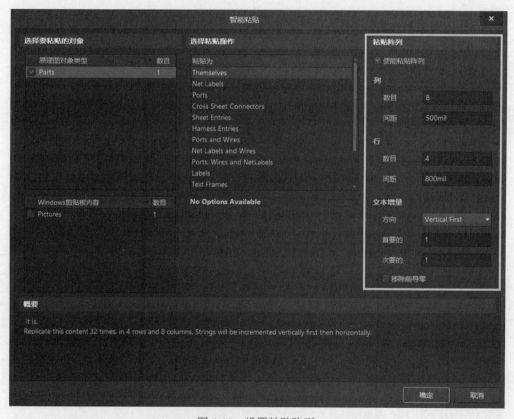

图 4-18　设置粘贴阵列

列：用于设置列参数。其中，数目用于设置每一列中所要粘贴的元器件个数，间距用于设置每一列中两个元件的垂直间距。

行：用于设置行参数。其中，数目用于设置每一行中要粘贴的元器件个数，间距用于设置每一行中两个元件的水平间距。

文本增量：用于设置执行智能粘贴后元器件位号的文本增量。方向有 Vertical First（垂直优先）和 Horizontal First（水平优先）两个选项，在"首要的"文本框中输入文本增量数值，正数是递增，负数是递减。执行智能粘贴后，所粘贴的元件位号将按照顺序递增或递减。

值得注意的是，电阻 R1～R32 的阻值 560Ω 只是被隐藏不显示而已，但不能忽略，如果该电阻没有设置阻值参数，由原理图导出相关文件时会信息不完整。放置元器件完成后如图 4-19 所示。

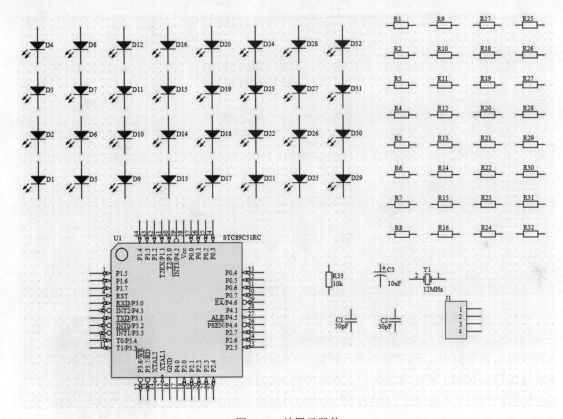

图 4-19   放置元器件

2. 修改元件属性及布局

双击元器件打开 Properties 面板，修改元器件的位号、注释等，通过拖拽方式对元件进行布局，调整后的布局如图 4-20 所示。

3. 添加网络标签、电源和地

在较复杂的电路图中，连线较多或需要相连的元件距离较远时，常用网络标签来标注这些连接点，凡是相同的网络标签在电气上都是相连的。网络标签的使用使电路图变得简洁明了，提高了原理图的可读性。

网络标签

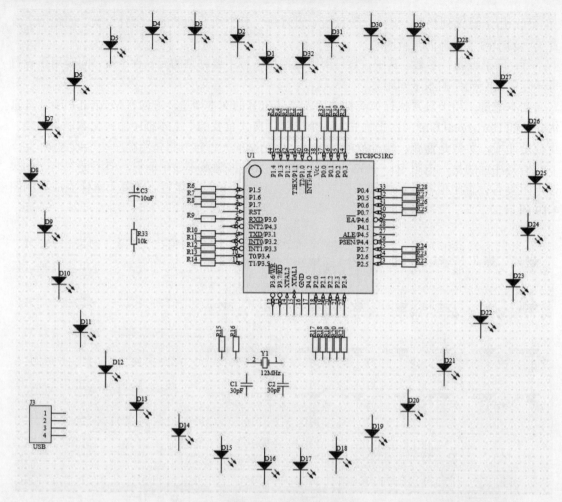

图 4-20　原理图布局

　　首先在需要放置网络标签的引脚处延长一段合适长度
的导线，然后单击"布线"工具栏中的"网络标签"图标 Net ，
或者执行如图 4-21 所示的菜单命令"放置"→"网络标签"，
或者按快捷键 P+N，然后按 Tab 键，在打开的 Properties 面
板中输入网络标签名称 D1，然后利用软件的自动增量功能
放置网络标签 D2～D32。

图 4-21　放置网络标签的菜单命令

　　放置网络标签的注意事项如下：

　　（1）放置网络标签时，其左下角的关键点"×"标志
一定要捕捉在导线上；如果网络标签的关键点没有捕捉在导线上，进行项目编译时将会报错。

　　（2）为了避免网络标签名称和元器件引脚名称重叠，一般需要在元器件引脚上延伸一段
导线。如果网络标签必须要放置在元器件引脚上，则网络标签左下角的关键点应捕捉在元器件
引脚的末端。

　　（3）网络标签的名称一定要尽量简单，最好能与引脚的名称和功能联系起来，常见的命
名方式有纯字母、字母+数字、字母+下划线（点）+数字，例如 IN、A0、P1_1、P1.1。

（4）网络标签一定是成对出现的，在一张原理图中，同名的网络标签至少有两个。如果出现单个网络标签，进行项目编译时将会报错。

放置网络标签、电源及地后效果如图 4-22 所示。

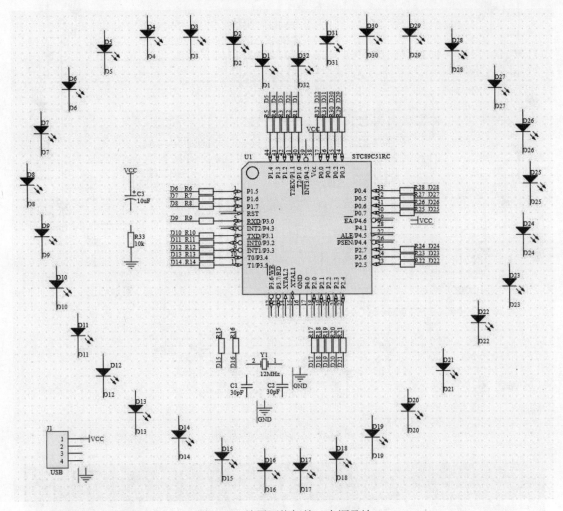

图 4-22　放置网络标签、电源及地

4. 元器件的连接

执行菜单命令"放置"→"线"，或者单击"布线"工具栏中的"布线"图标 ，此时光标变成十字形状，单击需要连接的两点即可完成两点之间的连线，原理图连线完成后效果如图 4-23 所示。

注意，USB B 型插座原理图符号和封装要对应，因为 USB B 型插座的 4 号引脚定义为接地，所以在原理图中位号为 J1（USB B 型插座）的接插件也应当 4 号引脚接地。

5. 项目编译

执行菜单命令"工程"→"Compile PCB Project 心形流水灯.PrjPcb"，对项目原理图进行编译。编译完成后，单击右下角的"面板控制中心"按钮 Panels，在弹出的列表中选择 Messages，弹出如图 4-24 所示的 Messages 面板。

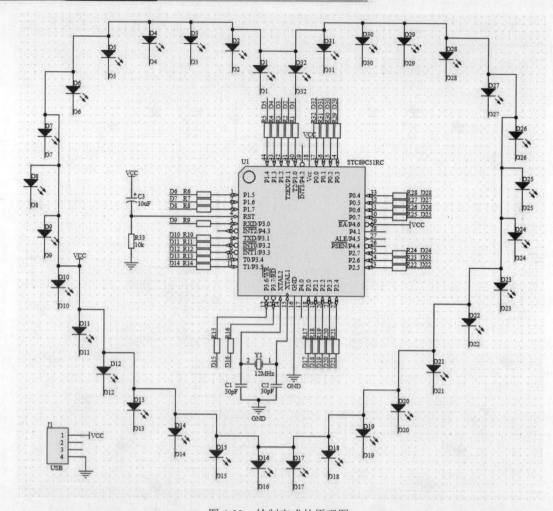

图 4-23   绘制完成的原理图

Messages						
Class	Document	Source	Message	Time	Date	No.
[Warning]	心形流水灯	Compiler	Net NetC1_1 has no driving source (Pin C1-1,Pin U1-14,Pin Y1-2)	23:13:07	2021/3/3	1
[Warning]	心形流水灯	Compiler	Net NetC2_1 has no driving source (Pin C2-1,Pin U1-15,Pin Y1-1)	23:13:07	2021/3/3	2
[Warning]	心形流水灯	Compiler	Net NetC3_2 has no driving source (Pin C3-2,Pin R33-2,Pin U1-4)	23:13:07	2021/3/3	3
[Info]	心形流水灯	Compiler	Compile successful, no errors found.	23:13:08	2021/3/3	4

细节

Net NetC1_1 has no driving source (Pin C1-1,Pin U1-14,Pin Y1-2)
　　Wire NetC1_1
　　　Pin C1-1
　　　Pin U1-14
　　　Pin Y1-2

图 4-24   项目编译信息

编译结果中有 3 个警告信息，"细节"提示 NetC1_1、NetC2_1、NetC3_2 没有驱动源，在原理图设计中也的确如此，所以该警告可以忽略。如果还有其他错误或警告，则要返回原理图进行修改，直至没有错误提示为止。

4.4　绘制元器件封装

绘制 0805

4.4.1　0805

1. 确定封装尺寸

如图 4-25 所示，0805 封装的电阻或电容实际大小为 2.0mm×1.2mm×0.5mm，其封装推荐布局尺寸如图 4-25（c）所示。

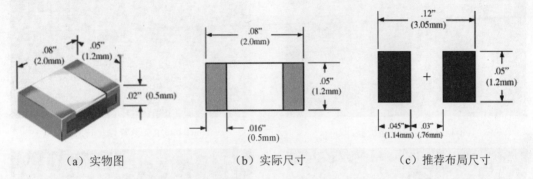

（a）实物图　　　　　　　　（b）实际尺寸　　　　　　　　（c）推荐布局尺寸

图 4-25　库封装 0805 规格尺寸

根据推荐布局尺寸绘制其 PCB 库封装，焊盘为 1.14mm×1.2mm 的长方形，焊盘中心间距为 1.9mm，外形轮廓绘制尺寸取 3.45mm×1.6mm。

2. 创建 PCB 库封装 0805

使用元器件向导创建封装 0805，操作步骤如下：

（1）在 PCB Library 绘图环境下，执行菜单命令"工具"→"元器件向导"，弹出 Footprint Wizard 对话框，单击 Next 按钮。

（2）如图 4-26 所示，选择创建的器件类型为 Resistors，单位为 mm，单击 Next 按钮。

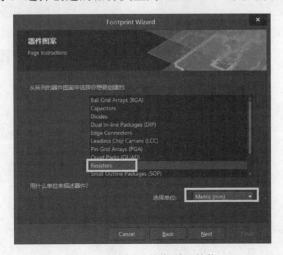

图 4-26　选择器件类型及单位

（3）如图 4-27 所示，选择电路板技术为 Surface Mount，单击 Next 按钮。

（4）依次输入焊盘尺寸、焊盘中心距、轮廓尺寸，以及封装名称，如图 4-28 至图 4-31 所示。

（5）单击 Finish 按钮，如图 4-32 所示。

图 4-27　定义电路板技术

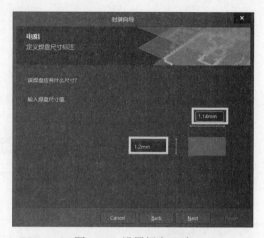

图 4-28　设置焊盘尺寸

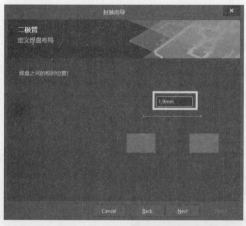

图 4-29　设置焊盘中心距

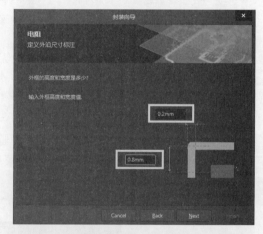

图 4-30　设置封装轮廓尺寸

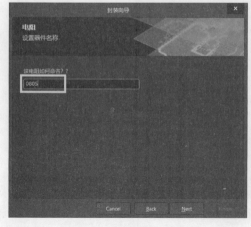

图 4-31　填写封装名称

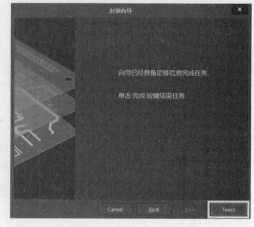

图 4-32　单击 Finish 按钮

由向导创建的 0805 封装样式如图 4-33 所示，系统默认该贴片封装焊盘的中心为参考点。

图 4-33　库封装 0805 样式

绘制 0805 LED

4.4.2　0805 LED

0805 LED 封装尺寸如图 4-34 所示，与 0805 封装的电阻、电容尺寸相同，但是 LED 是有极性元件，应当在封装上标注极性，以便于 PCB 设计和元器件的安装、测试和维修。

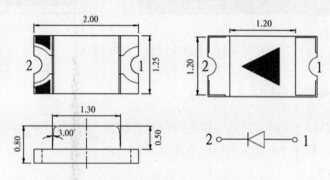

图 4-34　库封装 0805 规格尺寸（单位：mm）

1．复制库封装 0805

（1）在 PCB Library 控制面板的 Footprints 列表栏中右击刚刚绘制好的 0805 封装并选择 Copy。

（2）在 Footprints 列表栏的空白处右击并选择 Paste 1 Components，此时元件列表中出现库封装 0805-DUPLICATE。

复制、粘贴库封装操作示意图详见图 4-35。

（a）复制与粘贴命令

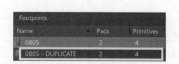

（b）粘贴后的封装

图 4-35　复制库封装 0805

2. 修改库封装为 0805 LED

（1）双击 Footprints 列表栏中的 0805-DUPLICATE，在弹出的"PCB 库封装"对话框中修改其名称为 0805 LED。

（2）在 PCB Library 编辑区为该库封装 1 号焊盘附件添加上"+"号，完成后效果如图 4-36所示。

（a）修改封装名称 　　　　　　　　　（b）添加极性标识符号

图 4-36　修改库封装为 0805 LED

绘制 C4×5.4

4.4.3　C4×5.4

C4×5.4 封装是贴片铝电解电容的封装名称，数字 4 为电解电容圆柱形轮廓直径，数字 5.4 表示电解电容的高度。

1. 确定封装尺寸

贴片铝电解电容尺寸如图 4-37 所示，尺寸对照表如表 4-5 所示。查表可知，引脚尺寸为1.8mm×0.65mm 的长方形，焊盘间距为 1.0mm，最大外形轮廓尺寸为 4.3mm×4.6mm 的长方形；绘制 PCB 库封装可取焊盘为 2.5mm×0.8mm，通过计算得出焊盘中心间距为 3.5mm。

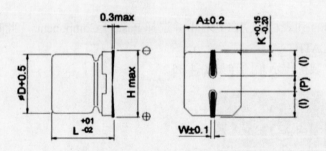

图 4-37　贴片铝电解电容尺寸

表 4-5　贴片铝电解电容尺寸对照表　　　　　　　　　　　　　　单位：mm

D	L	A	H	I	W	P	K
3	5.4	3.3	3.3	1.5	0.55	0.8	0.35
4	5.4	4.3	5.5	1.8	0.65	1.0	0.35
5	5.4	5.3	6.5	2.2	0.65	1.5	0.35
6.3	5.4	6.6	7.8	2.6	0.65	1.8	0.35
6.3	7.7	6.6	7.8	2.6	0.65	1.8	0.35

D	L	A	H	I	W	P	K
8	6.2	8.3	9.5	3.4	0.65	2.2	0.35
8	10.2	8.3	10	3.4	0.9	3.1	0.7
10	10.2	10.3	12	3.5	0.9	4.6	0.7
12.5	13.5	13	13	4.9	0.9	4.5	0.7
12.5	16	13	13	4.9	0.9	4.5	0.7
16	16.5	17	17	6	1.3	6.8	0.7
16	21.5	17	17	6	1.3	6.8	0.7
18	16.5	19	19	7	1.3	6.8	0.7
18	21.5	19	19	7	1.3	6.8	0.7

2. 绘制 PCB 库封装 C4×5.4

（1）创建库封装 C4×5.4。在 PCB Library 控制面板的 Footprints 列表栏中单击下方的 Add 按钮添加一个新 PCB 库元件，添加封装信息，如图 4-38 所示。

图 4-38　添加封装信息

（2）放置焊盘。单击快捷工具栏中的"放置焊盘"图标■，此时光标上悬浮着焊盘，按 Tab 键弹出 Properties 面板，设置焊盘的位号、图层、形状和尺寸，如图 4-39 所示。

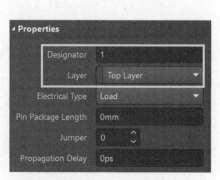

（a）位号、图层设置

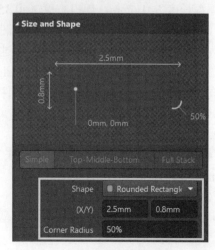

（b）形状、尺寸设置

图 4-39　焊盘属性设置

放置两个焊盘在绘图区域，依次双击两焊盘修改其位置，坐标分别是 1 号焊盘(0,0)，2 号焊盘(3.5,0)。

（3）绘制元器件丝印图形。单击绘图区下方板层标签中的 Top Overlay 使其成为当前层。为了简化计算，重设参考点为两焊盘的中心，执行菜单命令"编辑"→"设置参考"→"中心"使参考点跳至两焊盘的中心。单击 PCB 库放置工具栏中的图标▨，绘制丝印图形。

库封装 C4×5.4 绘制完成后如图 4-40 所示。

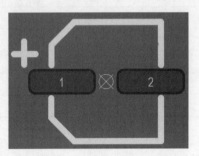

图 4-40　库封装 C4×5.4 样式

绘制 LQFP44

4.4.4　LQFP44

单片机 STC89C51RC 的规格尺寸如图 4-41 所示。

1. 确定封装尺寸

（1）确定焊盘形状。如图 4-41 所示，焊盘形状为长方形。

（2）确定焊盘尺寸。通过项目 3 中 PCB 库封装 SOP-8 的绘制可知，焊盘的长度 B 等于引脚的长度 T，加上引脚内侧的延伸长度 b_1，再加上引脚外侧的延伸长度 b_2，即 $B=T+b_1+b_2$。根据表 3-4，可取焊盘长度 $B=1.6$mm，焊盘宽度 $A=0.35$mm。

（3）确定焊盘间距。通过尺寸规格图纸可知同列焊盘间距为 0.8mm，行偏移间隔通过计算可知为 2.0mm，此项参数参照 Altium Designer 20 封装向导 Quad Packs（QUAD）类型元件的参数进行计算。

2. 创建 PCB 库封装 LQFP44

LQFP 封装也是一类标准封装，在 Altium Designer 20 软件中有该类封装的向导。

（1）打开心形流水灯.PcbLib 文件。

（2）执行菜单命令"工具"→"元器件向导"，弹出 Footprint Wizard 对话框，单击 Next 按钮。

（3）如图 4-42 所示，选择器件图案为 Quad Packs（QUAD），单位为 mm，单击 Next 按钮。

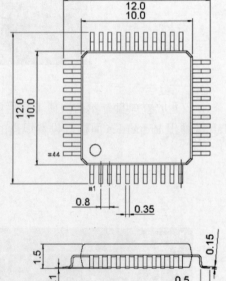

图 4-41　STC89C51RC 的规格尺寸（单位：mm）

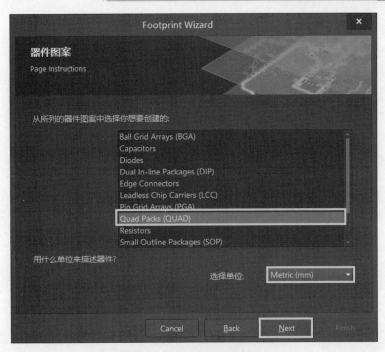

图 4-42　选择器件类型及单位

（4）如图 4-43 所示，设置焊盘的尺寸，单击 Next 按钮。

图 4-43　设置焊盘尺寸

（5）如图 4-44 所示，定义焊盘的外形，单击 Next 按钮。

图 4-44　定义焊盘外形

（6）如图 4-45 所示，定义外沿线宽，单击 Next 按钮。

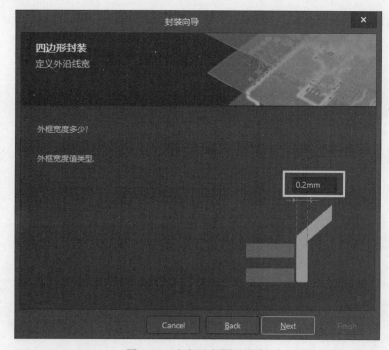

图 4-45　定义丝印图形线宽

（7）如图 4-46 所示，定义焊盘布线，单击 Next 按钮。此处尤其要准确计算各尺寸，否则会造成元器件安装不上的后果。

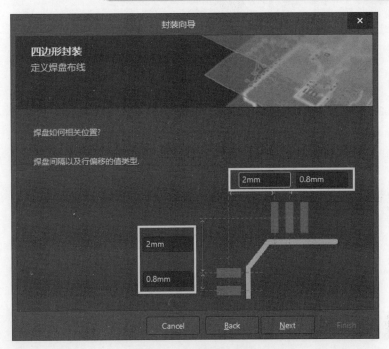

图 4-46　定义焊盘布线

（8）如图 4-47 所示，设置焊盘命名方式，单击 Next 按钮。

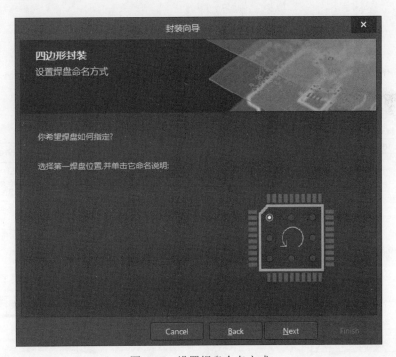

图 4-47　设置焊盘命名方式

（9）如图 4-48 所示，设置器件名称，单击 Next 按钮。

图 4-48　设置器件名称

绘制 12MHz

（10）单击 Finish 按钮，完成封装 LQFP44 创建。

4.4.5　12MHz

1．确定封装尺寸

贴片晶振的尺寸规格如图 4-49 所示，根据推荐布局尺寸，取焊盘为 5.5mm×2.0mm 的长圆形，焊盘中心距为 9.5mm，丝印外形轮廓为 12.7mm×4.8mm。

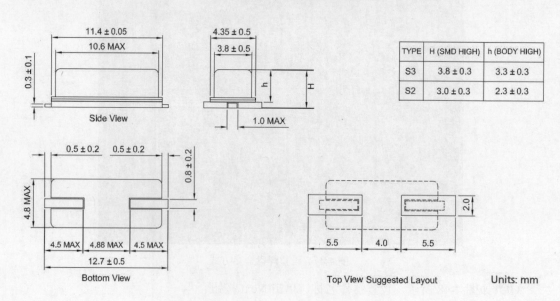

图 4-49　12MHz 贴片晶振规格尺寸

2．绘制 PCB 封装 12MHz

（1）创建库封装 12MHz。在 PCB Library 控制面板的 Footprints 列表栏中单击下方的 Add 按钮添加一个新 PCB 库元件，修改封装名称，如图 4-50 所示。

图 4-50　修改库封装名称

（2）放置焊盘。执行放置焊盘命令，在焊盘的 Properties 面板中设置焊盘的位号、图层、形状和尺寸，将 Size and Shape 选项区中的 Corner Radius 设置为 100%，则焊盘的形状为长圆形，如图 4-51 所示。两焊盘坐标分别为(0,0)和(9.5,0)。

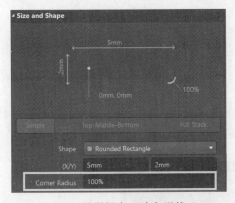

（a）设置焊盘尺寸和形状　　　　　　　（b）放置两个焊盘

图 4-51　放置焊盘

（3）绘制元器件丝印图形。在 Top Overlay 层绘制丝印图形，样式如图 4-52 所示。

图 4-52　绘制丝印图形

4.4.6　USB B 型插座

绘制 USB
B 型插座

1．确定封装尺寸

USB B 型插座规格尺寸如图 4-53 所示，根据推荐布局尺寸绘制其 PCB 库封装。1～4 号焊盘为 1.1mm×3.8mm 的长方形，5～6 号焊盘为 2.3mm×5.3mm 的长方形，还有两个直径为 1mm 的非金属化安装孔，外形轮廓可取 14.8mm×16mm。

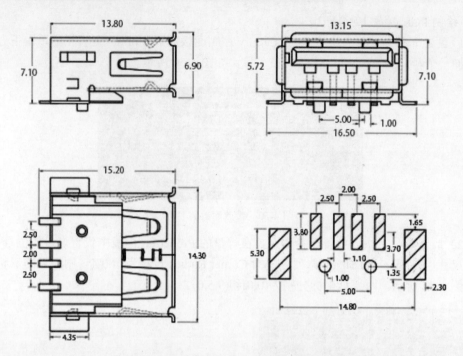

图 4-53　USB B 型插座规格尺寸（单位：mm）

2. 绘制 PCB 封装 USB B 型插座

（1）创建库封装 USB B 型插座。在 PCB Library 控制面板的 Footprints 列表栏中单击下方的 Add 按钮添加一个新 PCB 库元件，修改封装名称，如图 4-54 所示。

图 4-54　创建 USB B 型插座库封装

（2）放置焊盘。按照焊盘的尺寸和位置放置 6 个焊盘，如图 4-55 所示。

图 4-55　放置焊盘

（3）放置非金属化通孔。通过放置焊盘命令放置直径 1mm 的非金属化通孔，设置其位号为 0，焊盘孔径尺寸与焊盘尺寸相同，取消勾选 Plated 复选项，设置方法详见图 4-56。

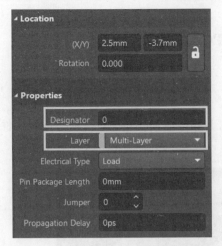

（a）设置位号、板层

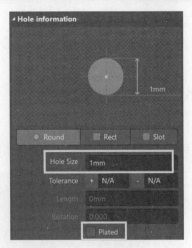

（b）设置孔

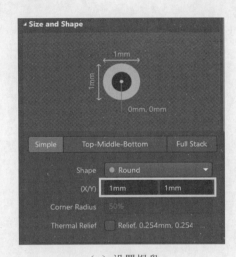

（c）设置焊盘

图 4-56　放置非金属化通孔

（4）绘制元器件丝印图形。在 Top Overlay 层绘制丝印图形，完成后其封装样式如图 4-57 所示。

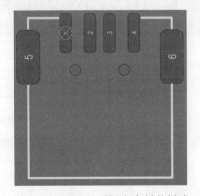

图 4-57　USB B 型插座库封装样式

4.5　心形流水灯 PCB 设计

4.5.1　封装匹配检查

执行菜单命令"工具"→"封装管理器"，弹出 Footprint Manager 对话框，逐个元件进行封装检查，封装修改后的封装管理器如图 4-58 所示。

位号	注释	Current Footprint	位号	注释	Current Footprint
Y1	12MHz	12MHZ	D1	LED2	0805 - LED
U1	STC89C51RC	LQFP44	D10	LED2	0805 - LED
R1	560	0805	D11	LED2	0805 - LED
R10	560	0805	D12	LED2	0805 - LED
R11	560	0805	D13	LED2	0805 - LED
R12	560	0805	D14	LED2	0805 - LED
R13	560	0805	D15	LED2	0805 - LED
R14	560	0805	D16	LED2	0805 - LED
R15	560	0805	D17	LED2	0805 - LED
R16	560	0805	D18	LED2	0805 - LED
R17	560	0805	D19	LED2	0805 - LED
R18	560	0805	D2	LED2	0805 - LED
R19	560	0805	D20	LED2	0805 - LED
R2	560	0805	D21	LED2	0805 - LED
R20	560	0805	D22	LED2	0805 - LED
R21	560	0805	D23	LED2	0805 - LED
R22	560	0805	D24	LED2	0805 - LED
R23	560	0805	D25	LED2	0805 - LED
R24	560	0805	D26	LED2	0805 - LED
R25	560	0805	D27	LED2	0805 - LED
R26	560	0805	D28	LED2	0805 - LED
R27	560	0805	D29	LED2	0805 - LED
R28	560	0805	D3	LED2	0805 - LED
R29	560	0805	D30	LED2	0805 - LED
R3	560	0805	D31	LED2	0805 - LED
R30	560	0805	D32	LED2	0805 - LED
R31	560	0805	D4	LED2	0805 - LED
R32	560	0805	D5	LED2	0805 - LED
R33	10k	0805	D6	LED2	0805 - LED
R4	560	0805	D7	LED2	0805 - LED
R5	560	0805	D8	LED2	0805 - LED
R6	560	0805	D9	LED2	0805 - LED
R7	560	0805	J1	Header 4	USB B型插座
R8	560	0805	C3	Cap Pol3	C4X5.4
R9	560	0805	C1	Cap	0805
			C2	Cap	0805

图 4-58　修改后的库封装列表

4.5.2　PCB 板框定义

1. PCB 机械边框定义

打开心形流水灯.PcbDoc 文件，在 Mechanical 1 层上，绘制 84mm×72mm 并带有半径 2mm 圆角的矩形，然后进行裁板。

2. PCB 电气边框定义

选中 Keep-Out Layer 层使之成为当前层，在机械边框内部绘制封闭图线作为电气边框。

4.5.3 放置螺丝孔

放置螺丝孔

根据设计要求，PCB 需要预留 4 个螺丝孔，螺丝孔直径为 3mm，位置坐标分别为(20,4)、(80,4)、(80,68)、(4,68)。

执行放置焊盘命令，放置直径 3mm 的非金属化通孔，设置位号为 0，焊盘孔径尺寸与焊盘尺寸相同，取消勾选 Plated 复选项。

螺丝孔位置固定不变，为了防止误操作移动螺丝孔，可以将螺丝孔位置锁定，如图 4-59 所示，其余元件的位置锁定也可以使用同样的操作。放置螺丝孔后的 PCB 如图 4-60 所示。

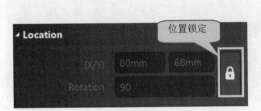

图 4-59　螺丝孔位置的锁定

图 4-60　带有螺丝孔的 PCB

4.5.4 特殊粘贴

特殊粘贴

心形流水灯 PCB 中有 32 个限流电阻和 32 个发光 LED，若直接由原理图导入网络后进行布局，元件数量多会造成操作不便，可以先在 PCB 中放置电阻和 LED 进行布局，然后再导入 PCB 更新文件。

放置电阻封装并对电阻进行特殊粘贴的操作步骤如下：

（1）在 PCB 文件中放置电阻。打开心形流水灯.PcbDoc 文件，在 Components 面板的元件库下拉列表中选择心形流水灯.PcbLib 使之成为当前库，在元件列表中找到电阻封装 0805 放置在 PCB 设计区域，修改电阻封装位号为 R1，双击位号 R1 打开其 Properties 面板，在其中可以设置与位号 R1 相关的参数，如位号的位置、字体高度等，操作过程如图 4-61 所示。

（a）找到 0805 封装

（b）放置 0805 封装

（c）修改位号等属性信息

图 4-61　在 PCB 中放置 0805 封装

（2）剪切电阻封装。选中电阻 R1 封装并右击，在弹出的快捷菜单中选择"剪切"，或者按 Ctrl+X 组合键，再单击 1 号焊盘中心点作为剪切基点。

（3）特殊粘贴设置。执行菜单命令"编辑"→"特殊粘贴"，弹出如图 4-62（a）所示的"选择性粘贴"对话框，勾选"粘贴到当前层"复选项，单击"粘贴阵列"按钮，在弹出的"设置特殊粘贴"对话框中设置布局变量、阵列类型、阵列间距等关键参数，如图 4-62（b）所示，设置完成后单击"确定"按钮。

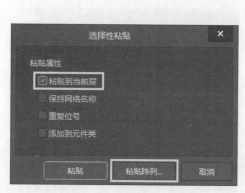

（a）"选择性粘贴"对话框

（b）"设置粘贴阵列"对话框

图 4-62　特殊粘贴操作

（4）指定粘贴位置。回到 PCB 设计区域，在合适位置单击以确定特殊粘贴的起点，完成特殊粘贴，效果如图 4-63 所示。

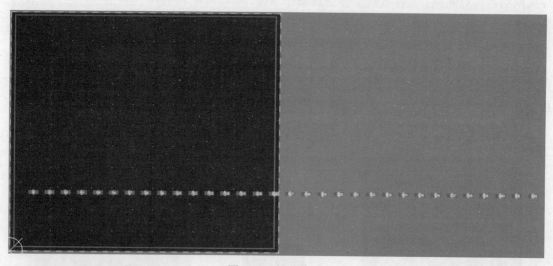

图 4-63　粘贴阵列

（5）对电阻进行布局。对 0805 电阻进行布局，效果如图 4-64 所示；0805 LED 采用相同操作进行，效果如图 4-65 所示。

图 4-64　电阻布局

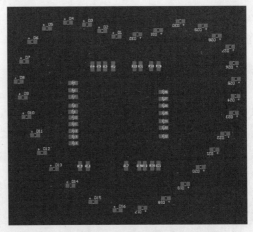

图 4-65　LED 布局

4.5.5　更新 PCB 文件

1. 执行更新命令

在 PCB 设计界面中,执行菜单命令"设计"→"Import Changes From 心形流水灯.PrjPcb"。

2. 确认更新

在弹出的"工程变更指令"对话框中,单击"验证变更"按钮,验证变更无误后再单击"执行变更"按钮。由于在 PCB 中已经放入电阻和 LED 元件,在导入网络表过程中会有提示信息弹出,直接按照默认设置即可,PCB 中已有的元器件不会重复导入。

3. 关闭对话框

单击"关闭"按钮关闭"工程变更指令"对话框,PCB 导入网络表并按照原理图网络连接显示飞线,如图 4-66 所示。

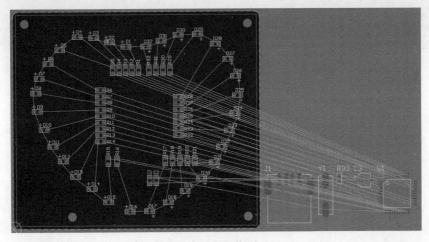

图 4-66　更新网络至 PCB

4.5.6　PCB 布局

单片机 STC89C51RC 是核心元件,其余元件围绕其进行布局,根据就近布局的原则,晶振和电容构成的振荡电路靠近单片机的 14 和 15 引脚，J1 为 USB 插座，为了插接方便，使其接口紧邻 PCB 板框，具体电路布局可参照图 4-67。

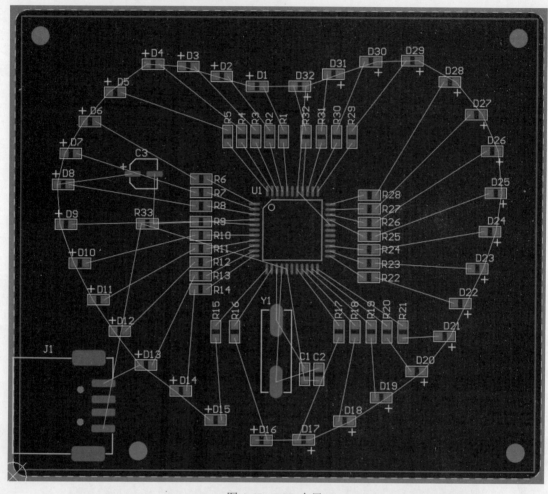

图 4-67　PCB 布局

4.5.7　PCB 布线

1. 设置规则

（1）Routing 规则。

1）Width。在本项目中 GND 线宽优选 30mil，最小 12mil，最大 30mil；VCC 线宽优选 20mil，最小 12mil，最大 20mil；普通信号线线宽优选 12mil，最小 12mil，最大 12mil。

执行菜单命令"设计"→"规则"，弹出"PCB 规则及约束编辑器"对话框，首先对普通信号线规则进行设置，然后新建 VCC 和 GND 规则，具体设置如图 4-68 至图 4-70 所示。线宽规则设置完成后，一定要记得设置线宽规则的优先级，本项目设置结果如图 4-71 所示。

2）Routing Layers。本项目中除了 J1 为通孔贴片混合式元件外，其余均为表面贴装元件，因此布线层选择 Top Layer，如图 4-72 所示。

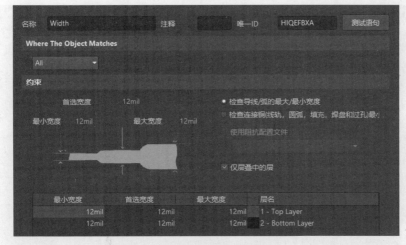

图 4-68　普通信号线线宽规则

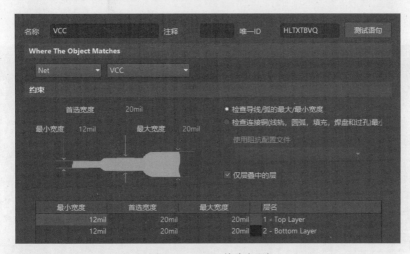

图 4-69　VCC 线宽规则

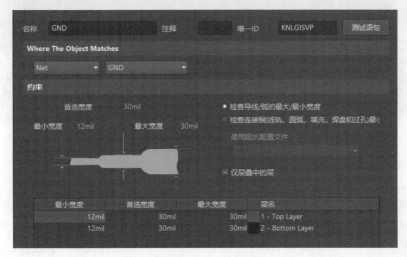

图 4-70　GND 线宽规则

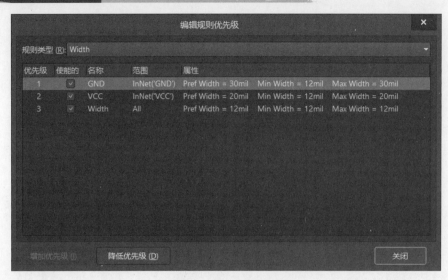

图 4-71　线宽规则优先级

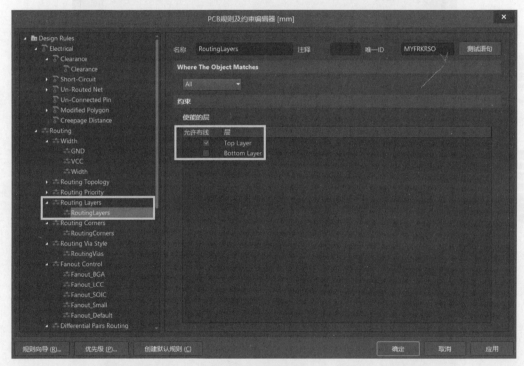

图 4-72　设置布线层

3）Routing Corners。布线拐角选用默认设置 45°。

（2）Electrical 规则：用于设置线路板上的电气连接，共包含 6 个子规则，其中 Clearance（安全间距规则）是比较常用的一个，用于设定两个电气对象之间的最小安全间距，若在 PCB 设计区内放置的两个电气对象的间距小于此规则设定的间距，则该位置会报错，表示违反了设计规则；本项目中单片机 STC89C51RC 的封装引脚数目多且比较密集，故设置 Clearance 子规则安全间距为 12mil，如图 4-73 所示。

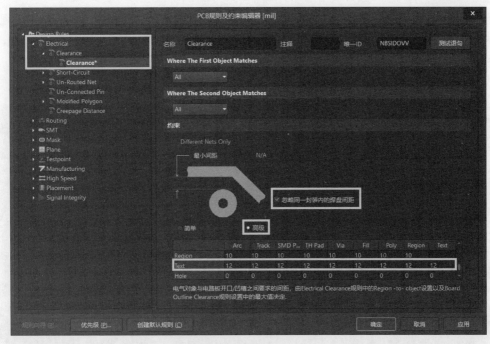

图 4-73　Clearance 规则

2. 布线

执行菜单命令"布线"→"交互式布线连接"，采用手动布线方式。

布线过程中，在部分比较狭窄位置走线使用优选线宽会违反 Clearance 规则，所以系统拒绝走线，可以在执行布线命令的过程中按 Shift+W 组合键，然后在如图 4-74 所示的面板中选择新线宽执行布线；或者在执行布线命令的过程中按 Tab 键，在弹出的布线 Properties 面板的 Width 选项区修改线宽，如图 4-75 所示。

Imperial		Metric		System Units
Width	Units	Width	Units	Units
5 mil		0.127 mm		Imperial
6 mil		0.152 mm		Imperial
8 mil		0.203 mm		Imperial
10 mil		0.254 mm		Imperial
12 mil		0.305 mm		Imperial
20 mil		0.508 mm		Imperial
25 mil		0.635 mm		Imperial
50 mil		1.27 mm		Imperial
100 mil		2.54 mm		Imperial
3.937 mil		0.1 mm		Metric
7.874 mil		0.2 mm		Metric
11.811 mil		0.3 mm		Metric
19.685 mil		0.5 mm		Metric

Choose Width

Apply To All Layers

图 4-74　Choose Width

图 4-75　布线 Properties 面板

需要注意的是，在执行布线命令过程中修改 Width 参数，参数数值一定要在 Width 规则设定值的范围内才有效。例如，GND 线宽最小为 12mil，如果在图 4-75 所示面板的 Width 选项区填入 10mil，系统会自动修改为 12mil，10mil 的设置是无效的。

线路在布通后需要进行进一步优化，完成后的效果如图 4-76 所示。

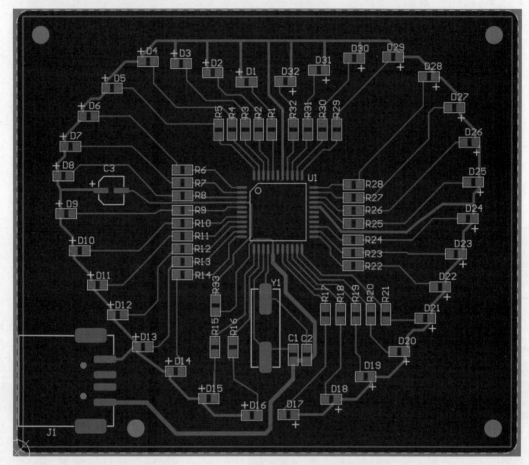

图 4-76　完成布线效果

4.5.8　滴泪及铺铜

1. 滴泪

执行菜单命令"工具"→"滴泪"，在弹出的"泪滴"对话框中，设置工作模式为"添加"，其余选项默认，单击"确定"按钮完成滴泪操作。

2. 铺铜

（1）铺铜经验。电路铺铜不是一个简简单单的操作，它更体现了设计者对电路的理解和设计。关于铺铜，现有的经验有以下几点：

1）对于需要严格阻抗控制的板子，不要铺铜，铺铜会使铺铜与布线间存在分布电容，影响阻抗。

2）对于器件以及上下两层布线密度较大的 PCB，不需要铺铜，此时铺铜支离破碎，基本不起作用，而且很难保证良好接地。

3）对于单双面电源板，应仔细在电源线边跟着布地线，不要铺铜，铺铜很难保证环路。

4）如果是 4 层（不包括 4 层板）以上的 PCB，且第二层和倒数第二层为完整的平面，可以不用铺铜，但如果上下两层器件和布线密度较小，则铺铜更好。

5）4 层以下的 PCB 如果阻抗要求不严格，可以在有空间的情况下铺铜，因为 4 层以下 PCB 层间距离较远（10mil），此时铺铜可以起到一定的回流作用。

6）多层数字板内一定要使用平面层，不要用铺铜代替。

7）内层如果都是单带状线，布线较少的层可以不用铺铜，如果是双带状线，可以铺铜，此时要注意内层铺铜良好接地。

（2）铺铜规则。执行菜单命令"设计"→"规则"，弹出"PCB 规则及约束编辑器"对话框，选择列表中 Plane 规则的子规则 Polygon Connect Style，通过"高级"设置，可以设置铺铜与通孔焊盘、贴片焊盘及过孔的连接方式，一般来讲铺铜与通孔焊盘的连接方式为 Relief Connect，与贴片焊盘及过孔的连接方式为 Direct Connect。本项目线路板上为贴片焊盘，使用的连接方式为 Direct Connect，如图 4-77 所示。

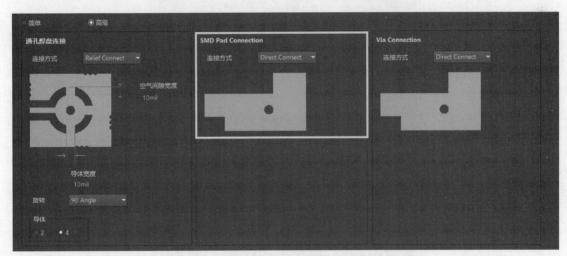

图 4-77　铺铜连接方式

设置铺铜与导线或焊盘间的安全间距，推荐采用≥20mil，也可以采用默认值，该项参数需要在 Electrical 规则的 Clearance 子规则中设置。

（3）铺铜操作。执行菜单命令"放置"→"铺铜"，或者按快捷键 P+G，或者单击布线工具栏中的"放置多边形平面"图标，光标变成十字状，按 Tab 键，弹出铺铜 Properties 面板，如图 4-78 所示，在其中设置相关参数。

铺铜操作

Properties 选项区有 3 个参数：Net 用于设置铺铜连接的网络，可通过选项框后面的下拉三角进行选择，一般选择 GND；Layer 用于设置铺铜所在的图层，可通过选项框后面的下拉三角进行选择；Name 用于设置铺铜的名称，一般由系统自动产生即可，也可以缺省。

Fill Mode（模式）选项区用于设置铺铜模式，铺铜模式有 3 种：Solid（实心模式）、Hatched（网格模式）和 None（空心模式），前两种比较常用，不同模式对应的参数选项不同。

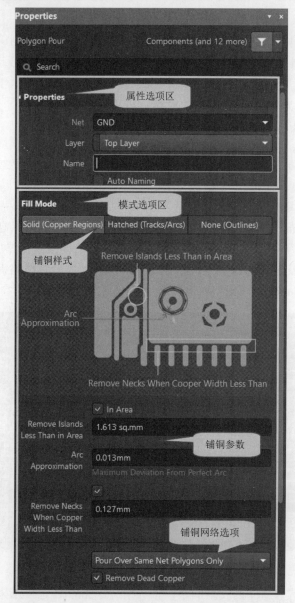

图 4-78　铺铜 Properties 面板

1）实心模式。实心模式设置如图 4-78 所示，Remove Islands Less Than in Area 参数用于设置小于当前参数的小块铺铜是否移除，勾选 In Area 复选项，则小于当前数据的小块铺铜被移除。Arc Approximation 参数用于设置靠近焊盘的铺铜本身构成的圆弧偏差大小。Remove Necks When Copper Width Less Than 参数用于设置小于当前参数的锯齿形铺铜是否被移除，勾选该选项区上方的☑复选框，则小于当前参数的锯齿形铺铜被移除。

2）网格模式。网格模式设置如图 4-79 所示，Grid Size 参数用于设置栅格宽度，Track Width 参数用于设置线宽，如果两个参数相同，则铺铜显示为实心样式。

3）空心模式。空心模式设置如图 4-80 所示，仅显示铺铜的边缘，故仅有 Track Width 参数用于设置线宽。

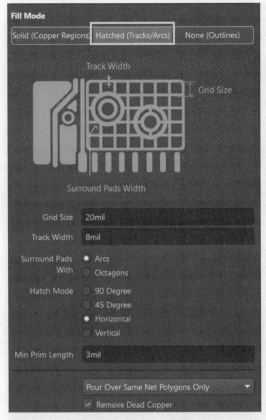

图 4-79　Hatched 模式

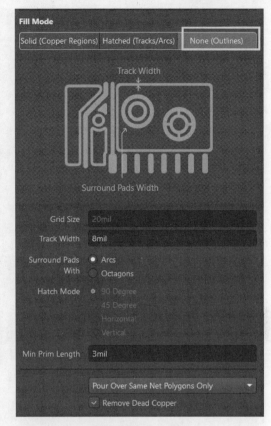

图 4-80　None 模式

铺铜的网络选项有 3 种，如图 4-81 所示。

图 4-81　铺铜的网络选项

Don't Pour Over Same Net Objects 指不要覆盖相同网络。例如，铺铜连接到 GND，铺铜不会覆盖已经布通的 GND 线，两者表面看是连在一起的，但光标移过去时仍然能看到 GND 线的存在。

Pour Over All Same Net Objects 指覆盖所有相同网络，一般选择覆盖所有相同网络，例如，铺铜连接到 GND，则铺铜就会覆盖原来已经布通的 GND 线，两者合为一体。

Pour Over Same Net Polygons Only 只覆盖相同网络的铺铜。

Remove Dead Copper 用于设置是否移除死铜，勾选该复选项，即为移除死铜。死铜指线路板上和外部没有网络连接的铺铜，它相当于线路板上的一块孤岛，PCB 设计中不应出现死铜，所以选择去除。

铺铜参数设置完成后沿着电气边框绘制封闭图线，并单击右键确认铺铜区域，再次单击右键确认铺铜，铺铜后效果如图 4-82 所示。

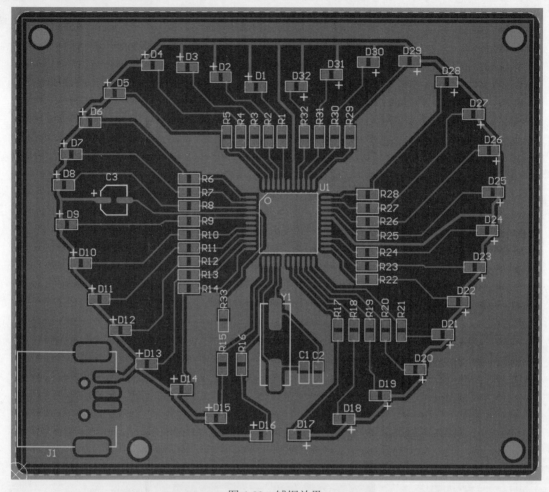

图 4-82　铺铜效果

（4）修正铜皮。除了死铜需要移除外，PCB 设计中也不允许出现尖岬铜皮，并要求铜皮形状为钝角最佳。如图 4-83 所示的尖状铜皮与狭长铜皮需要仔细检查，通过放置"多边形铺铜挖空"去除尖岬铜皮，如图 4-84 所示。

图 4-83　尖岬铜皮

图 4-84　去除尖岬铜皮

心形流水灯 PCB 设计完成后 3D 效果显示如图 4-85 所示。

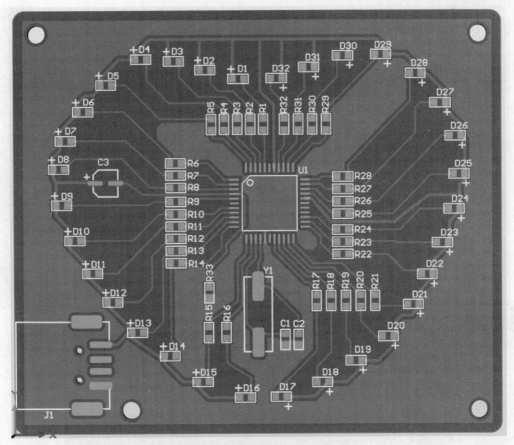

图 4-85　心形流水灯 PCB 3D 效果

Gerber 文件输出

4.6　Gerber 文件输出

与化学腐蚀法制作电路板的工艺相比较，电路板雕刻机提供了一种快速制板方法，为实验室制作电路、小批量制作电路和电子产品的研发提供了极大的便利。电路板雕刻机可以实现挖孔、雕刻线路、割边等一系列操作，操作简单，加工精度高，其制造文件由 PCB 设计软件直接导出，所以正确输出 Gerber 文件是电路板雕刻的基础。下面详细介绍 Altium Designer 20 输出 Gerber 文件的操作。

输出 Gerber 文件时，建议打开工程文件，而不是仅仅打开 PCB 设计文件。打开工程文件输出 Gerber 文件时，生成的相关文件自动输出到 OutPuts 文件夹中，省去一些不必要的操作。

1．Gerber Files（光绘文件）

（1）在 PCB 设计界面中，执行菜单命令"文件"→"制造输出"→Gerber Files，如图 4-86 所示。

（2）在弹出的"Gerber 设置"对话框中选择"通用"选项卡，单位选择"英寸"，格式选择"2:4"，如图 4-87 所示。

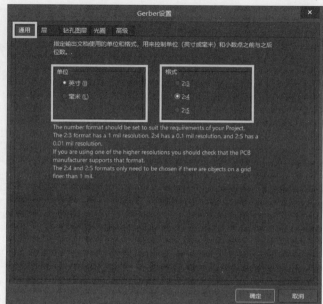

图 4-86　Gerber Files 菜单命令　　　　　　图 4-87　Gerber Files 通用设置

（3）切换至"层"选项卡，单击"绘制层"右侧的下拉三角，选择"选择使用的"选项，单击"镜像层"右侧的下拉三角，选择"全部去掉"选项，勾选"包括未连接的中间层焊盘"复选项，并根据设计检查需要输出的层，如图 4-88 所示。

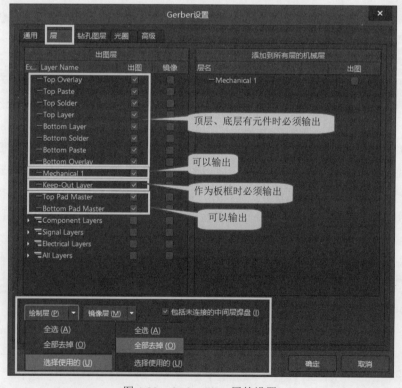

图 4-88　Gerber Files 层的设置

（4）切换至"钻孔图层"选项卡，在"钻孔图"和"钻孔导向图"两个选项组中勾选"输出所有使用的钻孔对"复选项，如图 4-89 所示。

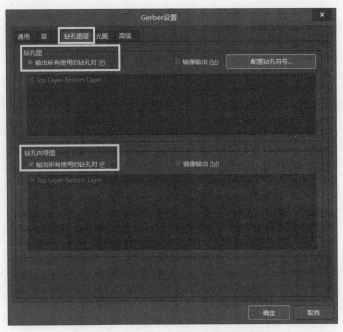

图 4-89　Gerber Files 钻孔图层的设置

（5）切换至"光圈"选项卡，勾选"嵌入的孔径（RS274X）"复选项，其他选项保持默认，如图 4-90 所示。

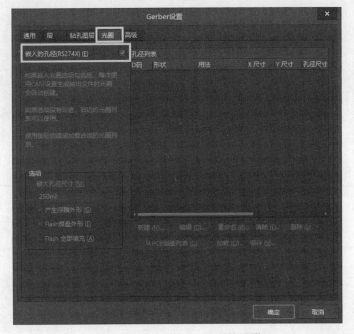

图 4-90　Gerber Files 光圈的设置

（6）切换至"高级"选项卡，在"胶片规则"选项区的默认设置后添加一个"0"，其他选项保持默认，单击"确定"按钮，如图 4-91 所示。

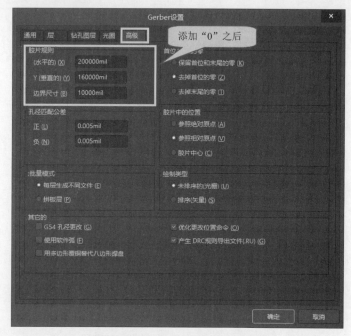

图 4-91　Gerber Files 高级设置

输出效果如图 4-92 所示。

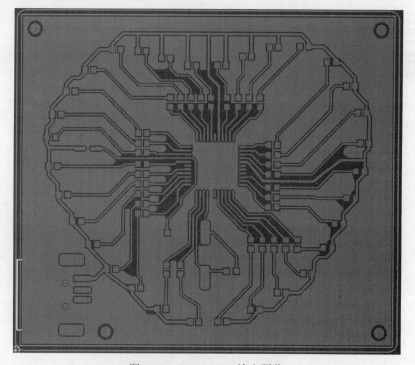

图 4-92　Gerber Files 输出预览

2. NC Drill Files（钻孔文件）

（1）在 PCB 设计界面中，执行菜单命令"文件"→"制造输出"→NC Drill Files，如图 4-93 所示。

（2）在弹出的"NC Drill 设置"对话框中，单位选择"英寸"，格式选择"2:5"，前导/尾数零选择"摒弃尾数零"，坐标位置选择"参考相对原点"，其他选项保持默认，如图 4-94 所示，单击"确定"按钮。

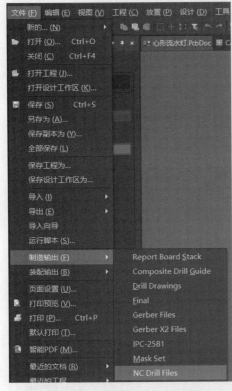

图 4-93 NC Drill Files 菜单命令

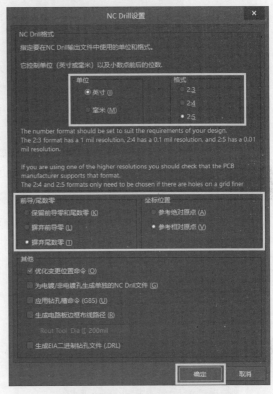

图 4-94 "NC Drill 设置"对话框

（3）在如图 4-95 所示的"导入钻孔数据"对话框中单击"确定"按钮，输出预览如图 4-96 所示。

图 4-95 "导入钻孔数据"对话框

图 4-96　NC Drill Files 输出预览

3．Test Point Report（IPC 网表文件）

（1）在 PCB 设计界面中，执行菜单命令"文件"→"制造输出"→Test Point Report，如图 4-97 所示。

（2）在弹出的 Fabrication Testpoint Setup 对话框中进行相关设置，详见图 4-98，最后单击"确定"按钮。

图 4-97　Test Point Report 菜单命令

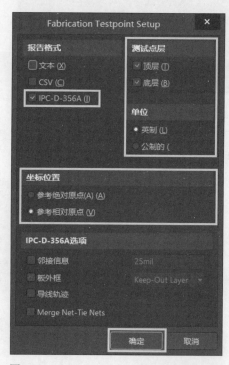

图 4-98　Fabrication Testpoint Setup 对话框

（3）在弹出的"导入钻孔数据"对话框中单击"确定"按钮，输出预览如图 4-99 所示。

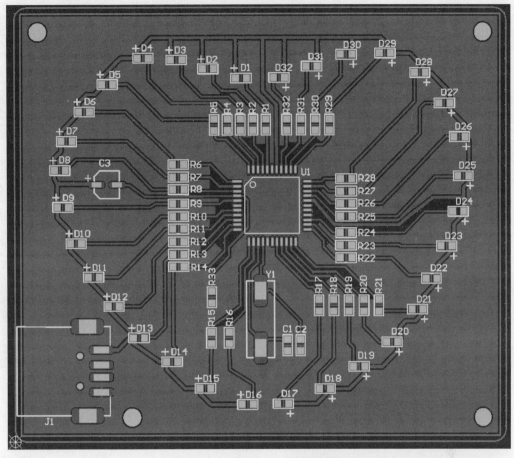

图 4-99　IPC 网表文件输出预览

4. Generates pick and place files（坐标文件）

（1）在 PCB 设计界面中，执行菜单命令"文件"→"装配输出"→Generates pick and place files，如图 4-100 所示。

（2）在弹出的"拾放文件设置"对话框中进行相关设置，详见图 4-101。

Gerber 文件输出全部完成，输出过程中生成的 3 个后缀为 cam 的文件不用保存，可以直接关闭。工程目录下的"Project Outputs for 心形流水灯"文件夹中的即为 Gerber 文件，如图 4-102 所示。将文件夹重新命名并打包给 PCB 生产商即可，这样能有效避免源设计文件的泄露，保护知识产权。

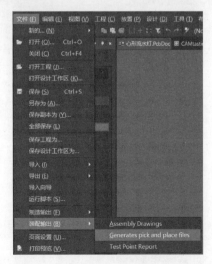

图 4-100　Generates pick and place files 菜单命令

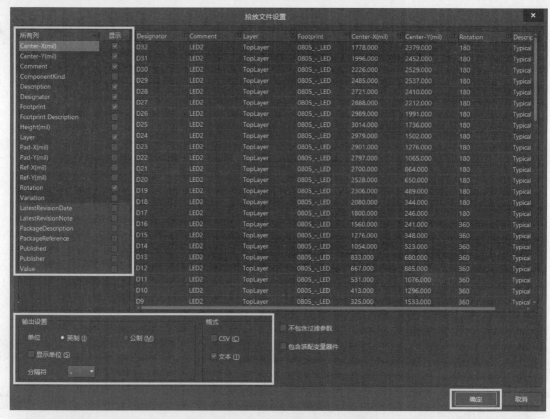

图 4-101 "拾放文件设置"对话框

	Fabrication Testpoint Report for 心形...	2021/1/25 22:08	IPC 文件	15 KB
	Fabrication Testpoint Report for 心形...	2021/1/25 22:08	Report File	6 KB
	Pick Place for 心形流水灯	2021/1/25 22:14	文本文档	10 KB
	Status Report	2021/1/25 22:14	文本文档	1 KB
	心形流水灯	2021/1/25 21:48	CAMtastic Aperture Data	3 KB
	心形流水灯	2021/1/25 22:05	Altium NC Drill Report File	2 KB
	心形流水灯.EXTREP	2021/1/25 21:48	EXTREP 文件	2 KB
	心形流水灯	2021/1/25 21:48	CAMtastic Bottom Layer Gerber Data	1 KB
	心形流水灯	2021/1/25 21:48	CAMtastic Bottom Overlay Gerber Data	1 KB
	心形流水灯	2021/1/25 21:48	CAMtastic Bottom Paste Mask Gerber Data	1 KB
	心形流水灯	2021/1/25 21:48	CAMtastic Bottom Solder Mask Gerber Data	1 KB
	心形流水灯	2021/1/25 21:48	CAMtastic Drill Drawing Layer Pair Gerber Data	1 KB
	心形流水灯	2021/1/25 21:48	CAMtastic Drill Guide Layer Pair Gerber Data	1 KB
	心形流水灯	2021/1/25 21:48	CAMtastic Keepout Layer Gerber Data	1 KB
	心形流水灯	2021/1/25 21:48	CAMtastic Mechanical Layer 1 Gerber Data	1 KB
	心形流水灯	2021/1/25 21:48	CAMtastic Bottom Pad Master Gerber Data	1 KB
	心形流水灯	2021/1/25 21:48	360压缩	6 KB
	心形流水灯	2021/1/25 21:48	CAMtastic Top Layer Gerber Data	127 KB
	心形流水灯	2021/1/25 21:48	CAMtastic Top Overlay Gerber Data	33 KB
	心形流水灯	2021/1/25 21:48	CAMtastic Top Paste Mask Gerber Data	6 KB
	心形流水灯	2021/1/25 21:48	CAMtastic Top Solder Mask Gerber Data	6 KB
	心形流水灯.LDP	2021/1/25 22:05	LDP 文件	1 KB
	心形流水灯	2021/1/25 22:05	Report File	5 KB
	心形流水灯.RUL	2021/1/25 21:48	RUL 文件	1 KB
	心形流水灯	2021/1/25 22:05	文本文档	1 KB
	心形流水灯-macro.APR_LIB	2021/1/25 21:48	APR_LIB 文件	3 KB

图 4-102 输出的 Gerber 文件

巩固习题

一、思考题

1．制作原理图库元件时，如何批量导入引脚属性信息？

2．什么是网络标签？放置网络标签应当注意什么？

3．原理图编辑器中智能粘贴如何操作？

4．如何从 PCB 库文件中复制封装？

5．如何从 PCB 文件生成封装库文件？

6．PCB 编辑器中特殊粘贴如何操作？

7．为什么 PCB 需要铺铜？铺铜模式有几种，具体的操作方法是怎样的？

8．如何放置多边形铺铜挖空？

9．如何放置螺丝孔，如何通过螺丝孔将 PCB 接地？

二、操作题

1．在项目 3 操作题 1 创建的 mylib.SchLib 文件中完成以下操作：

（1）绘制如图 4-103 所示的原理图库元件，并合理设置库元件属性。

（2）一个元器件包含几个相同的子部件即为复合元件，请绘制如图 4-104 所示的 6 个反相器集成电路 74LS04 库元件，并合理设置库元件属性。

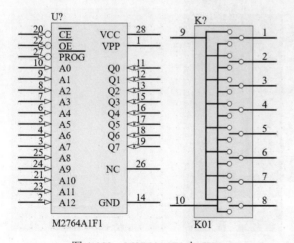

图 4-103　M2764A1F1 与 K01

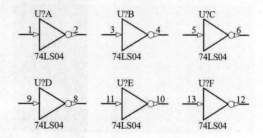

图 4-104　74LS04 库元件

操作提示：

①在原理图库绘制环境下，创建新器件后，为该器件添加部件，并在子部件 A 中绘制子部件库元件。

②将绘制好的子部件库元件复制到其余子部件中，修改各引脚名称和编号。

③在子部件 A 中放置 VCC 和 GND 引脚并编辑两引脚的属性，注意需要设置 VCC 和
GND 引脚的 Electrical Type 为 Power、Part Number 为 0，并将两个引脚隐藏。引脚属性可双
击引脚后直接在属性面板中编辑，如图 4-105 所示；隐藏引脚需要将"元器件引脚编辑器"
对话框（如图 4-107 所示）调出，方法是单击图 4-106 中的图标，然后在其中将 VCC 和
GND 引脚对应 Show 列的取消掉。

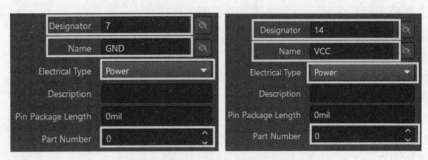

图 4-105　管脚属性编辑面板

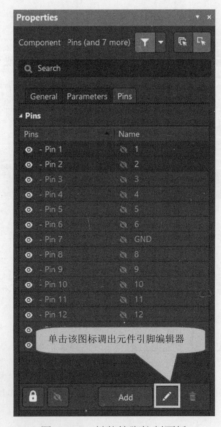

图 4-106　封装管脚控制面板

（3）绘制如图 4-108 所示的 4 个二输入与非门集成电路 SN74F00D 库元件，并合理设置
库元件属性。

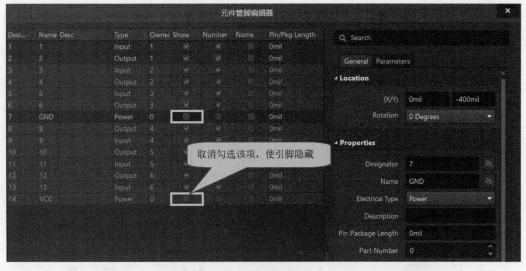

图 4-107　"元件管脚编辑器"对话框

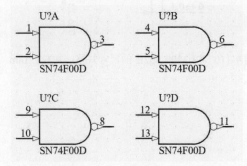

图 4-108　SN74F00D 库元件

2．在项目 3 操作题 2 创建的 mylib.PcbLib 文件中完成以下操作：

（1）根据图 4-109 所示无源晶振 FC-135 的尺寸规格绘制其封装 3215。

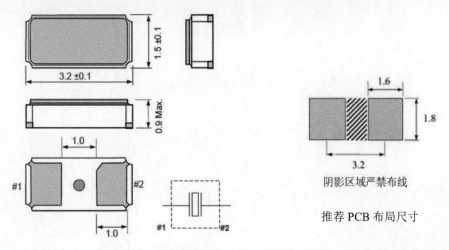

图 4-109　无源晶振 FC-135 的尺寸规格（单位：mm）

（2）根据图 4-110 所示 PL3500 系列低压差线性稳压器 662K 的尺寸规格绘制其封装 SOT23-3。

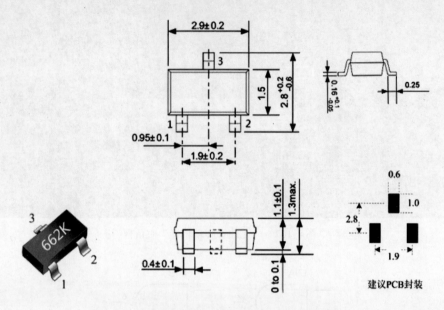

图 4-110　PL3500-662K 的尺寸规格（单位：mm）

项目 5　异形游戏机

【项目目标】

本项目为教程设置的提高项目之二。通过学习本项目，学生可学会原理图模板的设计和使用，学会设计不规则 PCB，能在满足电路外观要求下双面放置元件、双面走线、合理设计过孔，同时养成良好的工程素质。

知识目标

- 掌握 3 位数码管、8×8 点阵、电源插座的原理图符号绘制方法。
- 熟练掌握复制、绘制封装的方法。
- 掌握异形电路板板框的设计方法。
- 理解过孔的作用。
- 进一步理解 PCB 设计中布局和布线的原则和技巧。

能力目标

- 能正确查找、识读元器件原理图符号信息、规格尺寸信息。
- 能够正确绘制元器件的原理图符号。
- 能够正确、精准绘制元器件的封装。
- 能够灵活运用复制封装的技巧。
- 能够设计、调用原理图模板。
- 能够进行 PCB 双面布局。
- 能够进行 PCB 双面布线并合理使用过孔。

素质目标

- 培养学生线上自主学习能力。
- 培养学生独立看图、分析图纸的能力。
- 培养学生具体问题具体分析的务实精神。
- 培养学生耐心、细致、不断深入探究的学习态度。
- 培养学生良好的劳动纪律观念和严谨细致的工作态度。

【项目分析】

异形游戏机电路原理图如图 5-1 所示，主要由增强型单片机 STC15W1K16S、3 位数码管、8×8 共阳点阵、电源、蜂鸣器和按键组成。

单片机 STC15W1K16S 是异形游戏机电路的核心元件，两块 8×8 共阳点阵是游戏显示界面，可以完成如俄罗斯方块、贪吃蛇等简单游戏，3 位数码管用来显示游戏计分，玩家通过按键操作进行游戏，游戏机通过电源接口供电，蜂鸣器能够给出开机、游戏开始、游戏结束、关机等相关音效。

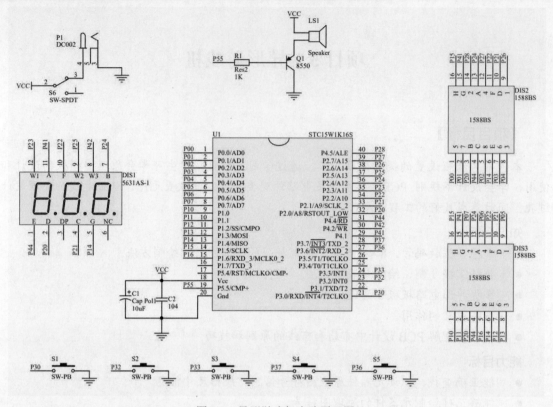

图 5-1　异形游戏机电路原理图

　　游戏机外形设计上要求用户手持操作方便，故要求形状和尺寸符合人手的生理特点，如图 5-2 所示。元器件布局应结构紧凑，连接平整美观，故在绘制元器件封装时要尺寸精准。

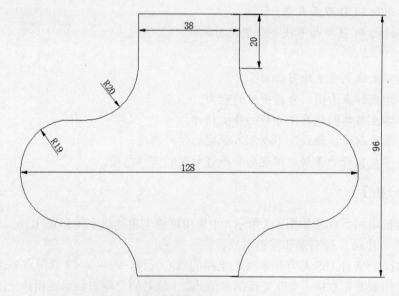

图 5-2　游戏机外形及尺寸（单位：mm）

异形游戏机电路元器件清单如表 5-1 所示。

表 5-1　异形游戏机元器件清单

序号	名称	规格	数量	位号	说明	备注
1	DC5.0V 电源插座	3mm	1	P1	直插式	原理图符号、封装自制
2	8×8 共阳点阵	1588	2	DIS2、DIS3	直插式	原理图符号、封装自制
3	3 位共阴数码管	0.5 寸 3 位	1	DIS1	直插式	原理图符号、封装自制
4	独石电容	104	1	C2	直插式	封装自制
5	电解电容	10μF/25V	1	C1	直插式	封装复制
6	芯片座	40P	1		直插式	封装自制
7	单片机 STC15W1K16S	40P	1	U1	直插式	原理图符号
8	5V 蜂鸣器	5V	1	LS1	直插式	封装自制
9	S8550 三极管	S8550	1	Q1	直插式	系统默认安装库
10	1K 电阻	1K	1	R1	直插式	系统默认安装库
11	按键	12×12×5	5	S1～S5	直插式	封装自制
12	弯脚拨动开关	SK-12D07	1	S6	直插式	封装自制

1. 1K 电阻和 S8550 三极管

1K 电阻为色环电阻，其封装采用 AXTAL-0.4；S8550 为 PNP 型三极管，其实物、原理图符号、封装如图 5-3 所示，封装为 TO-92。

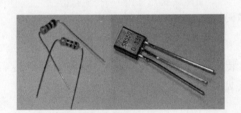  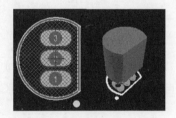

（a）实物图　　　　　　（b）原理图符号　　　　　（c）封装

图 5-3　1K 电阻和 S8550 三极管

2. 独石电容

104 独石电容为无极性电容，标称值为 0.1μF（104 为数字标注法），其实物、原理图符号、封装如图 5-4 所示，封装自制。

（a）实物图　　　　（b）原理图符号　　　　（c）封装

图 5-4　独石电容

3. 电解电容

"25V，10μF"电解电容通过查项目 3 中的表 3-5 可知，两引脚中心距为 2mm，圆筒外径为 5mm，故封装为 RB2-5，直接从项目 3 的封装库中复制即可，其实物、原理图符号、封装如图 5-5 所示。

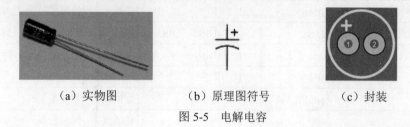

（a）实物图　　　　　（b）原理图符号　　　　　（c）封装

图 5-5　电解电容

4. 3 位共阴数码管

3 位共阴数码管 5631AS-1 的实物、原理图符号、封装如图 5-6 所示，其原理图符号和封装需要自行绘制。

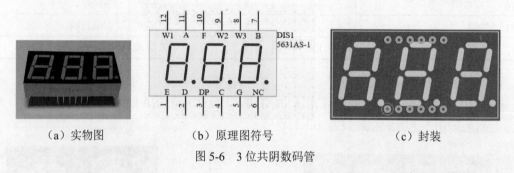

（a）实物图　　　　　（b）原理图符号　　　　　（c）封装

图 5-6　3 位共阴数码管

5. 单片机 STC15W1K16S

单片机 STC15W1K16S 的实物、原理图符号、封装如图 5-7 所示，其原理图符号和封装需要自行绘制。本项目单片机 STC15W1K16S 安装在底座上，故其封装实际为底座封装。

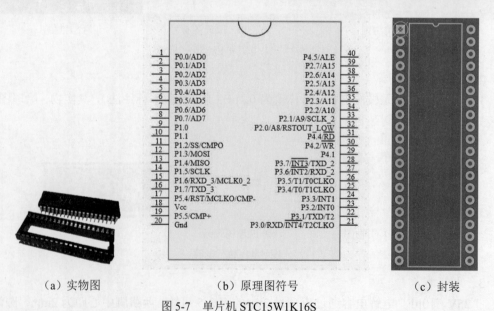

（a）实物图　　　　　（b）原理图符号　　　　　（c）封装

图 5-7　单片机 STC15W1K16S

6. 共阳点阵 1588BS

共阳点阵 1588BS 的实物、原理图符号、封装如图 5-8 所示，其原理图符号和封装需要自行绘制。

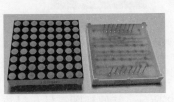

（a）实物图

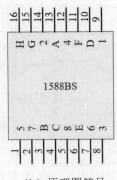

（b）原理图符号

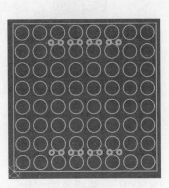

（c）封装

图 5-8　共阳点阵 1588BS

7. 12×12 按键

12×12 按键的实物、原理图符号、封装如图 5-9 所示，其封装需要自行绘制。

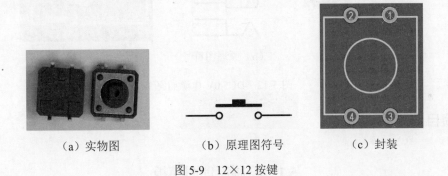

（a）实物图　　　　　（b）原理图符号　　　　　（c）封装

图 5-9　12×12 按键

8. 弯角拨动开关

弯角拨动开关的实物、原理图符号、封装如图 5-10 所示，其封装需要自行绘制。

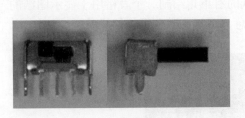

（a）实物图

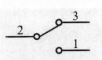

（b）原理图符号

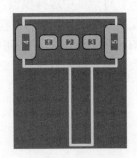

（c）封装

图 5-10　弯角拨动开关

9. 5V 蜂鸣器

5V 蜂鸣器的实物、原理图符号、封装如图 5-11 所示，其封装需要自行绘制。

（a）实物图   （b）原理图符号   （c）封装

图 5-11 5V 蜂鸣器

10. DC5.0V 电源插座

DC5.0V 电源插座的实物、原理图符号、封装如图 5-12 所示，其原理图符号和封装需要自行绘制。

（a）实物图   （b）原理图符号   （c）封装

图 5-12 DC5.0V 电源插座

【项目实施】

5.1 绘制原理图模板

Altium Designer 20 系统提供部分原理图模板，用户在创建一张新原理图前，可以在"优选项"对话框中选择模板。如图 5-13 所示，在原理图"优选项"对话框的"默认空白纸张模板及尺寸"选项区设置"模板"为 A4，则新建原理图样式如图 5-14 所示，其标题栏局部放大如图 5-15 所示。用户还可以自定义模板，在图纸的右下角绘制一个表格用于显示图纸的一些参数，如文件名、作者、时间、审核者、公司信息、图纸总数和图纸编号等。

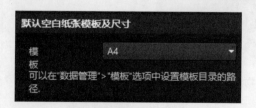

图 5-13 设置模板为 A4

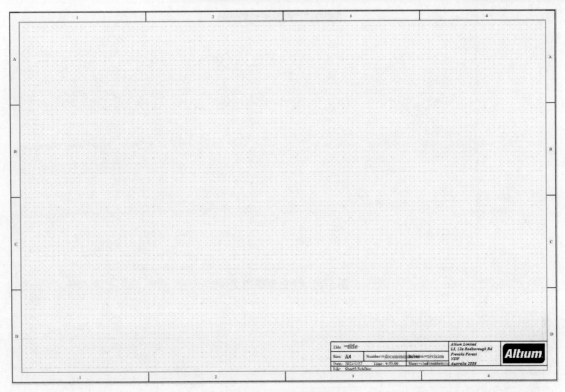

图 5-14 A4 原理图样式

Title =title			Altium Limited L3, 12a Rodborough Rd Frenchs Forest NSW Australia 2086	
Size: A4	Number:=documentnu	Revision:=revision		
Date: 2021/1/27	Time: 9:35:00	Sheet =sheof=sheettotal		
File: Sheet3.SchDoc				

图 5-15 A4 原理图标题栏样式

5.1.1 创建原理图模板

创建原理图模板

1. 创建空白原理图

在原理图设计环境下，不使用任何模板，即在图 5-13 中的"模板"处选择 No Default Template File 选项，则创建一个空白原理图文件，如图 5-16 所示。

系统默认的标题栏有两种样式：Standard（标准型）和 ANSI（美国国家协会标准型），如图 5-17 所示。

2. 设置原理图

打开 Properties 面板，在 Page Options 选项区的 Formatting and Size 参数栏中单击 Standard 标签，取消勾选 Title Block 复选项，会将图纸右下角原有的标题栏去掉，用户可以重新设计一个符合设计要求的图纸模板。

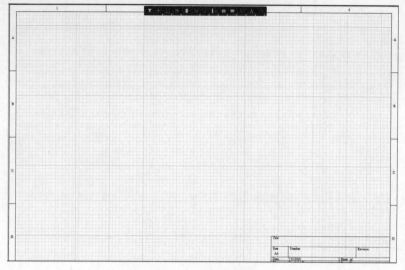

图 5-16　空白原理图文件

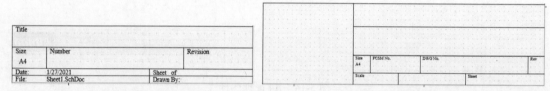

（a）Standard 标题栏样式　　　　　　　　　（b）ANSI 标题栏样式

图 5-17　系统提供的标题栏样式

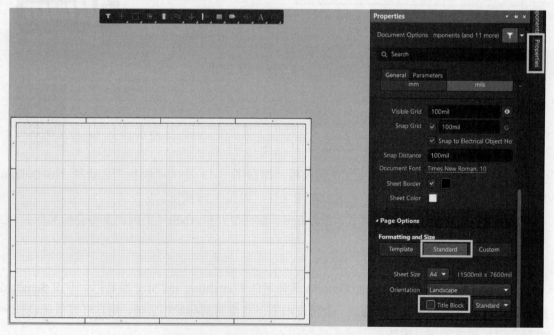

图 5-18　取消勾选 Title Block 复选项

3. 绘制标题栏

单击"绘图工具"按钮 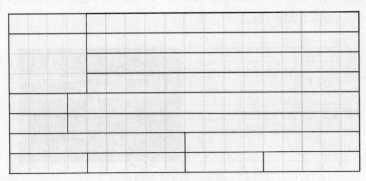，在弹出的下拉列表中单击"放置线条"按钮 ，开始绘制标题栏线框。线条的颜色、宽度均可以根据用户需要在属性控制面板中进行设置，绘制完成如图 5-19 所示。

图 5-19　绘制标题栏

4. 放置文本信息

标题栏中的文本信息，根据其文本参数值是否改变，可分为两种：固定文本和动态文本。

固定文本可以通过放置字符串命令来实现。单击"绘图工具"按钮 ，在弹出的下拉列表中单击"放置文本字符串"按钮 ，此时光标变成十字形状并带有一个文本字符串标志 Text，将其放置在标题栏左上角第一个框中，单击鼠标左键即可放置文本字符串，双击文本字符串可弹出 Properties 面板，在其中可对字符串的内容、字体、大小、颜色、位置进行设置，如图 5-20 所示。

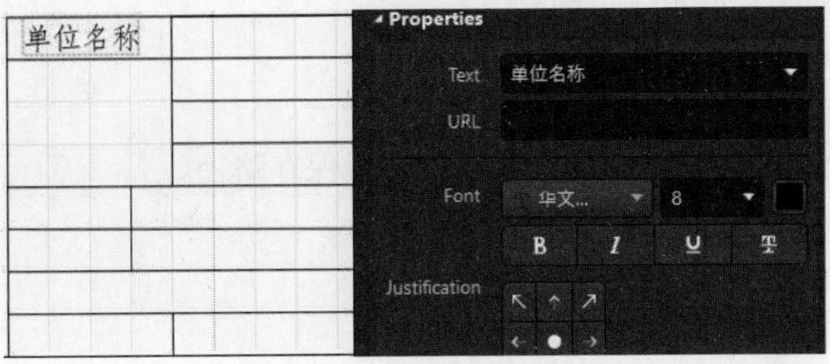

图 5-20　固定信息文本的设置

复制第一个框中设置好的文本字符串，粘贴到其余图框中并进行修改，效果如图 5-21 所示。需要微调文本位置时，可将栅格捕捉修改为较小数值。

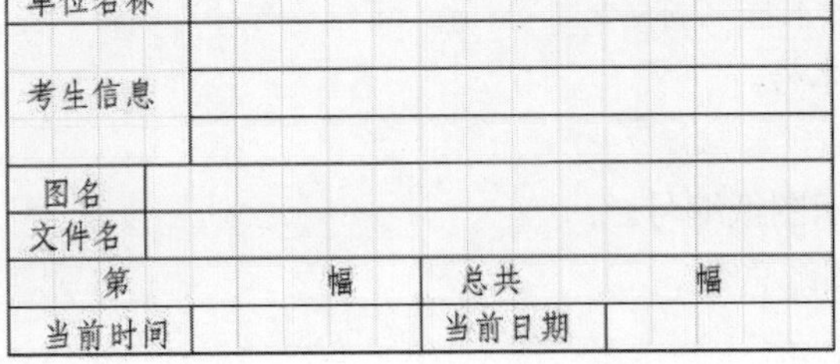

图 5-21　固定信息文本的填写

动态文本的放置方法和固定文本的放置方法相同，只是动态文本不能双击后直接修改，需要在 Properties 面板的 Text 下拉列表中选择对应的参数。例如，在标题栏"文件名"后的一栏中放置动态文本，则需要在该位置添加一个文本字符串，双击该文本字符串打开文本属性对话框，在 Text 下拉列表中选择=Document Name 选项，此时图纸标题栏的对应位置将显示当前文档的完整文件名，如图 5-22 所示。

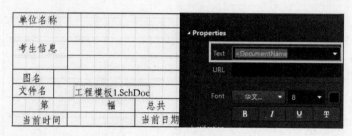

图 5-22　动态信息文本的属性选择

Text 下拉列表中常用选项的含义如下：

=Address1/2/3/4：显示地址 1/2/3/4。

=ApprovedBy：显示图纸审核人。

=Application_BuildNumber：显示应用程序构建号。

=Author：显示图纸作者。

=Checkedby：显示检查人。

=CompanyName：显示公司名称。

=CurrentDate：显示当前系统日期。

=CurrentTime：显示当前系统时间。

=Date：显示文档创建日期。

=DocumentFullPathAndName：显示文档的完成保存路径。

=DocumentName：显示当前文档的完整文件名。

=DocumentNumber：显示文档编号。

=DrawnBy：显示绘图者。

=Engineer：显示工程师。

=ImagePath：显示影像路径。

=ModifiedDate：显示最后修改日期。

=Organization：显示组织机构。

=ProjectName：显示工程名称。

=Revision：显示版本号。

=Rule：显示规则。

=SheetNumber：显示图纸编号。

=SheetTotal：显示图纸总数。

=Title：显示标题。

如图 5-23 所示为已经创建好的标题栏。

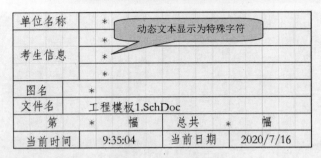

图 5-23　模板标题栏

5. 保存模板

创建好模板后，执行菜单命令"文件"→"另存为"，在弹出的对话框（如图 5-24 所示）中输入文件名，设置"保存类型"为 Advanced Schematic template(*.SchDot)，然后单击"保存"按钮，即可保存已创建的模板文件。

图 5-24　保存模板

5.1.2　调用原理图模板

在创建好原理图模板后再创建原理图文件，系统才能调用用户自定义的模板。原理图模板的调用方法有下述两种，操作都比较简单。

调用原理图模板 1

1. 在优选项中设置模板

在优选项中设置模板后再新建原理图文件，原理图文件自动套用该模板。

（1）复制保存好的模板文件到安装路径，模板文件默认安装路径如图 5-25 所示。

> 此电脑 > Windows (C:) > 用户 > 公用 > 公用文档 > Altium > AD20 > Templates

图 5-25　原理图模板默认保存路径

（2）如图 5-26 所示，在"优选项"对话框的原理图设置选项卡中选择自定义模板，然后依次单击"应用"和"确定"按钮。

（3）在工程文件中添加新的原理图文件，即可看到套用自定义模板的原理图文件，如图 5-27 所示，然后保存文件。

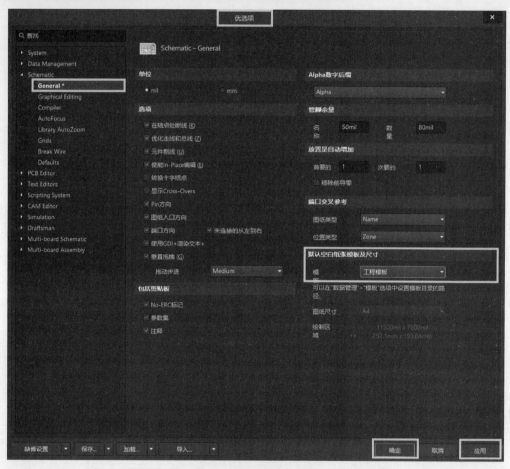

图 5-26 选择原理图模板

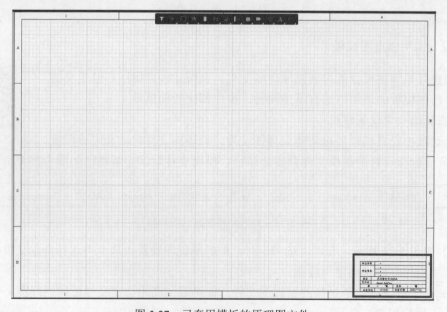

图 5-27 已套用模板的原理图文件

2. 给现有原理图套用模板

此方法适用于给现有原理图套用模板或修改模板。

如图 5-28 所示，在原理图设计环境下，执行菜单命令"设计"→"模板"
→"项目模板"→Choose a File，然后在弹出的对话框中选择自定义模板打开。

调用原理图模板 2

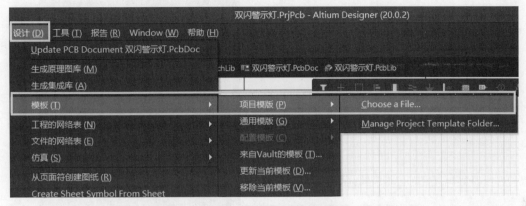

图 5-28　套用模板菜单命令

5.1.3　移除原理图模板

执行菜单命令"设计"→"模板"→"移除当前模板"，如图 5-29 所示。

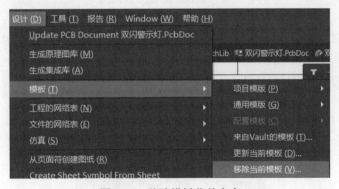

图 5-29　移除模板菜单命令

5.1.4　填写标题栏

模板应用到原理图中后，需要将显示为"＊"的特殊字符修改成对应的参数，在 Properties 面板中打开 Parameters 选项卡，找到对应的特殊字符，将其 Value 值修改为需要的参数，如图 5-30 所示。

需要注意的是，套用模板后的原理图，除了动态文本的内容可通过修改其对应参数值的方式进行修改以外，标题栏中的其他对象均不可修改，例如文本的字体、颜色、字高、宽度和位置等，要对这些对象进行修改，只能修改模板后重新调用模板。

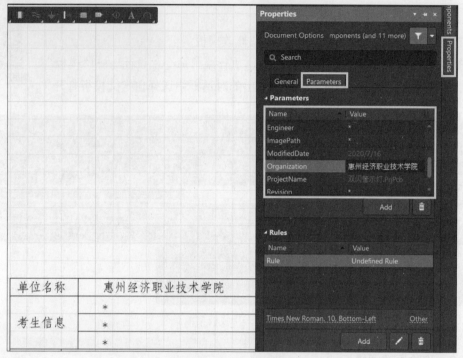

图 5-30　填写特殊字符

5.2　创建完整的项目

创建名为异形游戏机的工程文件，并给工程文件添加异形游戏机.SchDoc、异形游戏机.PcbDoc、异形游戏机.SchLib、异形游戏机.PcbLib 四个文件，保存在同一路径下，如图 5-31 所示。

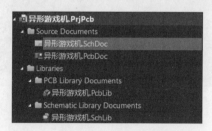

图 5-31　创建完整的项目

给异形游戏机.SchDoc 文件套用自定义模板并填写信息栏。

5.3　绘制元器件原理图符号

绘制 3 位共阴数
码管 5631AS-1

5.3.1　3 位共阴数码管

通过前面的学习我们知道，元器件原理图符号必备的要素是图形轮廓和引脚信息，3 位共阴数码管原理图符号绘制中工作量较大的就是数码管字形码的绘制，为了节省设计时间，可以从原理图中复制一个元件符号进行修改，下面介绍具体操作过程。

1. 复制 Dpy Red-CC 库元件

打开异形游戏机.SchDoc 文件，在 Components 控制面板上选择 Miscellaneous Devices.Intlib 作为当前库，查找到 Dpy Red-CC（红色共阴数码管）元件，放置在原理图绘图区域。选中该元件，右击并选择"复制"，然后单击元件的关键点作为复制基点，完成复制操作。

2. 粘贴 Dpy Red-CC 库元件

打开异形游戏机.SchLib 文件，在 SCH Library 控制面板元件列表的空白处右击并选择"粘贴"，完成 Dpy Red-CC 原理图符号的粘贴，如图 5-32 所示。

图 5-32　粘贴 Dpy Red-CC 原理图符号

3. 修改库元件

仅保留图形中间的红色字形码及小数点，删掉引脚及长方形，复制保留图案进行粘贴，效果如图 5-33（a）所示。

绘制 1400mil×700mil 的长方形，将 3 个字形码放置在长方形中心位置。

放置 12 个引脚并填写引脚的名称，效果如图 5-33（b）所示。从显示效果上，可以看出系统默认的引脚名称显示位置不太合适，为了方便读图，可以将引脚名称隐藏，用文本字符串对引脚进行注释，完成后的效果如图 5-33（c）所示。

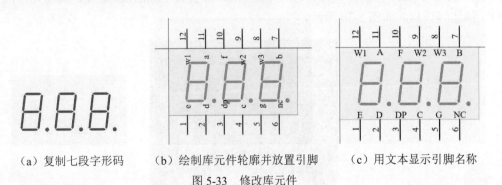

（a）复制七段字形码　　（b）绘制库元件轮廓并放置引脚　　（c）用文本显示引脚名称

图 5-33　修改库元件

4. 设置库元件属性

双击 SCH Library 控制面板元件列表中的 Dpy Red-CC 打开 Properties 面板，填写元件的

ID、位号、注释、描述等信息，如图 5-34 所示。

5.3.2 共阳点阵 1588BS

共阳点阵 1588BS 的引脚图如图 5-35（a）所示，下面介绍其原理图符号绘制过程。

1. 新建库元件

打开异形游戏机.SchLib 文件，新建库元件 1588BS。

2. 绘制库元件

（1）绘制库元件符号轮廓。在第四象限靠近坐标原点处绘制 900mil×900mil 的正方形。

图 5-34　设置库元件属性信息

（2）放置引脚并编辑引脚属性。执行放置管脚命令，按 Tab 键，在弹出的引脚属性对话框中输入引脚的位号 1，设置引脚长度为 200mil，然后放置 1 号引脚，并利用软件的自增量功能连续放置 2～16 号引脚，然后双击引脚修改引脚名称，完成效果如图 5-35（b）所示。

绘制 8×8 共阳点阵 1588BS

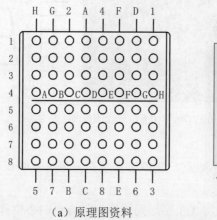

（a）原理图资料

（b）自制原理图符号

图 5-35　1588BS 原理图符号

3. 设置库元件属性

双击 SCH Library 控制面板元件列表中的 1588BS 打开 Properties 面板，填写元件的位号、注释、描述等信息，如图 5-36 所示。

图 5-36　设置库元件属性信息

5.3.3 单片机 STC15W1K16S

单片机 STC15W1K16S 引脚图如图 5-37 所示，它是多引脚元件，下面介绍其原理图符号绘制过程，完成效果如图 5-38 所示。为了编辑方便，先将引脚信息录入 Excel 表格（如表 5-2 所示），然后批量导入引脚信息。

绘制 STC15W1K16S

图 5-37　STC15W1K16S 引脚资料

图 5-38　自制 STC15W1K16S 原理图符号

表 5-2　STC15W1K16S 引脚资料

Name	PDIP40	Type	Name	PDIP40	Type
P0.0/AD0	1	I/O	P3.0/RXD/I\N\T\4VT2CLKO	21	I/O
P0.1/AD1	2	I/O	P3.1/TXD/T2	22	I/O
P0.2/AD2	3	I/O	P3.2/INT0	23	I/O
P0.3/AD3	4	I/O	P3.3/INT1	24	1/O
P0.4/AD4	5	I/O	P3.4/T0/T1CLKO	25	I/O
P0.5/AD5	6	I/O	P3.5/T1/T0CLKO	26	I/O
P0.6/AD6	7	I/O	P3.6/I\N\T\2\RXD_2	27	I/O
P0.7/AD7	8	I/O	P3.7/I\N\T\3\TXD_2	28	I/O
P1.0	9	I/O	P4.1	29	I/O
P1.1	10	I/O	P4.2/W\R\	30	I/O
P1.2/SS/CMPO	11	I/O	P4.4/R\D\	31	I/O
P1.3/MOSI	12	I/O	P2.0/A8/RSTOUT_LOW	32	I/O
P1.4/MISO	13	I/O	P2.1/A9/SCLK_2	33	I/O
P1.5/SCLK	14	I/O	P2.2/A10	34	I/O
P1.6/RXD_3/MCLK0_2	15	I/O	P2.3/A11	35	I/O
P1.7/TXD_3	16	I/O	P2.4/A12	36	I/O
P5.4/RST/MCLKO/CMP-	17	I/O	P2.5/A13	37	I/O
V$_{CC}$	18	Power	P2.6/A14	38	I/O
P5.5/CMP+	19	I/O	P2.7/A15	39	I/O
Gnd	20	Power	P4.5/ALE	40	I/O

1. 新建库元件

打开异形游戏机.SchLib 文件，新建库元件 STC15W1K16S。

2. 绘制库元件

（1）绘制库元件符号轮廓。在第四象限坐标原点绘图区域绘制 1900mil×2300mil 的长方形，并在长方形上方中心处绘制一段椭圆弧作为芯片正方向的标志。

（2）放置引脚并编辑引脚特性。执行放置管脚命令，按 Tab 键，在弹出的引脚 Properties 面板中输入引脚的位号 1，设置引脚长度为 200mil，然后放置 1 号引脚，并利用软件的自增量功能连续放置 2～40 号引脚。

复制 STC15W1K16S 引脚名称即类型.xlsx 表格中的引脚名称，粘贴在 SCHLIB List 引脚列，如图 5-39 所示，具体操作方法详见项目 4。在本项目中，单片机 STC15W1K16S 引脚除 18 号引脚和 20 号引脚接电源外，其余引脚均作为 I/O 接口使用，故双击 18 号和 20 号引脚，在弹出的属性面板中修改其电气属性为 Power，其余引脚电气类型默认为 Passive，可以不用特别设置。

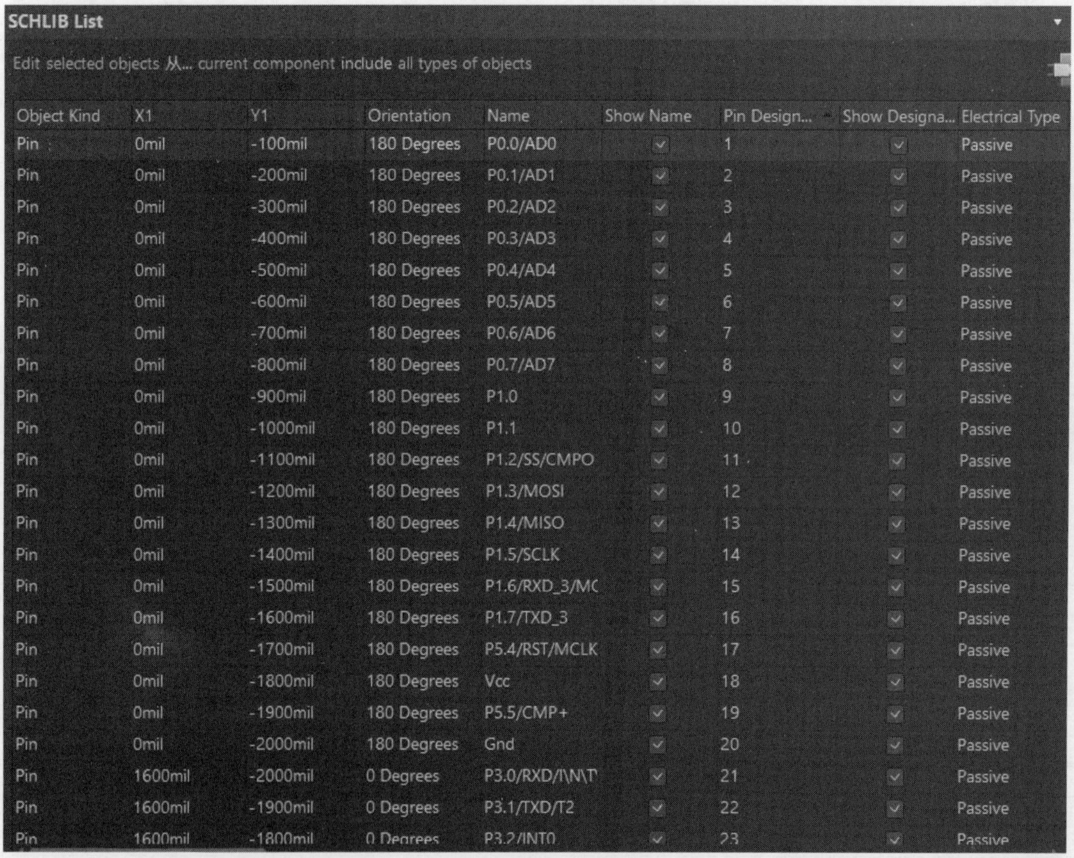

Object Kind	X1	Y1	Orientation	Name	Show Name	Pin Design...	Show Designa...	Electrical Type
Pin	0mil	-100mil	180 Degrees	P0.0/AD0	☑	1	☑	Passive
Pin	0mil	-200mil	180 Degrees	P0.1/AD1	☑	2	☑	Passive
Pin	0mil	-300mil	180 Degrees	P0.2/AD2	☑	3	☑	Passive
Pin	0mil	-400mil	180 Degrees	P0.3/AD3	☑	4	☑	Passive
Pin	0mil	-500mil	180 Degrees	P0.4/AD4	☑	5	☑	Passive
Pin	0mil	-600mil	180 Degrees	P0.5/AD5	☑	6	☑	Passive
Pin	0mil	-700mil	180 Degrees	P0.6/AD6	☑	7	☑	Passive
Pin	0mil	-800mil	180 Degrees	P0.7/AD7	☑	8	☑	Passive
Pin	0mil	-900mil	180 Degrees	P1.0	☑	9	☑	Passive
Pin	0mil	-1000mil	180 Degrees	P1.1	☑	10	☑	Passive
Pin	0mil	-1100mil	180 Degrees	P1.2/SS/CMPO	☑	11	☑	Passive
Pin	0mil	-1200mil	180 Degrees	P1.3/MOSI	☑	12	☑	Passive
Pin	0mil	-1300mil	180 Degrees	P1.4/MISO	☑	13	☑	Passive
Pin	0mil	-1400mil	180 Degrees	P1.5/SCLK	☑	14	☑	Passive
Pin	0mil	-1500mil	180 Degrees	P1.6/RXD_3/MC	☑	15	☑	Passive
Pin	0mil	-1600mil	180 Degrees	P1.7/TXD_3	☑	16	☑	Passive
Pin	0mil	-1700mil	180 Degrees	P5.4/RST/MCLK	☑	17	☑	Passive
Pin	0mil	-1800mil	180 Degrees	Vcc	☑	18	☑	Passive
Pin	0mil	-1900mil	180 Degrees	P5.5/CMP+	☑	19	☑	Passive
Pin	0mil	-2000mil	180 Degrees	Gnd	☑	20	☑	Passive
Pin	1600mil	-2000mil	0 Degrees	P3.0/RXD/\N\T	☑	21	☑	Passive
Pin	1600mil	-1900mil	0 Degrees	P3.1/TXD/T2	☑	22	☑	Passive
Pin	1600mil	-1800mil	0 Degrees	P3.2/INT0	☑	23	☑	Passive

SCHLIB List

Edit selected objects 从... current component include all types of objects

图 5-39　批量导入引脚名称

3. 设置库元件属性

双击 SCH Library 控制面板元件列表中的库元件 STC15W1K16S 打开 Properties 面板，填写元件的位号、注释、描述等信息，如图 5-40 所示。

图 5-40　设置库元件属性信息

绘制 DC5.0V 电源插座

5.3.4　DC5.0V 电源插座（圆针）

通过查找资料得到 DC5.0V 电源插座（圆针）DC002 的原理图符号，如图 5-41 所示。

图 5-41　DC002 原理图符号

1．新建库元件

打开异形游戏机.SchLib 文件，新建库元件 DC002。

2．绘制库元件

（1）绘制库元件符号轮廓。执行菜单命令"放置"→"线条"和"椭圆弧"命令绘制 DC002 的图形符号，完成效果如图 5-42（a）所示。

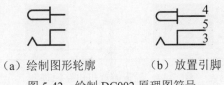

（a）绘制图形轮廓　　　（b）放置引脚

图 5-42　绘制 DC002 原理图符号

（2）放置引脚并编辑引脚特性。执行放置管脚命令，按 Tab 键，在弹出的引脚属性面板中输入引脚的位号 3，设置引脚长度为 100mil，然后放置 3 号引脚，并利用软件的自增量功能连续放置 4 号和 5 号引脚，注意这个电源接口引脚序号分别是 3、4、5，与以往的元器件引脚从 1 号开始不同，完成效果如图 5-42（b）所示。

3．设置库元件属性

双击 SCH Library 面板元件列表中的库元件 DC002 打开 Properties 面板，填写元件的位号、注释、描述等信息，如图 5-43 所示。

图 5-43　设置库元件属性信息

5.4　异形游戏机原理图绘制

5.4.1　原理图绘制

原理图绘制过程如前面项目所述，这里不再赘述。原理图除了电路连接正确外，还要注意整张图纸的布局和标题栏的填写，如图 5-44 所示。

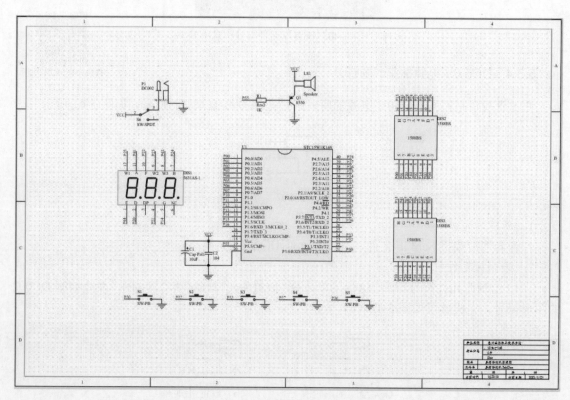

图 5-44　异形游戏机电路原理图

5.4.2　项目编译

执行菜单命令"工程"→"Compile PCB Project 异形游戏机.PrjPcb"。编译完成后，编译结果如图 5-45 所示，如果还有其他错误或警告，则要返回原理图进行修改，直至没有错误提示为止。

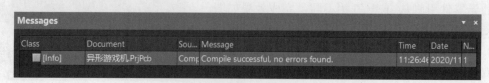

图 5-45　项目编译信息

5.5　绘制元器件封装

绘制 PCB 封装 DPY-CC

5.5.1　DPY-CC

DPY-CC 为 3 位共阴数码管 5631AS-1 的封装，3 位共阴数码管 5631AS-1 的尺寸规格如图 5-46 所示。

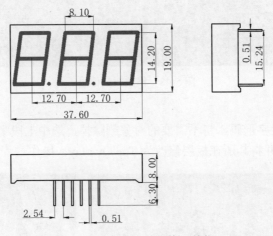

图 5-46　5631AS-1 的尺寸规格（单位：mm）

1. 确定封装尺寸

根据 5631AS-1 封装规格书，可以确定 3 位共阴数码管 5631AS-1 外形轮廓为 37.6mm× 19mm 的长方形，两排引脚中心间距为 15.24mm，引脚直径为 0.51mm，同排引脚中心间距为 2.54mm。可取圆形焊盘，孔径为 0.7mm，焊盘直径为 1.8mm。

2. 绘制库封装

（1）复制封装 Dpy Blue-CC。打开异形游戏机.PcbDoc 文件，在 Components 控制面板上选择 Miscellaneous Devices.InLib 库中的 Dpy Blue-CC，放置在 PCB 设计区域，如图 5-47 所示。选中 Dpy Blue-CC，按 Ctrl+C 组合键，单击元件中心点，完成元件的复制操作。

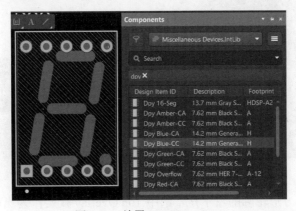

图 5-47　放置 Dpy Blue-CC

（2）粘贴封装 Dpy Blue-CC。切换至"异形游戏机.PcbLib"文件，在 PCB Library 控制面板 Footprints 列表栏的空白处右击并选择 Paste 1 Components，完成 Dpy Blue-CC 封装的粘贴。

（3）修改封装信息。双击库封装列表栏中新粘贴的元件，修改封装信息，如图 5-48 所示。

图 5-48　修改封装信息

（4）修改封装。

1）保留需要的七段字形码，将不需要的对象删除掉，选中七段字形码进行复制、粘贴，成为 3 位数码管字符，并将其所在板层修改为 Top Overlay，操作过程如图 5-49 所示。

（a）保留 1 位字形　　　　（b）粘贴 3 位字形　　　　（c）修改图层

图 5-49　修改七段字形显示符号

2）根据 5631AS-1 封装规格放置焊盘，效果如图 5-50 所示。

3）绘制丝印图形轮廓。为了减少尺寸计算工作量，在绘制外形边框前先重新设置参考点，如图 5-51 所示。

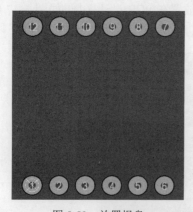

图 5-50　放置焊盘

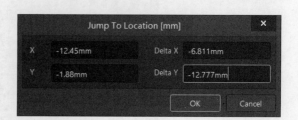

图 5-51　重设参考点

此时参考点为长方形轮廓的左下角，选中 Top Overlay 板层作为当前层，执行放置线条命令分别放置 4 个线条，其坐标依次为(0,0)、(37.6,0)、(37.6,19)和(0,19)，最后将 3 个七段字形码移动到合适位置作为元器件的丝印标志。

库封装 DPY-CC 绘制完成后重新设置元件参考点为 1 号焊盘中心点，完成后的效果如图 5-52 所示。

图 5-52　DPY-CC 封装样式

5.5.2　共阳点阵 1588BS

共阳点阵 1588BS 的尺寸规格如图 5-53 所示。

绘制 PCB 封装
点阵 1588BS

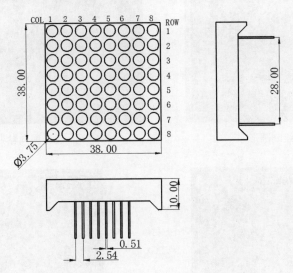

图 5-53　1588BS 的尺寸规格（单位：mm）

1. 确定封装尺寸

根据共阳点阵 1588BS 封装规格书，可以确定共阳点阵 1588BS 外形轮廓为 38mm×38mm 的正方形，LED 圆形标志间距为 4.75mm，两排引脚中心间距为 28mm，引脚直径为 0.51mm，同排引脚中心间距为 2.54mm。可取圆形焊盘，孔径为 0.7mm，焊盘直径为 1.8mm。

2. 绘制库封装

（1）创建库封装 1588BS。新建 PCB 库封装，如图 5-54 所示。

（2）放置焊盘。放置圆形焊盘，焊盘间距为 2.54mm，为了方便操作将栅格捕捉设置为 100mil，并在放置完 8 号焊盘后调整参考点跳转至(17.78,28)处，此处恰好为 9 号焊盘的中心点，接着

图 5-54　1588BS 封装信息

放置 9～16 号焊盘。

（3）绘制丝印图形。同样为了减少尺寸计算工作量，在绘制外形边框前重新设置参考点，将参考点设置为长方形轮廓的左下角，选中 Top Overlay 板层作为当前层，执行放置线条命令分别放置 4 个线条，其坐标依次为(0,0)、(38,0)、(38,38)和(0,38)。

最后放置 64 个圆形阵列作为 LED 标志。执行放置圆命令，首先定位左下角第一个圆的圆心位置为(2.375,2.375)，再定位其半径端点坐标(4.25,2.375)放置第一个圆。选中该圆执行"剪切"命令，并选择圆心作为剪切参考点，然后执行菜单命令"编辑"→"特殊粘贴"，在弹出的"设置粘贴阵列"对话框中设置横向阵列，然后剪切横排的 8 个圆形图案向上做纵向阵列，操作过程如图 5-55 所示。

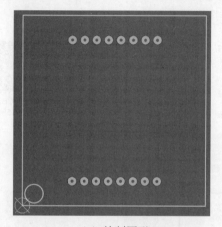

（a）绘制圆形

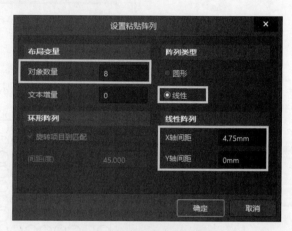

（b）横向粘贴阵列设置

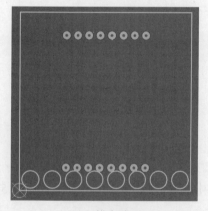

（c）横向阵列

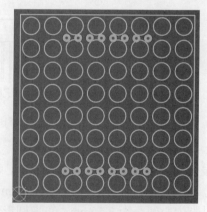

（d）纵向粘贴阵列

图 5-55　丝印圆形粘贴阵列

库封装 1588BS 绘制完成后，重新设置元件参考点为 1 号焊盘中心点。

5.5.3　DIP40

1. 确定封装尺寸

DIP40 是单片机 STC15W1K16S 的封装，其尺寸规格如图 5-56 所示。引脚直径为 21mil，同列引脚间距为 100mil，两列引脚间距为 600mil，外形轮廓为 650mil×2060mil。可取焊盘孔径为 40mil，焊盘直径为 80mil，利用 Altium Designer 20 提供的元器件封装向导制作。

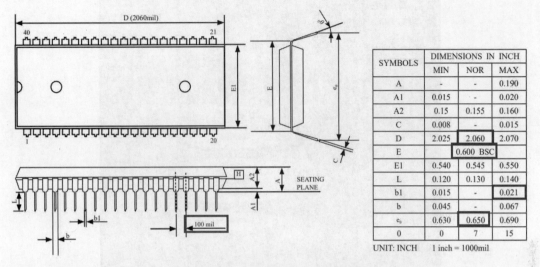

SYMBOLS	DIMENSIONS IN INCH		
	MIN	NOR	MAX
A	-	-	0.190
A1	0.015	-	0.020
A2	0.15	0.155	0.160
C	0.008	-	0.015
D	2.025	2.060	2.070
E		0.600 BSC	
E1	0.540	0.545	0.550
L	0.120	0.130	0.140
b1	0.015	-	0.021
b	0.045	-	0.067
e₀	0.630	0.650	0.690
0	0	7	15

UNIT: INCH   1 inch = 1000mil

图 5-56   STC15W1K16S 的尺寸规格

2. 创建库封装

（1）在 PCB Library 绘图环境下，执行菜单命令"工具"→"元器件向导"，弹出 Footprint Wizard 对话框，单击 Next 按钮。

（2）如图 5-57 所示，选择器件图案为 Dual In-line Packages（DIP），单位为 mil，单击 Next 按钮。

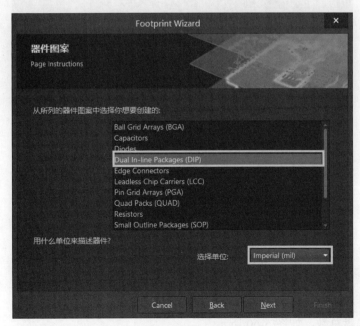

图 5-57   选择器件图案和单位

（3）设置焊盘尺寸，如图 5-58 所示。

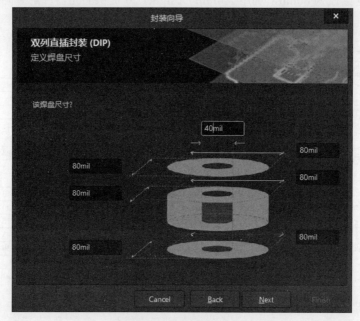

图 5-58　设置焊盘尺寸

（4）定义焊盘布局，如图 5-59 所示。

图 5-59　定义焊盘布局

（5）定义外框宽度，此项设置可保持系统默认值。

（6）设置焊盘总数，如图 5-60 所示。

图 5-60　设置焊盘总数

（7）设置元器件名称，如图 5-61 所示。

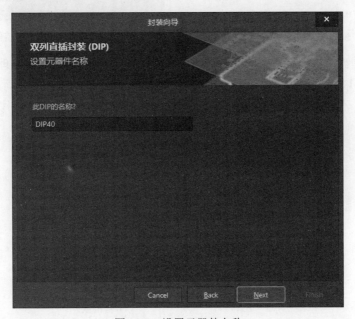

图 5-61　设置元器件名称

（8）单击 Finish 按钮，完成 DIP40 封装的创建。

5.5.4　12×12 按键

1. 确定封装尺寸

12×12 按键的尺寸规格如图 5-62 所示，有 4 个引脚，其中在纵向上同一列的两个引脚是短接在一起的。

根据封装规格书，可以确定外形轮廓为 12mm×12mm 的正方形，圆形按键直径为 6.7mm，引脚纵向间距为 12.5mm，引脚直径为 1mm，引脚横向间距为 5mm。可取圆形焊盘，孔径为 1.3mm，焊盘直径为 2.6mm。

2. 绘制库封装

（1）创建库封装 12×12 按键。新建库封装，如图 5-63 所示。

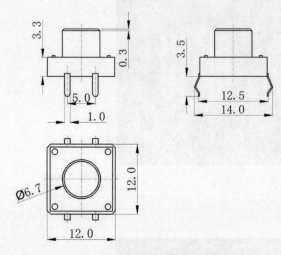

图 5-62　12×12 按键的尺寸规格（单位：mm）　　　　图 5-63　修改封装信息

（2）放置焊盘。根据按键的尺寸规格放置焊盘，需要注意的是，在原理图中按键的两个引脚位号分别是 1、2，所以在封装中 1 号焊盘和 2 号焊盘不能在同一列上，如图 5-64 所示。在后面进行 PCB 布线时，为了方便布线，可将 3 号、4 号焊盘的网络分别设置为与 1 号、2 号焊盘相同。

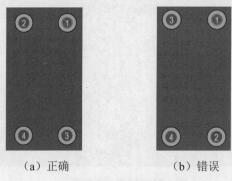

（a）正确　　　　　　（b）错误

图 5-64　放置焊盘

（3）绘制丝印图形。为了减少尺寸计算工作量，在绘制外形边框前重新设置参考点，将参考点设置为中心。选中 Top Overlay 作为当前层，执行放置线条命令，分别放置 4 个线条，其坐标依次为(6,6)、(-6,6)、(-6,-6)和(6,-6)，再执行放置圆命令，以中心为圆心，放置半径为 3.35mm 的圆。

库封装 12×12 按键绘制完成后重新设置参考点为 1 号引脚，完成后的效果如图 5-65 所示。

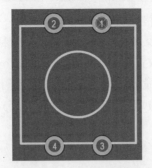

图 5-65　12×12 按键封装样式

5.5.5　拨动开关

拨动手柄有直角和弯角之分，拨动手柄的长度也有长有短，安装拨动开关时，其手柄一般伸出电路板。为了操作方便，本项目选择拨动手柄长 7mm 的弯角拨动开关，其尺寸规格同图 5-66 所示的直角拨动开关的相同。

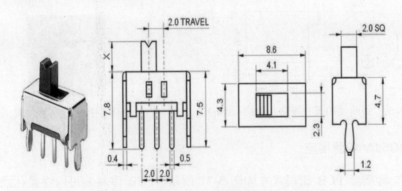

图 5-66　拨动开关尺寸规格（单位：mm）

1.　确定封装尺寸

如图 5-66 所示，拨动开关两侧引脚用于焊接固定，为尺寸 0.4mm×1.2mm 的长方形，中间 3 个引脚用于电路连接，为尺寸 0.5mm×0.2mm 的长方形，外形轮廓为 8.6mm×4.3mm。可取两侧焊盘孔径为 0.7mm×1.5mm，焊盘尺寸为 1.8mm×3mm；中间焊盘孔径为 0.7mm×0.5mm，焊盘直径为 1.6mm×1.2mm，引脚中心间距分别为 2.1mm、2mm、2mm、2.1mm。

2.　绘制库封装

（1）创建库封装。新建 PCB 库封装，如图 5-67 所示。

图 5-67　创建 PCB 库封装

（2）放置焊盘。根据尺寸规格放置焊盘。

（3）绘制丝印图形。为了减少尺寸计算工作量，在绘制外形边框前重新设置参考点为已放置焊盘的中心。选中 Top Overlay 为当前层，执行放置线条命令，分别放置 4 个线条，其坐标依次为(4.3,2.15)、(-4.3,2.15)、(-4.3,-2.15)和(4.3,-2.15)，再执行放置线条命令，放置手柄外形轮廓。

库封装拨动开关绘制完成后，重新设置参考点为 1 号焊盘，效果如图 5-68 所示。

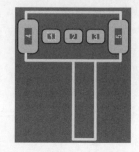

图 5-68　弯角拨动开关封装样式

5.5.6　5V 蜂鸣器

5V 蜂鸣器的尺寸规格如图 5-69 所示，引脚直径为 0.6mm，引脚中心距为 7.6mm，外形轮廓为尺寸 12mm 的圆形，中心小圆直径为 2.5mm；绘制 PCB 库封装可取焊盘孔径为 0.8mm，焊盘直径为 2mm。该封装绘制较为简单，不再详细介绍，封装样式如图 5-70 所示。

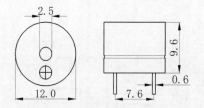

图 5-69　蜂鸣器的尺寸规格（单位：mm）

图 5-70　蜂鸣器封装

5.5.7　DC5.0V 电源插座

DC5.0V 电源插座 PCB 布局尺寸如图 5-71 所示，PCB 库封装可取焊盘孔径为 1.2mm×0.8mm，焊盘尺寸为 2.2mm×1.8mm，焊盘中心距可根据图 5-71 进行计算，外形轮廓为 5mm×11.9mm 的长方形。DC5.0V 电源插座封装样式如图 5-72 所示。

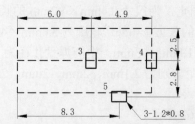

图 5-71　DC5.0V 电源插座 PCB 布局尺寸（单位：mm）

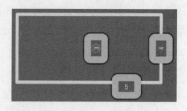

图 5-72　DC5.0V 电源插座封装

5.5.8　RAD-0.2

1．测量封装尺寸

元件的封装尺寸可以通过元件数据手册得到，也可以通过游标卡尺测量得到，用游标卡尺测量独石电容的关键尺寸如图 5-73 所示。通过测量得到引脚直径为 0.44mm，两引脚外侧间距为 5.52mm，厚度为 3.2mm，故引脚中心距为 5.08mm（200mil），外形轮廓为 3.2mm×5.52mm。

因为独石电容两引脚中心距为 200mil，故其封装命名为 RAD-0.2。

（a）测量引脚直径

（b）测量两引脚外侧间距

（c）测量厚度

图 5-73　游标卡尺测量独石电容关键尺寸

2．绘制库封装

封装焊盘取圆形，孔径为 0.7mm，焊盘直径为 2mm，焊盘中心距为 5.08mm，外形轮廓取 3.8mm×9mm。该封装绘制较为简单，不再详细介绍。

5.6　异形游戏机 PCB 设计

5.6.1　封装匹配检查

执行菜单命令"工具"→"封装管理器"，弹出 Footprint Manager 对话框，逐个元件进行封装检查，封装修改后的封装管理器如图 5-74 所示。

位号	注释	Current Footprint	设计项目ID	部件数量	图纸名
C1	Cap Pol1	RB2-5	Cap Pol1	1	异形游戏机.SchDoc
C2	Cap	RAD-0.2	Cap	1	异形游戏机.SchDoc
DIS1	5631AS-1	DPY-CC	5631AS-1	1	异形游戏机.SchDoc
DIS2	1588BS	点阵1588BS	1588BS	1	异形游戏机.SchDoc
DIS3	1588BS	点阵1588BS	1588BS	1	异形游戏机.SchDoc
LS1	Speaker	5V蜂鸣器	Speaker	1	异形游戏机.SchDoc
P1	DC002	DC5.0插座	DC002	1	异形游戏机.SchDoc
Q1	8550	TO-92A	2N3906	1	异形游戏机.SchDoc
R1	Res2	AXIAL-0.4	Res2	1	异形游戏机.SchDoc
S1	SW-PB	12*12按键	SW-PB	1	异形游戏机.SchDoc
S2	SW-PB	12*12按键	SW-PB	1	异形游戏机.SchDoc
S3	SW-PB	12*12按键	SW-PB	1	异形游戏机.SchDoc
S4	SW-PB	12*12按键	SW-PB	1	异形游戏机.SchDoc
S5	SW-PB	12*12按键	SW-PB	1	异形游戏机.SchDoc
S6	SW-SPDT	拨动开关	SW-SPDT	1	异形游戏机.SchDoc
U1	STC15W1K16S	DIP40	STC15W1K16S	1	异形游戏机.SchDoc

图 5-74　封装匹配检查

异形 PCB 的板框定义

5.6.2　PCB 板框定义

本项目板框形状不规则，直接在 PCB 设计环境中进行板框绘制比较复杂，可以先用 AutoCAD 软件绘制 PCB 的板框，再将 PCB 的板框文件导入 Altium Designer 20 软件，该类文件的扩展名为 DWG 或 DXF。

1．机械边框定义

（1）导入板框文件。打开异形游戏机.Pcbdoc 文件，执行菜单命令"文件"→"导入"→

dwg/dxf，在弹出的 Import File 对话框中选择需要导入的 DXF 文件，单击"打开"按钮，如图
5-75 所示。

图 5-75　导入 DXF 文件

（2）导入属性设置。"从 AutoCAD 导入"对话框如图 5-76 所示，具体设置如下：

1）在"比例"选项组中设置导入单位，一定要使 PCB 的单位和 CAD 图形文件的单位一
致，否则导入的 PCB 尺寸不对。

2）在"块"选项组中选择"作为元素导入"。

3）在"绘制空间"选项组中选择"模型"。

4）其余选项默认，单击"确定"按钮。

图 5-76　导入设置

5）弹出如图 5-77 所示的 Information 信息框，提示"Done!"，单击 OK 按钮。

图 5-77　导入提示信息

（3）重新设置原点。由于 AutoCAD 绘制板框时使用了相对坐标，故导入 Altium Designer 20 中也是相对位置，导入 PCB 文件后依次按 V+D 键查看导入的图形，如图 5-78 所示，并重新设置原点为板子左下角的一点。

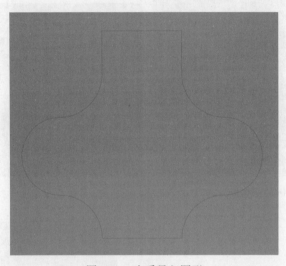

图 5-78　查看导入图形

（4）定义 PCB 板子形状。选择闭合板框线，按 D+S+D 键完成板框定义，如图 5-79 所示。

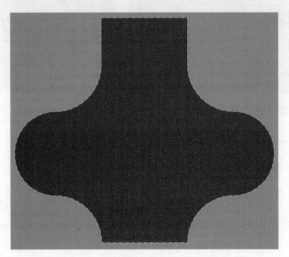

图 5-79　定义 PCB 板子形状

2. 电气边框定义

在 PCB 线路板规则且元器件布局距机械边框有一定留量的情况下，会在机械边框内部绘制电气边框，但在 PCB 线路板尺寸较小且元器件布局距离板框很近的情况下，通常会使用机械边框图线生成电气边框图线。

为了操作方便，本项目直接将机械边框框线生成禁止布线框线。选中机械边框框线，执行菜单命令"设计"→"板子形状"→"根据板子形状生成线条"，弹出"从板外形而来的线/弧原始数据"对话框，设置线条的宽度并选择"层"参数为 Keep-Out Layer，单击"确定"按钮，则异形游戏机 PCB 板上电气边框完成，操作过程如图 5-80 所示。

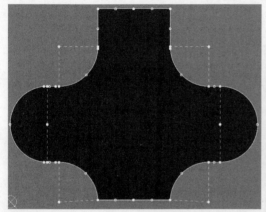

（a）选中机械边框

（b）根据板子形状生成线条命令

（c）设置生成线条参数

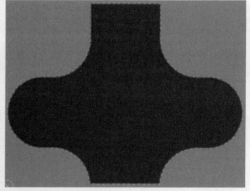

（d）生成电气边框

图 5-80　由机械边框生成电气边框

5.6.3　更新 PCB 文件

1. 导入更新

在 PCB 设计界面中，执行菜单命令"设计"→"Import Changes From 异形游戏机.PrjPcb"。

2. 确认更新

确认更新后，PCB 导入网络表并按照原理图网络连接关系显示飞线。

5.6.4 PCB 布局

在布局上兼顾美观、方便操作、结构紧凑等要求，3 位共阴数码管、两块 8×8 共阳点阵和按键必须布放在线路板的正面，其余元件根据就近原则放置。考虑多数人的操作习惯，拨动开关和电源接口放在电路板右侧边缘，电源接口朝外，布局完成如图 5-81 所示。

PCB 布局

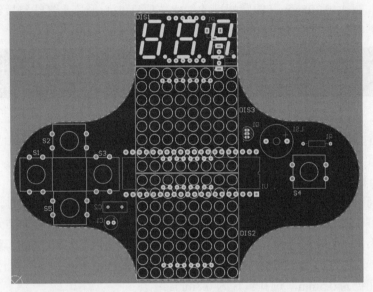

图 5-81　PCB 布局

由于该电路板上的元器件紧挨在一起，在布局过程中会出现绿色高亮"Collision"警告信息，根据电路板的特点重新设置元器件间距（如图 5-82 所示）即可解决该类问题。

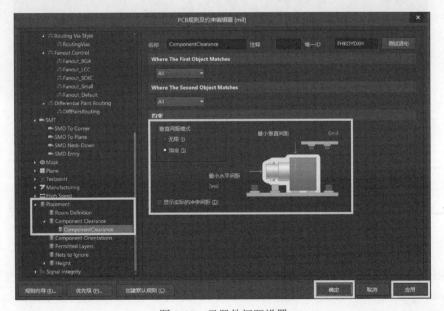

图 5-82　元器件间距设置

PCB 布线

5.6.5 PCB 布线

1. 设置规则

（1）Routing 规则。

1）Width。在本项目中地线优先选 1.27mm（50mil），最小 0.762mm（30mil），最大 1.27mm；电源线优先选 0.762mm，最小 0.762mm，最大 0.762mm；信号线优先选 0.305mm（12mil），最小 0.305mm，最大 0.305mm。线宽规则的创建与项目 4 心形流水灯线路板线宽规则创建操作相同，这里不再赘述，线宽规则的优先级如图 5-83 所示。

名称	优先级	使能的	类型	分类	范围	属性
GND	1	✓	Width	Routing	InNet('GND')	Pref Width = 1.27mm	Min Width = 0.762mm	Max Width = 1.27mm
VCC	2	✓	Width	Routing	InNet('VCC')	Pref Width = 0.762mm	Min Width = 0.762mm	Max Width = 0.762mm
Width	3	✓	Width	Routing	All	Pref Width = 0.305mm	Min Width = 0.305mm	Max Width = 0.305mm

图 5-83　线宽规则优先级

2）Routing Layers。本项目元器件双面放置，故布线层选择 Top Layer 和 Bottom Layer，设置方法同项目 4。

3）Routing Corners。布线转角选用默认设置 45°。

4）设置过孔。当走线需要在 Bottom Layer 和 Top Layer 两个层面切换时，则需要增加过孔，过孔规则可以在设计规则中进行设置，如图 5-84 所示。过孔不需要安装元件，其尺寸一般比元件孔要小，一般要求过孔孔径不小于 0.3mm，过孔内外径差≥0.3mm。系统默认过孔孔径为 0.711mm，过孔直径为 1.27mm，该参数值较大，加工出来的 PCB 视觉上会比较粗糙，本项目设置过孔孔径为 0.5mm，过孔直径为 0.8mm。

图 5-84　设置过孔规则

（2）Electrical 规则。本项目中单片机 STC89C51RC 的封装引脚数目多且比较密集，故设置 Clearance 子规则安全间距为 0.254mm（10mil），此数值是系统默认的安全间距数值，也可以忽略此项设置。

2. 布线

（1）自动布线。执行菜单命令"布线"→"自动布线"→"全部"，软件自动进行布线，布线情况通过 Messages 提示框进行提示，如图 5-85 所示。

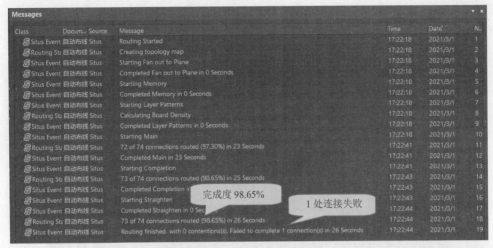

图 5-85　自动布线信息

（2）手动调整布线。自动布线效果如图 5-86 所示，除了 1 个网络没有布通，需要进行手动连线外，还有许多不合理的布线需要手动调整，例如，5 个按键同网络各引脚的连线不完整，这样的布线就像天线结构，容易引入干扰信号，需要修改；部分走线呈直角或绕线太远，也需要修改。线路的调整优化是一项非常烦琐耗时的工程，需要有极大的耐心。

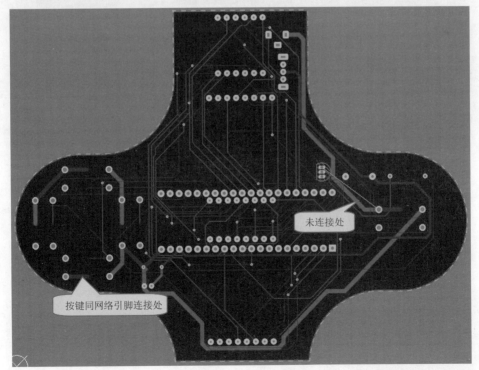

图 5-86　自动布线效果

当需要在 Bottom Layer 和 Top Layer 上进行布线连接时则需要手动增加过孔，增加过孔连线的操作有多种，在这里介绍 3 种：一种是在执行布线命令的过程中同时使用"Ctrl+Shift+滚轮"快速添加过孔并切换板层；另一种是在执行布线命令的过程中按 2 键放置过孔，然后按 L 键切换板层；还有一种是执行菜单命令"放置"→"过孔"，放置过孔后再连线。

按 Shift+S 组合键可进入单层显示模式，继续进行布线优化，完成后如图 5-87 所示。

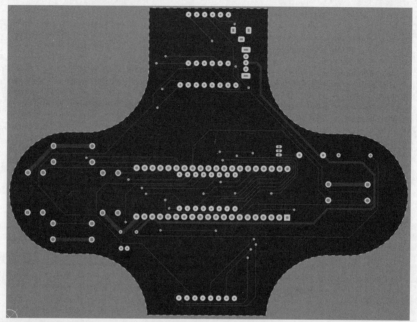

（a）Bottom Layer 走线

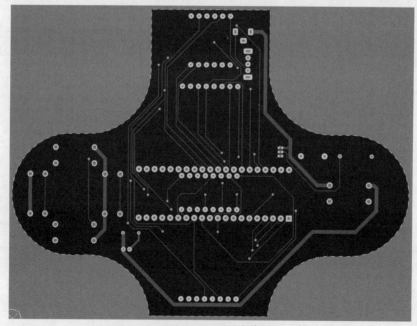

（b）Top Layer 走线

图 5-87　手动调整布线（丝印层隐藏）

3. 布线信息

为了准确地掌握布线情况，可以查看系统提供的 PCB 板级报告。在 PCB 设计界面中，不执行任何命令的情况下打开 Properties 面板，单击面板下方的 Reports 按钮，如图 5-88 所示。

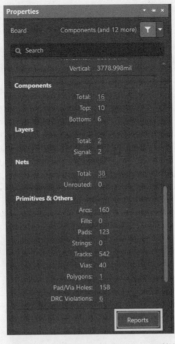

图 5-88　线路板的 Properties 面板

在图 5-89 所示的"板级报告"对话框中，仅勾选 Routing Information 和"仅选择对象"两个复选项，然后单击"报告"按钮，系统会生成后缀为 html 的布线报告文件，如图 5-90 所示。

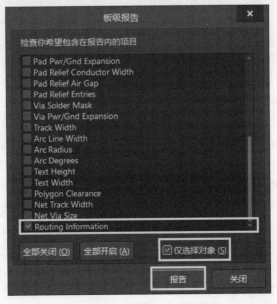

图 5-89　"板级报告"对话框

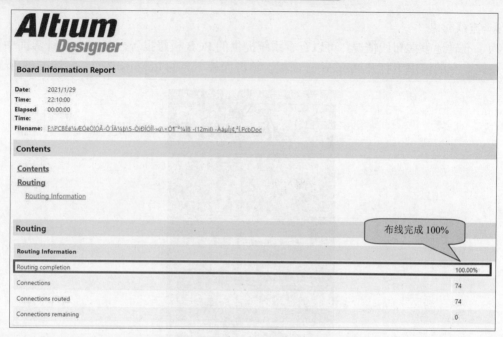

图 5-90　布线报告

5.6.6　滴泪及铺铜

1. 滴泪

执行菜单命令"工具"→"滴泪"，弹出"滴泪"对话框，设置工作模式为"添加"，其余选项默认，单击"确定"按钮完成滴泪操作。

异形铺铜

2. 铺铜

（1）执行菜单命令"设计"→"规则"，在"PCB 规则及约束编辑器"对话框中，选择 Plane 规则的子规则 Polygon Connect Style，设置铺铜与通孔焊盘的连接方式。

（2）选中禁止布线框这一封闭图线，执行菜单命令"工具"→"转换"→"从选择的元素创建铺铜"，如图 5-91 所示。

（3）双击铺铜，在弹出的 Properties 面板中设置铺铜，在 Properties 选项区设置 Net 为 GND，Layer 为当前层 Bottom Layer；在 Fill Mode 选项区选择铺铜模式为 Solid，铺铜的网络选项为 Pour Over All Same Net Objects，并勾选 Remove Dead Copper 复选项。修改完成后，铺铜区域反绿，在铺铜区域右击并选择"铺铜操作"→"重铺选中的铺铜"即可正常显示铺铜，Bottom Layer 铺铜后的效果如图 5-92 所示。

（4）在 Top Layer 铺铜可通过"特殊粘贴"操作实现，具体步骤如下：

1）在 Bottom Layer 中单击铺铜，然后按 Ctrl+C 组合键，并单击某一关键点作为复制参考点。

2）切换至 Top Layer。

3）执行菜单命令"编辑"→"特殊粘贴"，在弹出的"选择性粘贴"对话框中勾选"粘贴到当前层"和"保持网络名称"两个复选项，然后单击"粘贴"按钮，如图 5-93 所示。

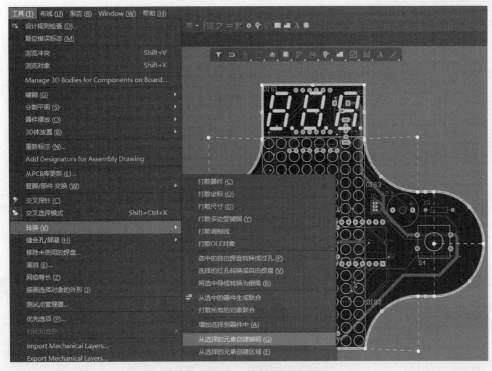

图 5-91　异形铺铜操作命令

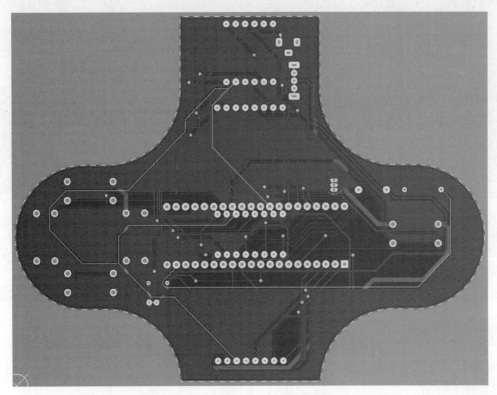

图 5-92　Bottom Layer 铺铜后的效果

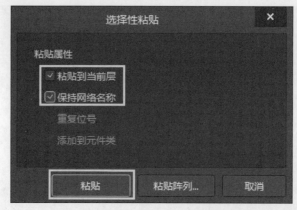

图 5-93 "选择性粘贴"对话框

4）在复制参考点处单击完成铺铜的复制操作，效果如图 5-94 所示。

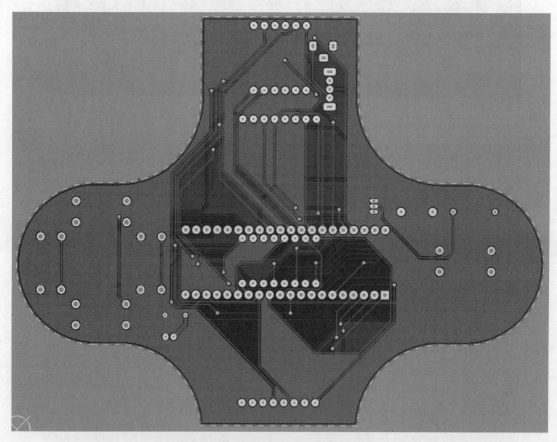

图 5-94 Top Layer 铺铜

（5）铺铜完成后，仔细检查，清除电路板上的尖岬铜皮，并对铺铜形状进行钝角调整。异形游戏机 PCB 设计完成后的 3D 显示效果如图 5-95 和图 5-96 所示。

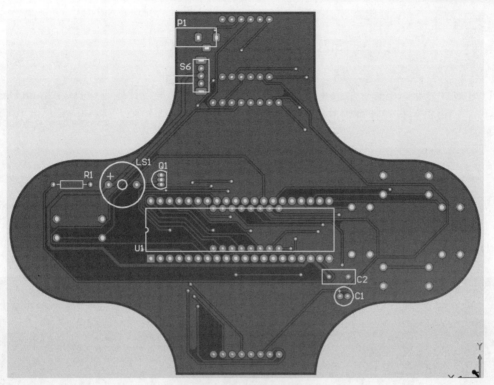

图 5-95　异形游戏机 PCB 底层 3D 效果

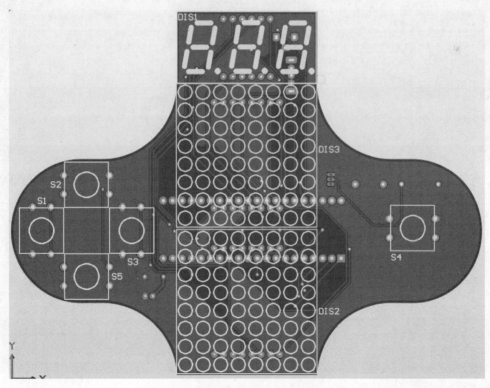

图 5-96　异形游戏机 PCB 顶层 3D 效果

DRC 检查

5.7　设计规则检查（DRC）

PCB 设计完毕，还有一个很重要的步骤需要完成，那就是设计规则检查。Altium Designer 20 系统能够根据用户设计规则的设置对 PCB 进行全面的检查校验，进一步确认 PCB 设计的正确性。

5.7.1　DRC 报表选项

执行菜单命令"工具"→"设计规则检查"，弹出"设计规则检查器"对话框，选择左侧列表中的 Report Options 选项，即在右侧显示 DRC 报表选项的具体内容，其中的选项主要用于对 DRC 报表的内容和方式进行设置，一般选择默认设置即可，如图 5-97 所示。

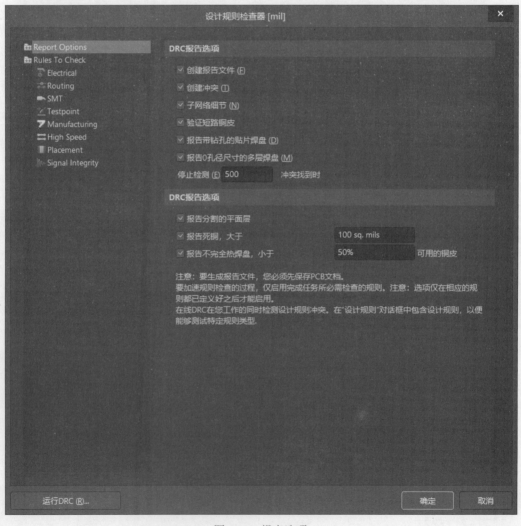

图 5-97　报表选项

5.7.2　DRC 规则列表

在"设计规则检查器"对话框中，选择左侧列表中的 Rules To Check 选项，即在右侧显示所有可进行检查的设计规则，如图 5-98 所示。

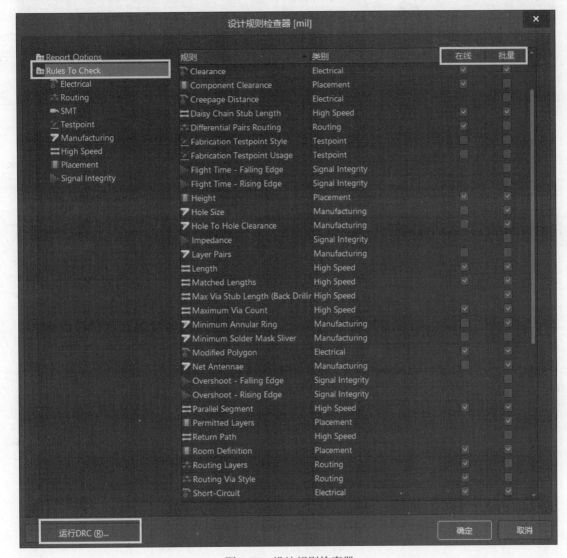

图 5-98　设计规则检查器

DRC 检查有"在线"和"批量"两种方式，在线 DRC 即在设计过程中系统随时进行规则检查，一旦有违反设计规则的对象，即提出警示或者禁止违例操作的执行。在"优选项"对话框中选择 PCB Editor 下的 General 选项可以设置是否选择在线 DRC。批量 DRC 即用户手动进行多项规则检查，用户应当根据 PCB 设计的规则合理选择 DRC 检查的方式。

勾选需要进行 DRC 的选项（PCB 设计完成后一般可采用默认设置），单击"运行 DRC"按钮即可进行批量 DRC 检查。

运行 DRC 检查后，系统弹出如图 5-99 所示的 Messages 提示框，其中将显示违反规则的具体信息，双击违规信息将定位至 PCB 相对应的位置，方便修改，同时系统还会输出后缀为 html 的 DRC 报告文件，如图 5-100 所示。

图 5-99　Messages 提示框

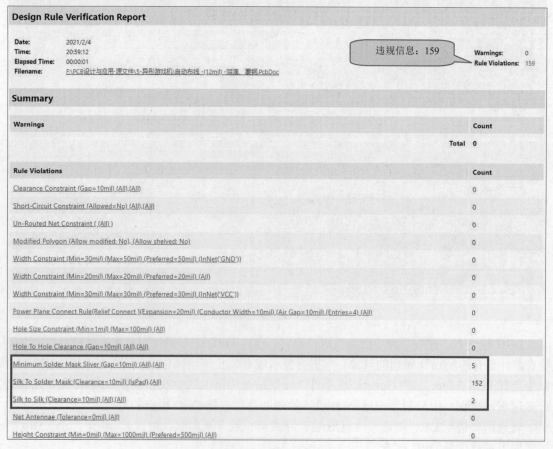

图 5-100　DRC 报告

通过报告可以发现违规信息主要分为 3 类，报告含义及解决方法如下：

（1）Minimum Solder Mask Sliver：指最小阻焊间隙，通俗来讲就是焊盘外侧紫色图形到另一焊盘紫色图形间的最小距离，系统默认设置值为 10mil，线路板中有 5 处最小阻焊间隙小于 10mil。制板时最小阻焊间隙≥4mil 才能加工出绿油桥，可将 Minimum Solder Mask Sliver 规则最小间隙距离设置为 4mil，如果是集成库中元器件封装出现此项检查报告，则可以忽略此错误报告。为了避免在完成布线后才发现最小阻焊间隙过小，可以在 PCB 布局之后布线之前进行一次 DRC 检查，及时发现问题，修改错误。

（2）Silk To Solder Mask：指丝印到阻焊距离，系统默认设置值为 10mil，取消此项 DRC 检查或者将 Silk To Solder Mask 规则最小间隙距离设置为 1mil 或 0mil，即可解决此项 DRC 错误报告。

（3）Silk to Silk：指丝印与丝印间距，系统默认设置值为 10mil，取消此项 DRC 检查或者将 Silk to Silk 规则最小间隙距离设置为 1mil，即可解决此项 DRC 错误报告。

巩固习题

一、思考题

1. 如何设计原理图模板？原理图模板文件的后缀名是什么？
2. 原理图模板的调用方法有几种？分别是怎样操作的？
3. 原理图模板标题栏里的信息应如何填写？
4. 如何在原理图文件中复制原理图库元件？
5. 如何在原理图中生成原理图库？又如何在原理图中生成集成库？
6. 如何使用游标卡尺准确测量元件的封装尺寸？
7. 如何导入.DWG 或.DXF 文件定义 PCB 板框？
8. 如何使用 PCB 机械边框生成电气边框？
9. PCB 上的元器件紧紧靠在一起，会引起元器件绿色高亮报警，这时应该怎样解决？
10. 如何在 PCB 布线过程中快速放置过孔？
11. 如何实施 DRC 检查？怎样查看 DRC 违规信息所对应的具体问题？

二、操作题

1. 图 5-101 所示为四通道光电开关检测电路，请进行元器件的选择，绘制原理图并进行 PCB 设计。操作提示：在本电路中使用了总线及总线入口，总线是不具备电气性质的连线，其与引脚之间的连接必须通过总线入口完成，请注意其绘制方法。

2. 图 5-102 所示为声光控节电开关控制电路，请进行元器件的选择，绘制原理图并进行 PCB 设计。操作提示：在本电路中有复合元件，请注意复合元件各部件的使用。

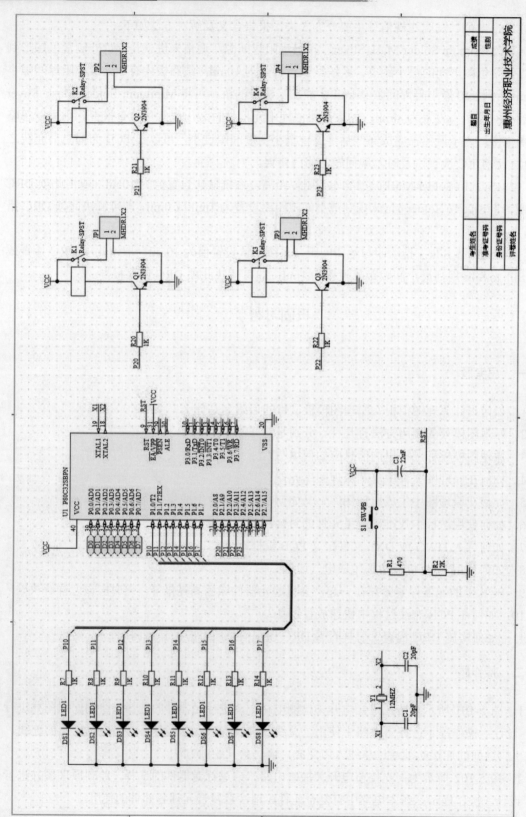

图 5-101　四通道光电开关检测电路

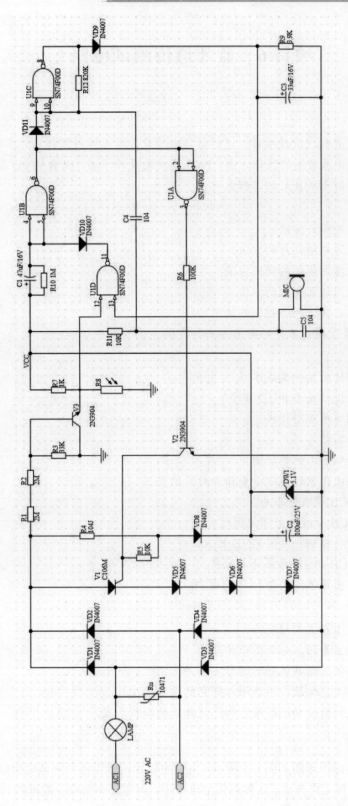

图 5-102 声光控节电开关控制电路

项目 6　蓝牙透传测试电路

【项目目标】

本项目是教程设置的进阶性项目。通过学习本项目，学生能够掌握集成库的制作、3D 封装模型的制作、层次化原理图的设计方法、PCB 模块化设计方法、PCB 的 3D 显示操作、PCB 相关文件的输出，同时养成良好的工程素质。

知识目标

- 掌握集成库的设计方法。
- 理解层次化原理图设计的方法。
- 加深理解原理图模板的使用方法。
- 加深理解使用过孔布线的方法。
- 理解地过孔、其他网络铺铜的使用方法。
- 理解 PCB 各个输出文件的输出方法和作用。

能力目标

- 能够正确制作元器件集成库。
- 能够为封装设计或添加 3D 模型。
- 能够正确调用原理图模板。
- 能够正确填写信息栏。
- 能够正确绘制层次化原理图。
- 能够进行层次化原理图编译查错和封装检查。
- 能够进行 PCB 模块化布局。
- 能够进行 PCB 布线并合理使用过孔。
- 能够正确进行铺铜和放置 GND 过孔。
- 能够进行 PCB 的 3D 效果简单操作。
- 能够正确输出原理图文件和 PCB 文件。

素质目标

- 培养学生线上自主学习能力。
- 培养学生独立看图、分析图纸的能力。
- 培养学生具体问题具体分析的务实精神。
- 培养学生耐心、细致、不断深入探究的学习态度。
- 培养学生良好的劳动纪律观念和严谨细致的工作态度。

【项目分析】

蓝牙透传测试电路原理图如图 6-1 所示，主要由蓝牙透传模块和测试底板组成。透传即透明传输，是蓝牙的一种工作方式，在数据传输过程中，发送方和接收方数据的长度和内容完全一致，不需要对数据做任何处理。

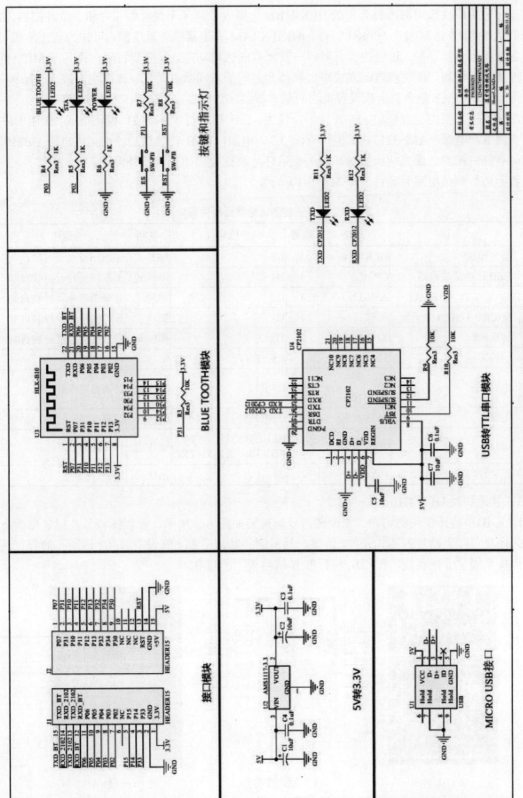

图 6-1　蓝牙透传测试电路原理图

蓝牙透传模块选用海凌科公司的 HLK-B10，它集成了蓝牙无线射频芯片和少量外围器件，内嵌低功耗的 32 位 MCU、500KB 闪存、64KB SRAM 和丰富的外设资源，可作为蓝牙从机设备被各种蓝牙主机连接。该模块具有串口－蓝牙双向透传功能，只需要将用户设备或 MCU 的串口连接到本模块，模块将自动完成串口和蓝牙之间的双向数据转发。该模块支持 AT 命令模式，可通过串口 AT 命令查询或设置模块的基本参数，如设备名称、串口波特率等。

测试底板主要由电源模块、USB 转串口模块、按键指示灯、测试接口模块组成。采用 USB 提供直流 5V 电源，AMS1117-3.3 提供直流 3.3V 电源，USB 转串口功能由集成电路 CP2102 实现，有复位按键、模式切换按键和相关指示灯，测试接口用于连接外围设备。

蓝牙透传测试电路元器件清单如表 6-1 所示。

表 6-1　蓝牙透传测试电路元器件清单

序号	名称	规格	数量	位号	说明	备注
1	蓝牙模块	HLK-B10	1	U3	贴片式	原理图符号及封装自制
2	USB 转串集成电路	CP2102	1	U4	贴片式	原理图符号及封装自制
3	5V 转 3.3V 集成电路	AMS1117-3.3	1	U2	贴片式	原理图符号及封装自制
4	MICRO-USB B 型母座	B 型	1	U1	贴片式	原理图符号及封装自制
5	转接插针	XH2.54-15P	2	J1、J2	插针式	原理图符号及封装自制
6	小按键	3×4	2	ES、RST	贴片式	封装自制
7	电阻	0603 封装 1K、10K	10	R3-R12	贴片式	默认安装库
8	电容	0603 封装	5	C3-C7	贴片式	封装自制
9	LED	0603 封装	5	BLUETOOTH、STA、POWER、RXD、TXD	贴片式	封装自制
10	钽电解电容	16V/10μF	2	C1、C2	贴片式	封装自制

1. 蓝牙模块 HLK-B10

HLK-B10 蓝牙模块的实物、原理图符号、封装如图 6-2 所示，原理图符号及封装自制。该蓝牙模块实际为贴片安装式元件，但该产品两侧的贴片引脚上又设有通孔，该通孔的存在使元件焊接牢固又方便布线，作用相当于 PCB 线路板上的过孔。

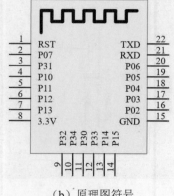
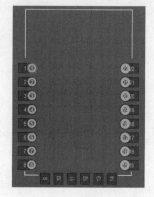

（a）实物图　　　　　　（b）原理图符号　　　　　　（c）封装

图 6-2　HLK-B10 蓝牙模块

2. USB 转串集成电路 CP2102

集成电路 CP2102 的实物、原理图符号、封装如图 6-3 所示，原理图符号及封装自制。

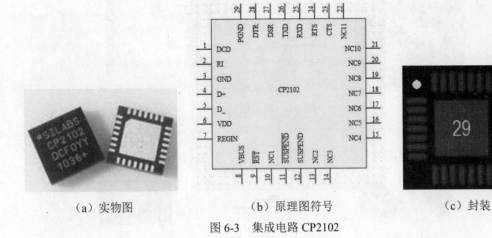

（a）实物图　　　　（b）原理图符号　　　　（c）封装

图 6-3　集成电路 CP2102

3. AMS1117-3.3

AMS1117-3.3 的实物、原理图符号、封装如图 6-4 所示，原理图符号及封装自制。

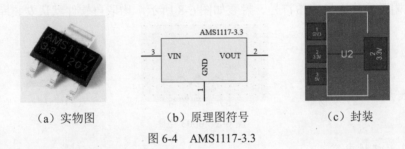

（a）实物图　　　　（b）原理图符号　　　　（c）封装

图 6-4　AMS1117-3.3

4. MICRO-USB B 型母座

MICRO-USB B 型母座的实物、原理图符号、封装如图 6-5 所示，原理图符号及封装自制。

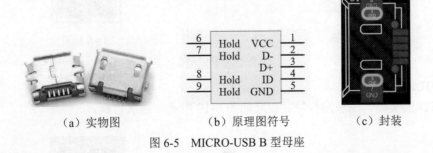

（a）实物图　　　　（b）原理图符号　　　　（c）封装

图 6-5　MICRO-USB B 型母座

5. 转接插针

转接插针的实物、原理图符号、封装如图 6-6 所示，原理图符号及封装自制。

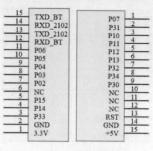

（a）实物图 　　　　　　　（b）原理图符号 　　　　　（c）封装

图 6-6　转接插针

6. 小按键

小按键的实物、原理图符号、封装如图 6-7 所示，封装自制。

（a）实物图 　　　　　　　（b）原理图符号 　　　　　（c）封装

图 6-7　小按键

7. 0603 电阻

0603 电阻的实物、原理图符号、封装如图 6-8 所示，均取自软件默认安装库。

（a）实物图 　　　　　　　（b）原理图符号 　　　　　（c）封装

图 6-8　0603 电阻

8. 0603 无极性电容

0603 电容的实物、原理图符号、封装如图 6-9 所示，封装自制。

（a）实物图 　　　　　　　（b）原理图符号 　　　　　（c）封装

图 6-9　0603 电容

9. 0603LED

0603LED 的实物、原理图符号、封装如图 6-10 所示，封装自制。

（a）实物图 　　　　　　　（b）原理图符号 　　　　　（c）封装

图 6-10　0603LED

10. 钽电解电容

钽电解电容的实物、原理图符号、封装如图 6-11 所示，封装自制。

（a）实物图　　　　　（b）原理图符号　　　　　（c）封装

图 6-11　钽电解电容

【项目实施】

6.1　创建和调用集成库

前面几个项目已经详细介绍了原理图库元件及封装的绘制，本项目重点介绍元器件集成库的制作，本项目所需的库元件和库封装均可在课程资源包中下载。集成库可以看作是一个总包，里面包含了元件的原理图库元件、封装、3D 模型、仿真模型、生产商信息及大量的用户自定义参数。

6.1.1　创建集成库

在进行 PCB 设计时，经常会遇到这样的情况，即在软件系统中没有设计所需要的元器件，这就需要自行创建原理图库元件和 PCB 封装库，此时如果创建一个集成库，则能将原理图库元件和 PCB 封装库一一对应起来，使用起来更加方便，下面以创建 AMS1117-3.3 集成库为例进行讲解。

创建集成库

1. 创建集成库文件

打开 Altium Designer 20，执行如图 6-12 所示的菜单命令"文件"→"新的"→"库"→"集成库"，创建一个新的集成库文件。

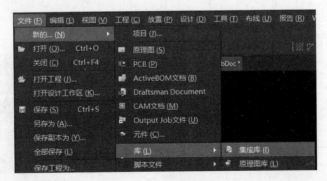

图 6-12　创建集成库

2. 向集成库添加库文件

在 Projects 面板的 Integrated_Library1.Libpkg 处右击，在弹出的快捷菜单中选择"添加新的…到工程"，然后依次选择 Schematic Library 和 PCB Library，如图 6-13 所示。

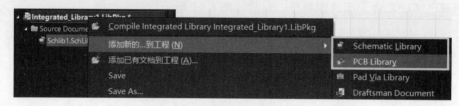

图 6-13　向集成库添加库文件

3. 保存集成库文件

把 3 个库文件保存在同一个路径下，命名为 AMS1117-3.3，结果如图 6-14 所示。

4. 绘制原理图库元件

根据 AMS1117-3.3 元器件资料，其引脚如图 6-15 所示，按照前面所学的方法进行 AMS1117-3.3 原理图符号绘制，效果如图 6-16 所示，操作步骤略。

图 6-14　保存集成库文件

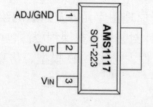

图 6-15　AMS1117-3.3 引脚

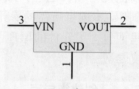

图 6-16　AMS1117-3.3 原理图符号

5. 绘制封装

AMS1117-3.3 封装规格如图 6-17 所示，封装名称为 SOT-223，按照前面所学的方法进行 AMS1117-3.3 封装绘制，效果如图 6-18 所示，操作步骤略。

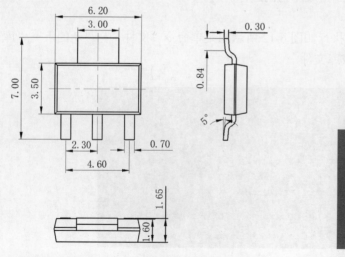

图 6-17　AMS1117-3.3 封装规格（单位：mm）

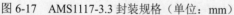

图 6-18　AMS1117-3.3 封装 SOT-223

6. 添加 3D 模型

添加 3D 模型的方法有 3 种：利用软件绘制简单 3D 模型、交互式创建 3D 模型和导入专业软件制作的 3D 模型。

（1）利用软件绘制简单 3D 模型。在 AMS1117-3.3 封装设计界面中，执行菜单命令"放置"→"3D 元件体"，光标变成十字状，图层自动跳转至 Mechanical 1，按 Tab 键，弹出 Properties 面板，如图 6-19 所示。

给封装添加 3D 模型

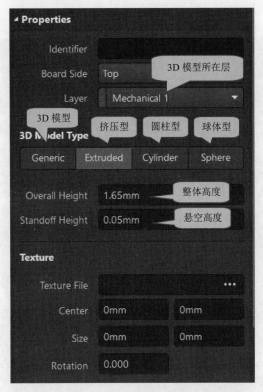

图 6-19　3D 元件体的 Properties 面板

在 3D Model Type 选项区中选择 3D 模型的类型，有 4 个模型选项：Generic（3D 模型，用于导入专业软件制作的 3D 模型）、Extruded（挤压型，适合封装外形为长方体的元件）、Cylinder（圆柱型）和 Sphere（球体型）。

不同 3D 模型对应的参数选项不同，AMS1117-3.3 封装 3D 模型为 Extruded，其对应参数是 Overall Height（整体高度）和 Standoff Height（悬空高度），参数设置完成后回到封装编辑区，按照实际尺寸绘制 3D 元件体。如图 6-20 所示网格状区域即为 3D 元件体，按数字键 3 可观察其 3D 模型，如图 6-21 所示。

图 6-20　3D 元件体平面视图

图 6-21　3D 元件体 3D 视图

（2）交互式创建 3D 模型。在 AMS1117-3.3 封装设计界面中，执行菜单命令"工具"→ Manage 3D Bodies for Current Component，弹出如图 6-22 所示的"元件体管理器"对话框，选择需要的 3D 模型并进行参数设置，如图 6-23 所示，然后单击"关闭"按钮，即可为 AMS1117-3.3 封装添加 3D 模型。交互式创建 3D 模型的方式是由系统自动检测当前元器件的可用模型，并不能做到尺寸和元器件实际尺寸完全一致。

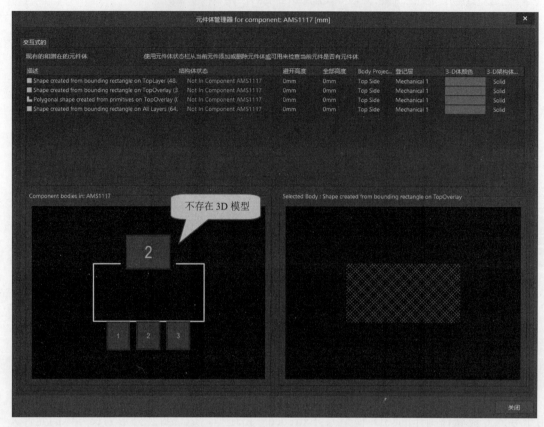

图 6-22 "元件体管理器"对话框

（3）导入专业软件制作的 3D 模型。对于一些复杂元件的 3D 模型，可以先使用专业转件（如 SolidWorks）绘制，保存为.STEP 或.STP 格式文件，或者在专业网站上下载符合格式要求的 3D 模型，然后再导入封装。免费下载电子元器件 3D 模型的网站可使用 https://www.3dcontentcentral.cn/。

导入方式有两种：一是执行菜单命令"放置"→3D Body；二是执行菜单命令"放置"→ "3D 元件体"，按 Tab 键打开 Properties 面板，在 3D Model Type 选项区中选择 Generic 选项，然后单击 Choose 按钮，如图 6-24 所示。两种操作均能弹出如图 6-25 所示的对话框，选择需要的文件导入即可。

导入 3D 模型后，如果出现图 6-26 所示 3D 模型与封装方向不一致的情况，可双击 3D 模型，在其 Properties 面板的 3D Model Type 选项区中设置相关参数，如图 6-27 所示，调整后的效果如图 6-28 所示。

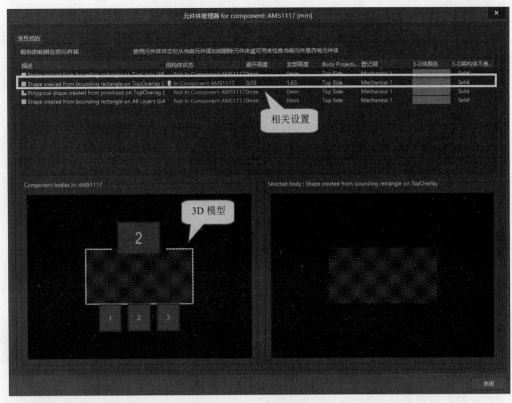

图 6-23　添加 3D 模型设置

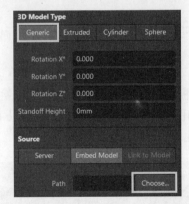

图 6-24　Properties 面板导入文件设置

图 6-25　选择模型对话框

图 6-26　3D 模型与封装垂直

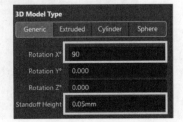

图 6-27　3D Model Type 选项区的设置

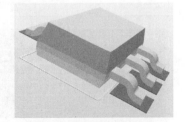

图 6-28　3D 模型调整后的效果

7. 给原理图库元件添加封装

在 AMS1117-3.3.SchLib 文件下方的 Editor 区单击 Add Footprint 按钮，在弹出的对话框中选择需要添加的封装，选择完成后确认，使 AMS1117-3.3 的原理图符号和封装一一对应，效果如图 6-29 所示。

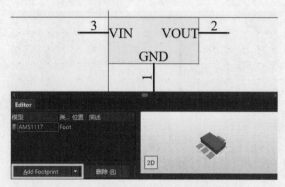

图 6-29　给原理图库元件添加封装

8. 保存并编译.LibPkg 文件

在 Projects 面板的 AMS1117-3.3.LibPkg 位置右击并选择 Compile Integrated Library AMS1117-3.3.LibPkg 选项对集成库文件进行编译，编译后将生成一个后缀为.IntLib 的集成库。

需要注意，后缀为.Intlib 的集成库不能直接修改，若要对元件封装进行修改，需要打开库文件进行，修改后需要重新编译.LibPkg 文件。

6.1.2　调用集成库

调用集成库

从集成库中调取元器件 AMS1117-3.3 的方法有两种：先安装集成库后调用、使用库文件搜索方式调用。

1. 先安装集成库后调用

如图 6-30 所示，单击 Components 面板上的■按钮，在弹出的下拉列表中选择 File-based Libraries Preferences（优选库），弹出如图 6-31 所示的 Available File-based Libraries 对话框。单击"已安装"选项卡，可以看到本地已安装的集成库。

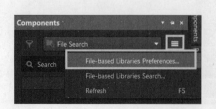

图 6-30　选择 File-based Libraries Preferences　　　　图 6-31　Available File-based Libraries 对话框

单击"安装"按钮，打开集成库所在的路径，如图 6-32 所示，选中集成库后单击"打开"按钮，即可发现集成库已安装完成，如图 6-33 所示。

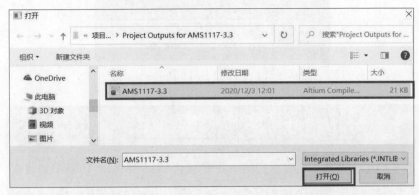

图 6-32　打开 AMS1117-3.3.IntLib

需要调用元器件 AMS1117-3.3 时，单击 Components 面板上库列表的下拉三角符号 ▼ ，选择 AMS1117-3.3.IntLib 使之成为当前库，如图 6-34 所示，即可调用 AMS1117-3.3 元件。

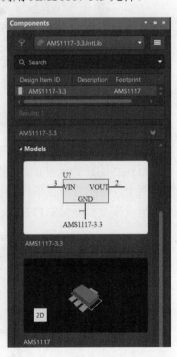

图 6-33　已安装 AMS1117-3.3.IntLib　　　　图 6-34　调用 AMS1117-3.3

2. 使用库文件搜索方式调用

如图 6-35 所示，单击 Components 面板上的 ▤ 按钮，在弹出的下拉列表中选择 File-based Libraries Search（库文件搜索），弹出如图 6-36 所示的 File-based Libraries Search 对话框。过滤器选择字段为 Name，运算符选择 contains，值填入 ams1117，不用区分大小写。高级设置"搜索范围"为 Components，选中"搜索路径中的库文件"单选项并指定搜索路径，然后单击"查找"按钮。

图 6-35　选择 File-based Libraries search

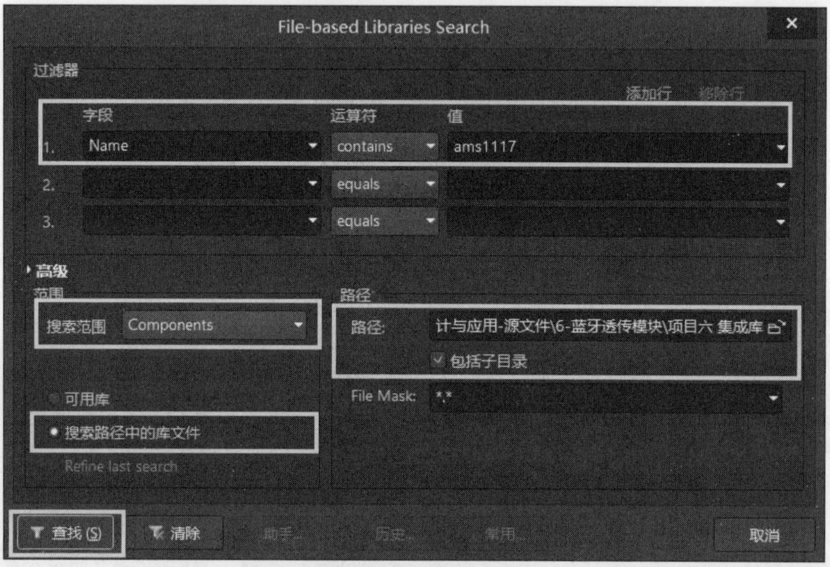

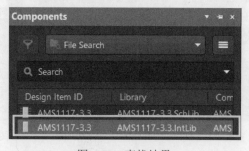

图 6-36　查找设置

查找到的符合条件的元件将显示在 Components 面板上，如图 6-37 所示，符合条件的元器件有两个，但两者所在的库不同，一个在集成库文件里，另一个在原理图库文件里，我们应当调用集成库文件 AMS1117-3.3.IntLib 中的 AMS1117-3.3。

图 6-37　查找结果

6.2　元器件资料

下面介绍其他元器件，需要同时绘制原理图库元件和 PCB 封装的可以制作为集成库，方便今后使用。

1. 蓝牙模块 HLK-B10

蓝牙模块 HLK-B10 的引脚定义如图 6-38 和表 6-2 所示，其封装推荐布局尺寸如图 6-39 所示。

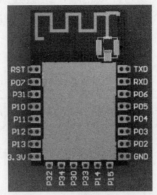

图 6-38　蓝牙模块 HLK-B10 的引脚图

表 6-2　蓝牙模块 HLK-B10 的引脚定义

序号	符号	类型	功能	序号	符号	类型	功能
1	RST	AO	模块复位输入引脚 低电平有效	12	P33	ADC	Ch3
2	P07	I/O	GPIO7	13	P14	I/O	PWM[4]
3	P31	I/O	ADC/CH1	14	P15	I/O	PWM[5]
4	P10	I/O	PWM[0]20mA	15	GND	I/O	电源参考地
5	P11	I/O	按键接入引脚 低电平有效	16	P02	I/O	状态指示 LED 输出 低电平有效
6	P12	I/O	PWM[2]	17	P03	I/O	GPIO3
7	P13	I/O	PWM[3]	18	P04	I/O	GPIO4
8	3.3V	P	模块电源 3.3V	19	P05	I/O	GPIO5
9	P32	ADC	Ch2	20	P06	I/O	GPIO6
10	P34	ADC	Ch4	21	RXD	I/O	UART 输入
11	P30	ADC	Ch0	22	TXD	I/O	UART 输出

说明：P 表示电源引脚，I/O 表示输入输出引脚，AO 表示模拟输出引脚。

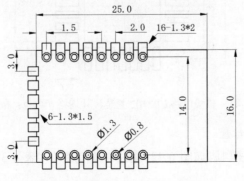

图 6-39　布局尺寸（单位：mm）

2. 集成电路 CP2102

集成电路 CP2102 的引脚定义如图 6-40 所示，其封装尺寸如图 6-41 所示。需要注意的是，集成电路 CP2102 底面中心区域为片接地端，绘制其原理图符号和封装时都必须将其表示出来。在原理图符号中可用 29 号引脚表示该片接地端，相应地在封装中放置 29 号焊盘表示该片接地端。

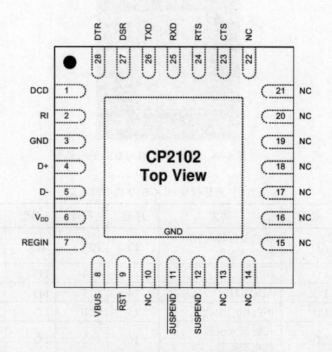

图 6-40　集成电路 CP2102 的引脚排列图

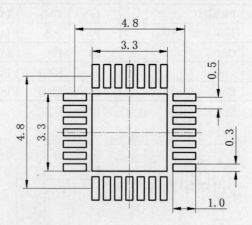

图 6-41　集成电路 CP2102 封装尺寸规格（单位：mm）

3. MICRO-USB B 型母座

MICRO-USB B 型母座引脚如图 6-42 所示，引脚定义如表 6-3 所示，封装尺寸规格如图 6-43 所示。

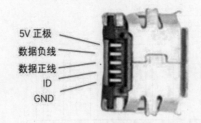

图 6-42　MICRO-USB B 型母座引脚图

表 6-3　MICRO-USB B 型母座的引脚定义

引脚	功能	备注
1	V Bus	电源+5V
2	Data-	数据-
3	Data+	数据+
4	ID	不接地（空）
5	GND	地

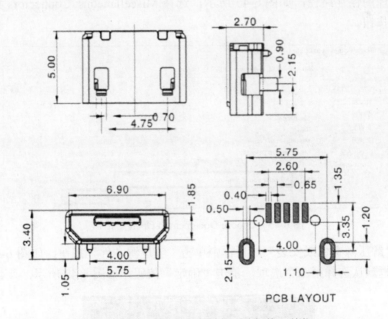

PCB LAYOUT

图 6-43　MICRO-USB B 型母座封装尺寸规格（单位：mm）

4. 转接插针

转接插针为通用接插件，本身没有引脚定义，其原理图符号中的引脚名称依据原理图而定义，封装为单列 15 针，封装尺寸规格如图 6-44 所示，可以自行绘制，可以通过在 PCB 设计文件中复制通用插件库 Miscellaneous Connectors.Intlib 中的封装 HDR1×15 得到。

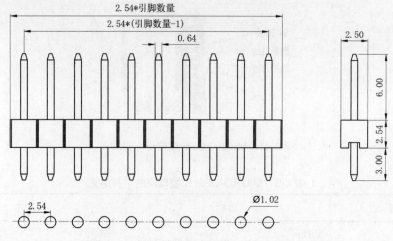

图 6-44 插针封装尺寸规格（单位：mm）

比较转接插针与通用插件库 Miscellaneous Connectors.Intlib 的 Header15 元件，两者仅仅是库元件引脚名称有差别，所以还可以通过复制 Header15 集成库对库元件进行修改的方法得到。此方法操作比较特殊，具体操作步骤如下，供读者参考：

（1）执行菜单命令"文件"→"打开"，弹出 Choose Document to Open 对话框，选择系统默认安装库的保存路径，如图 6-45 所示，选择 Miscellaneous Connectors 集成库文件，单击"打开"按钮。

图 6-45 Choose Document to Open 对话框

（2）在"解压源文件或安装"对话框中单击"解压源文件"按钮，如图 6-46 所示。"文件格式"对话框默认选择第二个选项，单击"确定"按钮，如图 6-47 所示。

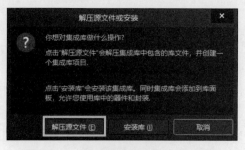

图 6-46 "解压源文件或安装"对话框

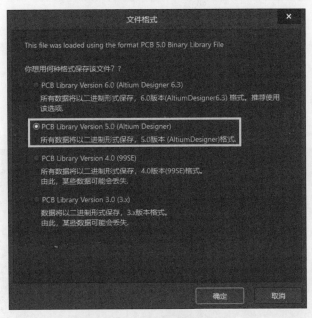

图 6-47　"文件格式"对话框

（3）系统打开 Miscellaneous Connectors.Intlib 集成库文件，该集成库包含两个库文件：Miscellaneous Connectors.Pcblib 和 Miscellaneous Connectors.Schlib，如图 6-48 所示。双击打开 Miscellaneous Connectors.Schlib 文件，同时打开 SCH Library 控制面板，在面板的查找框中输入 header 15 进行查找，如图 6-49 所示，在查找的结果列表中单击 Header 15，即选中该元件。

图 6-48　Miscellaneous Connectors.Intlib 集成库文件

图 6-49　在 SCH Library 控制面板中查找 header 15

（4）如图 6-50 所示，执行菜单命令"工具"→"复制器件"。

（5）如图 6-51 所示，在弹出的 Destination Library 对话框中选择粘贴器件的目标库文件，单击 OK 按钮。此处需要注意，粘贴器件的目标库文件要处于打开状态，才能选择该目标库文件。

图 6-50　复制器件命令操作

图 6-51　Destination Library 对话框

（6）切换至蓝牙透传模块.SchLib 文件，打开 SCH Library 控制面板，即可发现复制过来的 Header 15 元件，如图 6-52 所示，此种复制器件的方法将 Header 15 的原理图符号及封装一同复制了过来，然后对原理图符号进行修改即可。

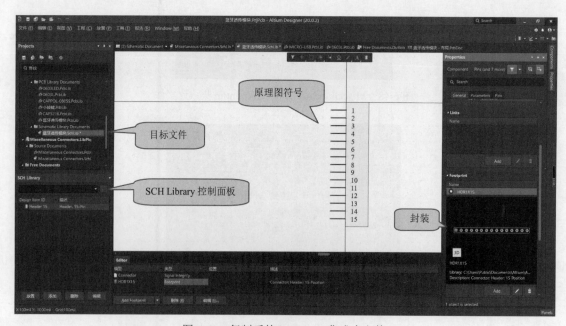

图 6-52　复制后的 header 15 集成库文件

5. 小按键

小按键封装尺寸规格如图 6-53 所示。

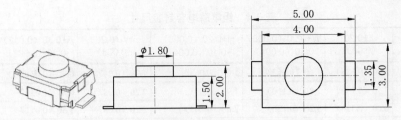

图 6-53　小按键封装尺寸规格（单位：mm）

6. 0603 电容

0603 电容封装尺寸规格如图 6-54 所示。

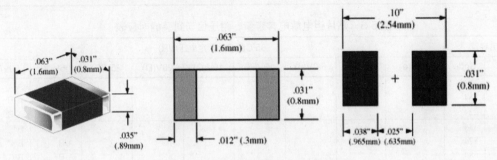

图 6-54　0603 电容封装尺寸规格

7. 0603 LED

0603 LED 封装尺寸规格如图 6-55 所示。

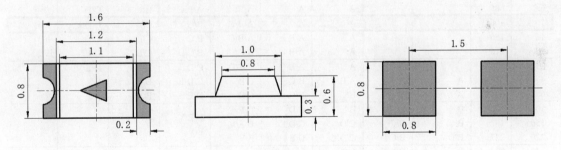

图 6-55　0603 LED 封装尺寸规格（单位：mm）

8. 钽电解电容

钽电解电容选用"16V，10μF"，贴片钽电解电容尺寸图解如图 6-56 所示，封装规格可参照表 6-4 和表 6-5 进行选择，故其封装选择 3216-18，具体参数见表 6-4。

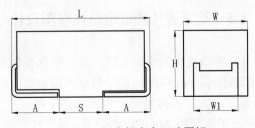

图 6-56　钽电解电容尺寸图解

表 6-4　钽电解电容封装尺寸

Code	EIA Code	L±0.20 (0.008)	W+0.20 (0.008) -0.10 (0.004)	H+0.20 (0.008) -0.10 (0.004)	W_1+0.20 (0.008)	A+0.30 (0.012) -0.20 (0.008)	S Min
A	3216-18	3.20（0.126）	1.60（0.063）	1.60（0.063）	1.20（0.047）	0.80（0.031）	1.10（0.043）
B	3528-21	3.50（0.138）	2.80（0.110）	1.90（0.075）	2.20（0.087）	0.80（0.031）	1.40（0.055）
C	6032-28	6.00（0.236）	3.20（0.126）	2.60（0.102）	2.20（0.087）	1.30（0.051）	2.90（0.114）
D	7343-31	7.30（0.287）	4.30（0.169）	2.90（0.114）	2.40（0.094）	1.30（0.051）	4.40（0.173）
E	7343-43	7.30（0.287）	4.30（0.169）	4.10（0.162）	2.40（0.094）	1.30（0.051）	4.40（0.173）
V	7361-38	7.30（0.287）	6.10（0.240）	3.45±0.30 （0.136±0.012）	3.10（0.120）	1.40（0.055）	4.40（0.173）

W1 尺寸仅适用于 A 尺寸区域的终止宽度

表 6-5　贴片钽电解电容容量、耐压值与封装的对应表

电容量		85℃时 DC 额定电压(VR)								
μF	Code	2.5V(e)	4V(G)	6.3V(J)	10V(A)	16V(C)	20V(D)	25V(E)	35V(V)	50V(T)
0.10	104								A	A
0.15	154								A	A/B
0.22	224								A	A/B
0.33	334								A	B
0.47	474							A	A/B	B/C
0.68	684							A	A/B	B/C
1.0	105						A	A	A/B	B/C
1.5	155						A	A/B	A/B/C	C/D
2.2	225					A	A/B	A/B	A/B/C	C/D
3.3	335					A/B	A/B	A/B	B/C	C/D
4.7	475				A	A/B	A/B	B	B/C/D	D
6.8	685			A	A	A/B	A/B/C	B/C	C/D	D
10	106			A	A	A/B/C	B/C	C/D	C/D/E	D/E
15	156			A	A/B	A/B/C	B/C	C/D	C/D	E
22	226			A	A/B	B/C/D	B/C/D	C/D	D/E	V
33	336		A	A	A/B/C	B/C/D	C/D	D/E	D/E/V	
47	476	A	A	A/B/C	B/C	C/D	C/D/E	D/E	E/V	
68	686	A	B	B/C	B/C	C/D	D/E	E/V	V	
100	107	B	B	B/C	C/D	D/E	D/E/V	V		
150	157	B	B/C	C/D	C/D/E	D/E/V	E/V			
220	227	B/D	B/C/D	C/D/E	D/E	E/V				
330	337	D	C/D	D/E	D/E/V					
470	470	C/D	D/E	D/E/V	E/V					
680	680	D/E	D/E	E/V						
1000	108	D/E	D/E/V	V						
1500	158	D/E/V	E/V							
2200	228	V								

6.3　蓝牙透传测试电路原理图设计

　　层次原理图设计方法是一种模块化的设计方法，是一种化整为零、聚零为整的设计方法。

　　层次原理图主要由母原理图和子原理图组成。母原理图由页面符、图纸入口及导线构成，其主要功能是表示各子原理图之间的连接关系。母原理图中每一个页面符代表了一张子原理图，页面符上的图纸入口表示子原理图之间的连接关系，导线将代表子原理图的页面符通过图

纸入口连接成完整的电路系统原理图。子原理图是一个由各种元器件符号组成的实实在在的电路原理图，子原理图中的端口用以完成各子原理图之间的连接。

　　层次原理图设计方法有两种：自上而下的原理图设计方法和自下而上的原理图设计方法。自上而下的原理图设计方法即是化整为零，首先设计母原理图，由母原理图生成各子原理图，然后再完成各个子原理图；自下而上的原理图设计方法即是聚零为整，首先完成各个子原理图，然后再生成母原理图。当然，不论使用哪一种方法进行设计，前提条件都是要根据电路的功能把整个电路划分为若干功能模块，然后把它们正确地连接起来。

6.3.1　自上而下的层次原理图设计

自上而下的层次原理图设计

1. 创建完整的项目

　　创建名为蓝牙透传测试电路的项目文件，并给项目文件添加蓝牙透传测试电路.SchDoc、蓝牙透传测试电路.PcbDoc、蓝牙透传测试电路.SchLib、蓝牙透传测试电路.PcbLib 四个文件，保存在同一路径下，如图 6-57 所示。

2. 绘制母原理图

　　（1）放置页面符及图纸入口。根据电路原理图进行模块.划分，并在蓝牙透传测试电路.SchDoc 文件中放置页面符，一个页面符就代表一个方块电路。

图 6-57　创建完整的项目

　　如图 6-58 所示，执行菜单命令"放置"→"页面符"，或者按快捷键 J+S，或者单击快捷工具栏中的 图标，此时光标上粘着一个页面符，按 Tab 键，弹出如图 6-59 所示的 Properties 面板，在其中填写页面符的属性。

（a）菜单命令

（b）工具栏图标

图 6-58　放置页面符操作

图 6-59　Properties 面板

1）Properties 选项区。

Designator：用于设置页面符的名称。

File Name：用于显示该页面符所代表的子原理图的文件名。

Bus Text Style：用于设置线束连接器中的文本显示类型。右侧下拉列表中有两个选项：Full（全程）和 Prefix（前缀）。

Line Style：用于设置页面符边框的宽度和颜色，宽度有 4 个选项：Smallest、Small、Medium 和 Large。

Fill Color：用于设置页面符的填充颜色。勾选此复选项，则该页面符有填充颜色，不勾选则该页面符是透明的。

2）Source 选项区。

File Name：用于设置该页面符代表的子原理图的文件名。

3）Sheet Entries 选项区。通过该选项区可以为页面符添加、删除或编辑图纸入口，功能和工具栏中的"添加图纸入口"按钮█相同，单击 Add 按钮即可为页面符添加图纸入口。

Name：指图纸入口的网络标签，两个或多个页面符的图纸入口要实现连接则必须同名，图纸入口名称可选中后直接修改。

I/O Type：指图纸入口的信号类型，需要根据信号流向进行选择，共有 4 种：Unspecified（未定义）、Output（输出）、Input（输入）和 Bidirectional（双向），可通过下拉列表选择，如图 6-60 所示。

Times New Roman：用于设置页面符文本的字体类型、字体大小、字体颜色，以及字体的加粗、斜体、下划线等效果，如图 6-61 所示。

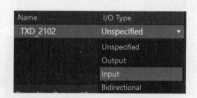

图 6-60　原理图入口名称及 I/O 类型

图 6-61　Times New Roman

Other：用于设置页面符中图纸入口的电气类型样式、边框颜色和填充颜色，如图 6-62 所示。电气类型样式有 4 种：Block & Triangle、Triangle、Arrow 和 Arrow Tail，样式如图 6-63 所示。

图 6-62　Other

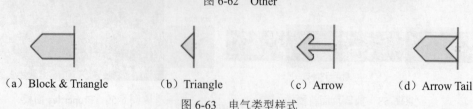

（a）Block & Triangle　　　（b）Triangle　　　（c）Arrow　　　（d）Arrow Tail

图 6-63　电气类型样式

页面符属性设置完成后，在母原理图的合适位置放置该页面符，然后依次放置其他页面符。

当然，在实际操作过程中，也可以先放置页面符，即在页面符 Properties 面板的 Sheet Entries 选项区不设置任何参数，然后另行放置图纸入口。执行菜单命令"放置"→"添加图纸入口"，或者按快捷键 J+A，或者单击快捷工具栏中的"放置图纸入口"图标 ，此时光标上粘着一个图纸入口符号，它跟随着光标的移动在页面符的边缘移动，按 Tab 键，在弹出的 Properties 面板中填写图纸入口的 Name 和 I/O Type，如图 6-64 所示，完成后回车确认，并在合适位置放置图纸入口。

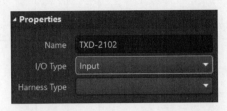

图 6-64   图纸入口的 Properties 选项区

（2）页面符连线。页面符和图纸入口绘制完成后，将有连接关系的图纸入口用导线进行连接，完成效果如图 6-65 所示。

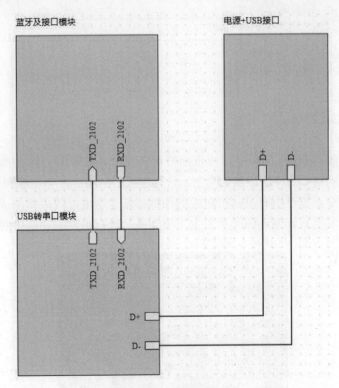

图 6-65   页面符的连接

值得注意的是，电源端口类型是全局的，同一个项目原理图中同名的电源端口都是相同的网络，故在层次原理图的母原理图中可以绘制也可以不绘制，不会影响整个电路的网络连接关系。若在母原理图中绘制电源端口，则样式如图 6-66 所示。

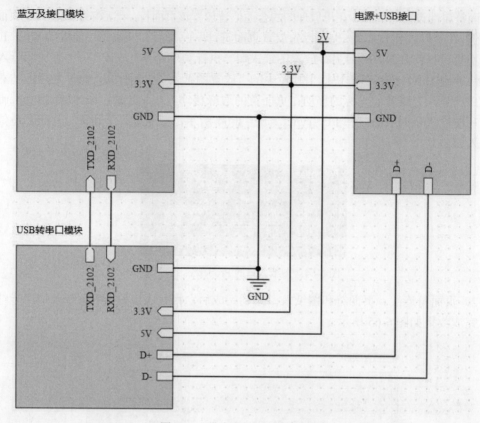

图 6-66　带电源端口的母原理图

3. 从页面符创建图纸

如图 6-67 所示，执行菜单命令"设计"→"从页面符创建图纸"，此时光标变成十字形状，单击需要生成图纸的页面符，即可生成该页面符对应的同名原理图文件，并在子原理图中生成与图纸入口相对应的端口，该端口默认向右，只有连接上电路后才会变成和 I/O 类型对应的方向。重复执行该命令，直至所有页面符对应的图纸都创建完成，效果如图 6-68 所示。如果从页面符创建图纸后发现几张原理图不具备上下级关系，执行项目编译即可解决该问题。

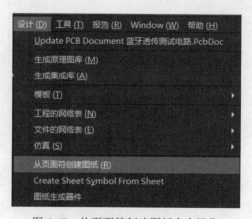

图 6-67　从页面符创建图纸命令操作

图 6-68　生成的上下级原理图

4. 绘制各子原理图

根据对原理图功能模块的划分绘制各子原理图。蓝牙及接口模块子原理图如图 6-69 所示，电源+USB 接口子原理图如图 6-70 所示，USB 转串口模块子原理图如图 6-71 所示。

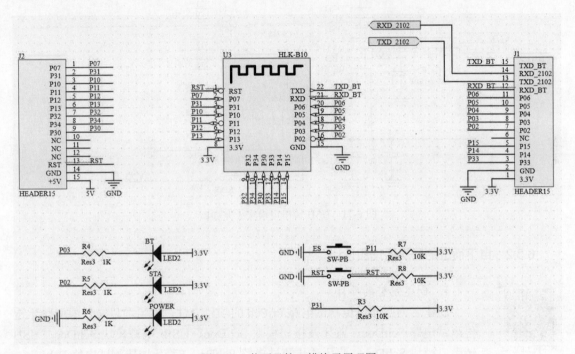

图 6-69　蓝牙及接口模块子原理图

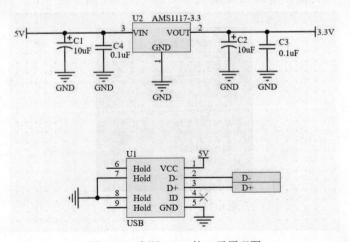

图 6-70　电源+USB 接口子原理图

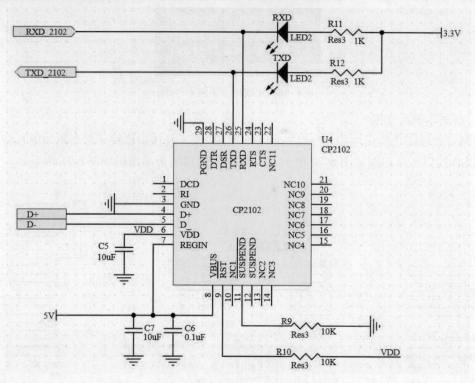

图 6-71 USB 转串口模块子原理图

6.3.2 自下而上的层次原理图设计

自下而上的层次
原理图设计

1. 创建完整的项目

创建名为蓝牙透传测试电路.PrjPcb 的项目文件，并给项目文件添加蓝牙透传测试电路.SchDoc、蓝牙及接口模块.SchDoc、USB+电源模块.SchDoc、USB转串口模块.SchDoc、蓝牙透传测试电路.PcbDoc、蓝牙透传测试电路.SchLib、蓝牙透传测试电路.PcbLib 七个文件，保存在同一路径下，如图 6-72 所示。

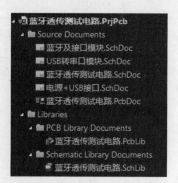

图 6-72 创建完整的项目

2. 绘制各子原理图

参照图 6-69 至图 6-71 绘制 3 张子原理图，其中端口是由母原理图生成子原理图时自动生成的，不需要放置和编辑，但是自下而上的层次原理图设计中需要在子原理图中自行放置所需端口。

执行菜单命令"放置"→"端口"，或者按快捷键 P+R，或者单击快捷工具栏中的"放置端口"图标 ，此时光标上粘着一个端口，按 Tab 键，弹出如图 6-73 所示的 Properties 面板，在其中填写端口的属性，主要参数是 Name 和 I/O Type，其作用和图纸入口是相同的，不再详细描述。

3. 绘制母原理图

打开蓝牙透传测试电路.SchDoc 文件，执行菜单命令"设计"→Create Sheet Symbol From Sheet（如图 6-74 所示），弹出 Choose Document to Place 对话框（如图 6-75 所示），选择子原理图文件，然后单击 OK 按钮，即可放置该子原理图对应的图纸页面符，图纸页面符上自动生成与子原理图中端口相对应的图纸入口。重复执行该操作，将所有子原理图对应的图纸页面符放置完毕，效果如图 6-76 所示。调整图纸入口的位置，并将对应图纸入口进行连接，完成母原理图的绘制，效果如图 6-77 所示。

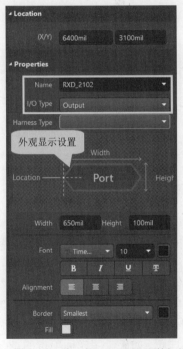

图 6-73　端口的 Properties 面板

图 6-74　从原理图生成页面符

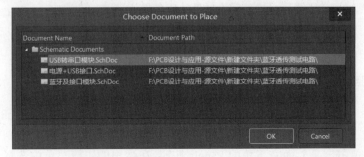

图 6-75　Choose Document to Place 对话框

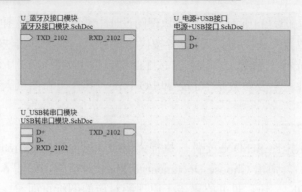

图 6-76　生成页面符

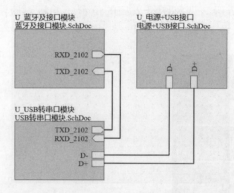

图 6-77　图纸入口调整及连线

层次原理图
上下级的切换

6.3.3　层次原理图上下级的切换

1. 用 Projects 控制面板进行切换

在 Projects 控制面板上，单击已经打开的层次原理图文件，即可在原理图编辑区显示对应的原理图。

2. 用命令切换

（1）由母图切换到子图。打开母原理图，执行菜单命令"工具"→"上/下层次"，或者单击原理图标准工具栏中的"上/下层次"图标🔃，光标变成十字形状，移动光标至需要切换的子原理图页面符上，在空白处单击即可切换至该子原理图。如果十字光标单击的是某一图纸入口，则切换到相应子原理图，并将该图纸入口对应的端口高亮显示。

（2）由子图切换到母图。打开子原理图，执行菜单命令"工具"→"上/下层次"，或者单击原理图标准工具栏中的"上/下层次"图标🔃，光标变成十字形状，移动光标至子原理图的某个端口上并单击，此时将切换到母原理图，并将该端口对应的图纸入口高亮显示。

6.3.4　项目编译

执行菜单命令"工程"→"Compile PCB Project 蓝牙透传模块.PrjPcb"，编译整个电路系统。

编译完成后单击屏幕界面右下角的 Panels 按钮，在弹出的快捷菜单中选择 Messages 命令，在弹出的 Messages 面板中查看编译结果，如图 6-78 所示，如果还有其他错误或警告，则要返回原理图进行修改，直至没有错误提示为止。

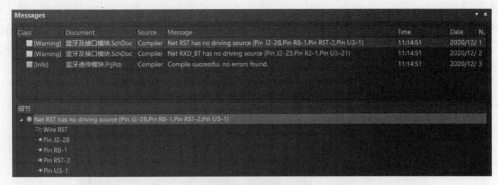

图 6-78　项目编译信息

6.4　蓝牙透传测试电路 PCB 设计

6.4.1　封装匹配检查

执行菜单命令"工具"→"封装管理器"，弹出 Footprint Manager 对话框，逐个元件进行封装检查，封装修改后的封装管理器如图 6-79 所示。

位号	注释	Current Footprint
U1	USB	USB
ES	SW-PB	小按键
RST	SW-PB	小按键
R10	Res3	J1-0603
R11	Res3	J1-0603
R12	Res3	J1-0603
R3	Res3	J1-0603
R4	Res3	J1-0603
R5	Res3	J1-0603
R6	Res3	J1-0603
R7	Res3	J1-0603
R8	Res3	J1-0603
R9	Res3	J1-0603
BT	LED2	0603LED
POWER	LED2	0603LED
RXD	LED2	0603LED
STA	LED2	0603LED
TXD	LED2	0603LED
J2	HEADER15	J2
J1	HEADER15	J1
U3	HLK-B10	B10_SMT_PIN
U4	CP2102	QUAD-28
C1	10uF	CAP3216
C2	10uF	CAP3216
C3	0.1uF	0603L
C4	0.1uF	0603L
C5	10uF	0603L
C6	0.1uF	0603L
C7	10uF	0603L
U2	AMS1117-3.3	SOT223

图 6-79　封装匹配检查

6.4.2 PCB 板框定义

本项目板框形状设计为规则长方形，尺寸为 55mm×30mm，带有 2mm 的圆角，禁止布线框可选择与机械边框重合，该电路板要求有直径为 2.5mm 的安装孔，安装孔坐标分别为(2,2)、(53,2)、(53,28)和(2,28)，完成相关操作后如图 6-80 所示。安装孔要求金属化接地，在更新网络至 PCB 前安装孔没有 GND 网络选项可以选择，可以在导入网络表后再设置。

图 6-80　PCB 板框定义

6.4.3 更新 PCB 文件

1. 导入更新

在 PCB 设计界面中，执行菜单命令"设计"→"Import Changes From 蓝牙透传模块.PrjPcb"。

2. 确认更新

确认更新后，PCB 导入网表，并按照原理图网络连接关系显示飞线。由于原理图是层次原理图，因此各子原理图的元器件分别存放在不同的 Room 里，如图 6-81 所示。

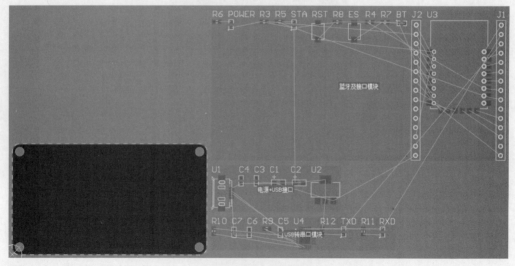

图 6-81　PCB 网络更新

6.4.4 PCB 布局及标注

该电路各模块功能相对独立完整,在 PCB 上的布局宜采用模块化布局。

为了方便查看、安装及维修等操作,PCB 上可以用图线或文字进行标注,标注的方式有 4 种:顶层丝印标注方式(文字或图线位于 Top Overlay)、顶层铜模镂空方式(文字或图线位于 Top Layer)、底层丝印标注方式(文字或图线位于 Bottom Overlay,放置时需要将文字或图形作水平镜像)和底层铜模镂空方式(文字或图线位于 Bottom Layer,放置时需要将文字或图形作水平镜像)。

需要注意的是,PCB 标注信息可以在铺铜前或铺铜后进行,如果是铜模镂空效果,放置文字或图形后还需要重新铺铜一次。

布局及标注完成后如图 6-82 和图 6-83 所示。

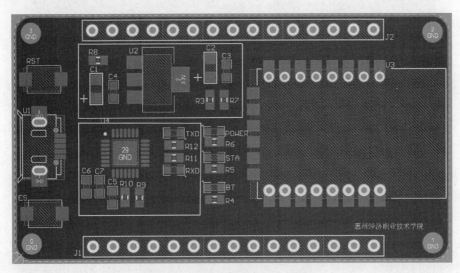

图 6-82 PCB 布局及标注(顶层)

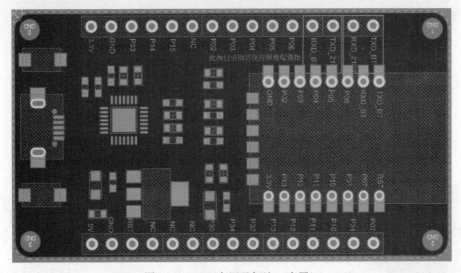

图 6-83 PCB 布局及标注(底层)

PCB 布线

6.4.5　PCB 布线

1. 设置规则

（1）Routing 规则。

1）Width。蓝牙透传测试电路中有 GND 网络、5V 电源网络、3.3V 电源网络及普通信号线，其中地线采用铺铜接地方式实现，可以不用布线，因此线宽规则只用设置 5V 电源线、3.3V 电源线及普通信号线。5V 电源线优选 1mm，最小 0.5mm，最大 2mm；3.3V 电源线优选 1mm，最小 0.5mm，最大 2mm；普通信号线优选 0.3mm，最小 0.2mm，最大 0.3mm。线宽规则的创建与项目 4 心形流水灯线路板线宽规则创建操作相同，这里不再赘述，线宽规则的优先级如图6-84 所示。

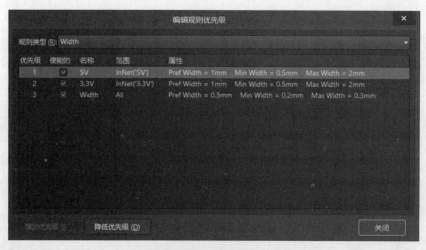

图 6-84　线宽规则优先级

2）Routing Layers。本项目元器件单面放置，双层布线，故布线层选择 Top Layer 和 Bottom Layer，设置方法同项目 5。

3）Routing Corners。布线转角选用默认设置 45°。

4）设置过孔。双面布线一定会用到过孔，过孔设置如图 6-85 所示。

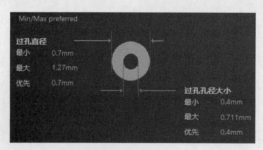

图 6-85　设置过孔

（2）Electrical 规则。在 Clearance 子规则中，安全间距选择 0.254mm（10mil），为系统默认数值，可以忽略不用设置。

（3）Plane 规则。在 Polygon Connect Style 子规则中，设置铺铜与通孔焊盘的连接方式为

Relief Connect，与 SMD 焊盘、过孔的连接方式为 Direct Connect，如图 6-86 所示，通孔焊盘和铺铜连接的导体宽度可以根据实际需要设置。

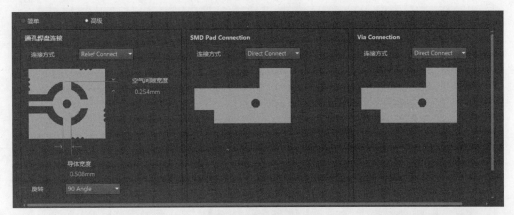

图 6-86　铺铜规则

2. 布线

GND 网络采用铺铜实现，为了布线方便，按 N 键，弹出如图 6-87 所示的菜单，选择"隐藏连接"→"网络"，此时光标变成十字形状，单击 PCB 上的任意一个 GND 网络飞线将GND 网络隐藏。

图 6-87　飞线的显示与隐藏

布线时，优先布通 5V 和 3.3V 电源网络。由于电源线较宽，在某些位置根据线宽规则进行布线会造成短路，可以通过放置实心区域或铺铜来实现，例如图 6-88（a）所示的位置。执行如图 6-88（b）所示的菜单命令"放置"→"实心区域"，光标变成十字形状，点击要绘制的实心区域的关键点组成封闭图形，即可得到一个实心区域，该实心区域的形状和边界可通过图 6-88（c）所示的关键点进行调整，将布线与实心区域连接后的效果如图 6-88（d）所示。

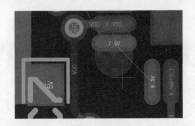

（a）电源走线

（b）放置实心区域命令操作

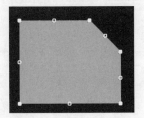

（c）实心区域的关键点

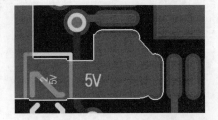

（d）布线与实心区域连接

图 6-88　放置实心区域

在布线的过程中发现走线或过孔需要修改，均可按 Tab 键进入 Projects 面板进行修改，线路布通后仍需整个 PCB 线路进行优化，布线完成后如图 6-89 所示。

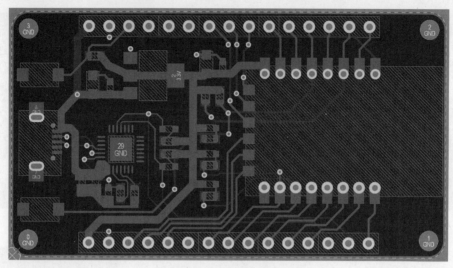

图 6-89　PCB 布线

6.4.6　滴泪、放置地过孔及铺铜

1．滴泪

执行菜单命令"工具"→"滴泪"，弹出"泪滴"对话框，在其中设置工作模式为"添加"，其余选项默认，单击"确定"按钮完成滴泪操作。

放置地过孔及过孔盖油

2．放置地过孔及过孔盖油

为了使线路板上的铺铜铜皮能良好接地，降低接地电阻，屏蔽不良信号，通常会在 PCB 线路板周围及空余位置放置一些地过孔，如图 6-90 所示。

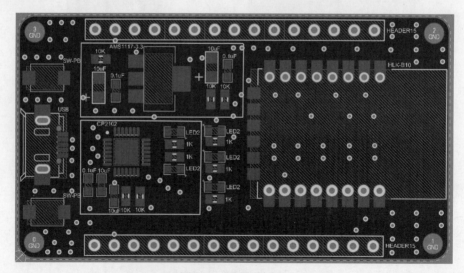

图 6-90　放置地过孔

绝大多数 PCB 板在设计时都要考虑过孔盖油，这样可以更好地保护过孔，过孔不容易氧化失效，也不容易与其他导体发生短路。为了操作方便，通常采用全局操作给 PCB 上的过孔盖油。右击 PCB 上的任意一个过孔并选择"查找相似对象"选项，查找出 PCB 上的所有过孔并弹出 Properties 面板，如图 6-91 所示，在面板的 Solder Mask Expansion 选项区中勾选 Top 和 Bottom 后面的 Tented 复选项，未盖油过孔与盖油过孔的对比如图 6-92 所示。

图 6-91　过孔盖油设置

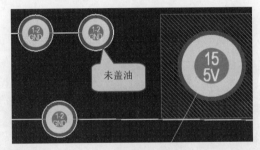

（a）未盖油过孔

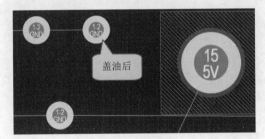

（b）盖油过孔

图 6-92　过孔盖油前后对比

3. 铺铜

执行菜单命令"放置"→"铺铜"，光标变成十字形状，按 Tab 键，弹出铺铜 Properties 面板，在 Properties 选项区中设置 Net 为 GND，Layer 为 Top Layer；在 Fill Mode 选项区中选择铺铜模式为 Solid，铺铜的网络选项为 Pour Over All Same Net Objects，并勾选 Remove Dead Copper 复选项。设置相关参数后，按照禁止布线框描绘出铺铜区域，然后右击确认铺铜区域，再次右击确认铺铜，Top Layer 铺铜后的效果如图 6-93 所示。

铺铜及铺铜挖空

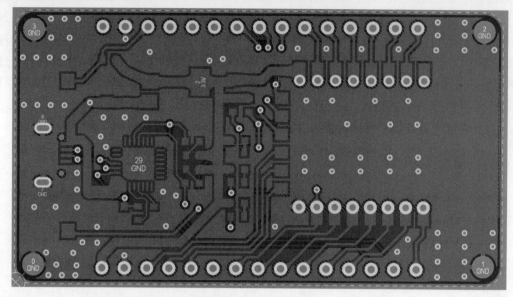

图 6-93　Top Layer 铺铜

复制 Top Layer 铺铜，使用特殊粘贴操作给 Bottom Layer 铺铜，效果如图 6-94 所示。

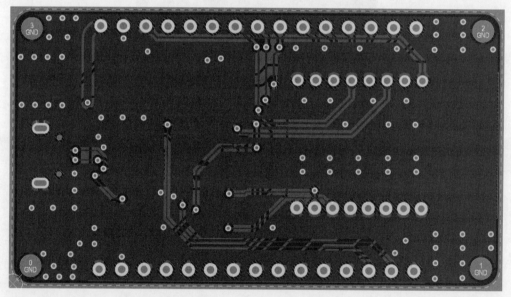

图 6-94　Bottom Layer 铺铜

　　在蓝牙透传测试线路板中，蓝牙模块带有通信天线，为了避免铺铜对信号产生影响，需要在天线部位设置铺铜挖空区域。执行菜单命令"放置"→"多边形铺铜挖空"，分别在 Top Layer 和 Bottom Layer 的天线区域放置封闭的多边形区域，效果如图 6-95 所示。

　　4. PCB 检查

　　因为在蓝牙透传测试电路布线时省略掉了地线的布线，用铺铜方式实现地线的连接，所以一定要检查电路板上所有的地线是否都实现了连接。按快捷键 N+S+A 显示全部网络，未连接的网络飞线会显示出来，这时需要手动添加地过孔来完成网络连接。

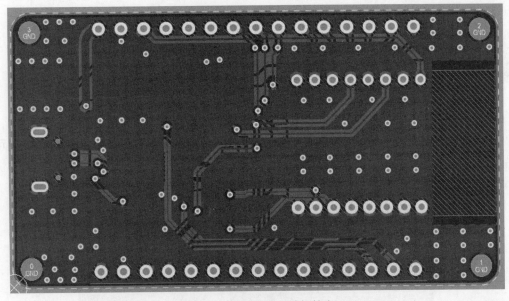

图 6-95　放置多边形铺铜挖空

6.4.7　DRC 检查

执行菜单命令"工具"→"设计规则检查"，运行 DRC 检查后系统弹出如图 6-96 所示的 Messages 提示框，同时系统还会输出后缀为.html 的 DRC 报告文件。通过查看 Messages 提示信息可以发现违反规则均为集成电路 U1 和 U4 的 Minimum Solder Mask Sliver 项，可以忽略。

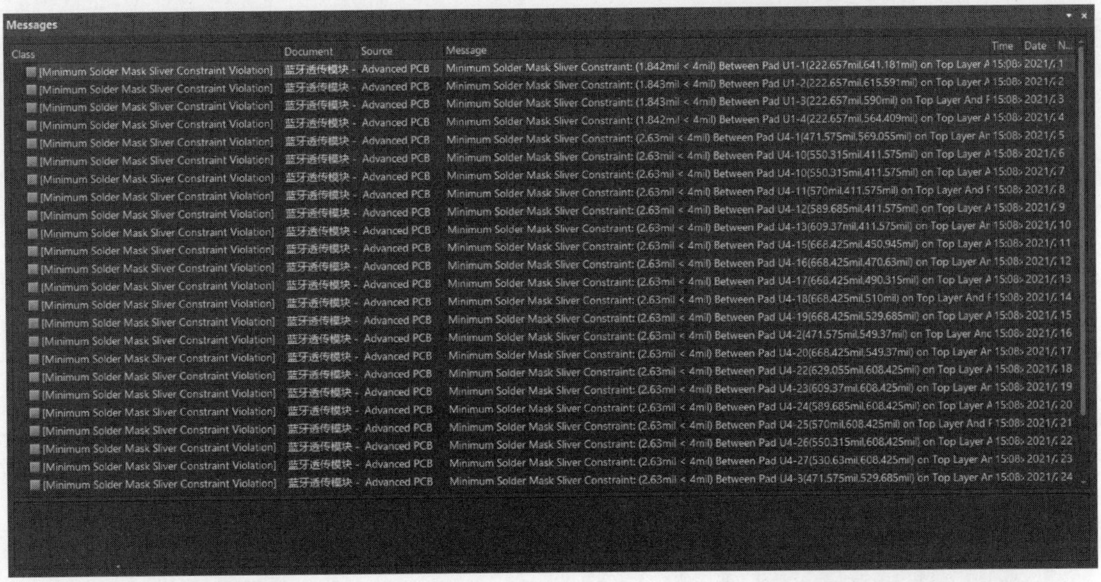

图 6-96　Messages 提示框

6.5　PCB 的 3D 操作

6.5.1　3D 显示操作

在 PCB 设计环境下，执行菜单命令"视图"→"切换到三维模式"，或者按数字键 3，系统显示该 PCB 的 3D 效果图。按住 Shift 键，系统出现一个旋转图标，此时按下鼠标右键可以旋转电路板。想快速回到电路板初始 0°视图，可按数字键 0，按数字键 9 和 8 系统将分别快捷显示该 PCB 的 90°视图和垂直视图，3 种视图样式如图 6-97 所示。

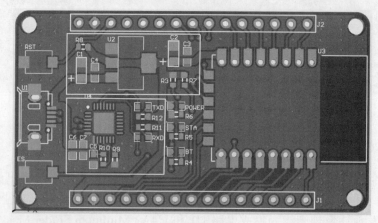

（a）0°视图

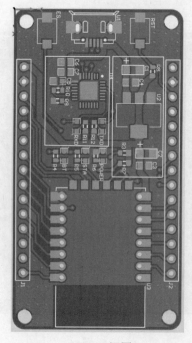

（b）90°视图

（c）垂直视图

图 6-97　蓝牙透传测试模块 3D 视图

　　元器件 3D 模型的显示控制可通过 View Configuration 面板进行设置，各按钮作用如图 6-98 所示，打开 3D 元件体显示开关，电路板的 3D 显示效果如图 6-99 所示。

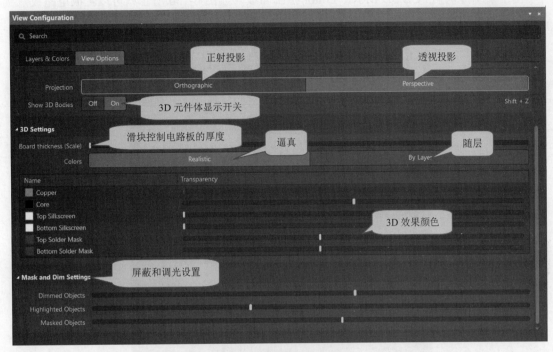

图 6-98　3D 显示控制面板

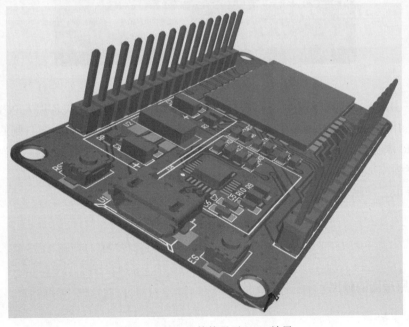

图 6-99　3D 元件体显示 PCB 效果

6.5.2　3D 动画制作

使用系统提供的 PCB 3D Movie Editor 控制面板（如图 6-100 所示）可以生成电路板点到点运动的简单动画。

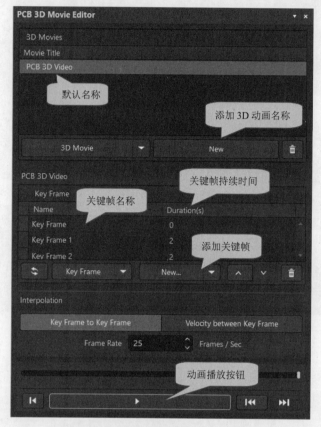

图 6-100　PCB 3D Movie Editor 控制面板

（1）在 3D Movies 选项区中，单击 New 按钮添加 3D 动画，默认名称为 PCB 3D Video。

（2）在 PCB 3D Video 选项区中，单击 New 按钮或者单击 Key Frame 右侧的下三角并选择 New→Add 添加关键帧，设置该关键帧时长为 3s，并操作电路板进行缩放、平移或旋转。

（3）继续添加其他关键帧。

（4）单击"动画播放"按钮演示设置动画。

原理图的输出

6.6　文件的输出与归档

6.6.1　原理图的输出

1. 网络报表

网络报表是原理图的精髓所在，是电路原理图连接 PCB 的桥梁。网络指的是连在一起的一组元器件的管脚，一张原理图实际上是由很多个网络组成的。网络报表包含元器件信息和网络连接信息。

Altium Designer 20 中的网络报表有单个原理图文件的网络报表和整个项目的网络报表。

（1）设置网络报表选项。在生成网络报表前，需要设置网络报表选项。

1）执行菜单命令"工程"→"工程选项"，弹出"项目管理选项"对话框。

2）单击 Options 选项卡，如图 6-101 所示。

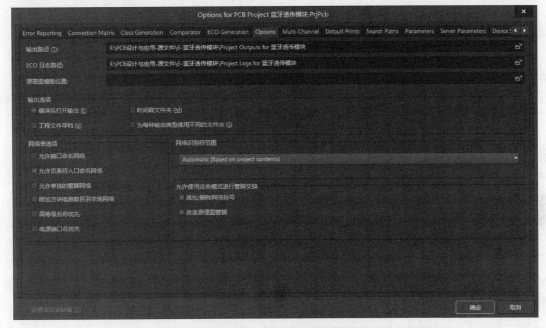

图 6-101　Options 选项卡

3）"输出路径"与"ECO 日志路径"用于设置文件的输出路径，系统一般默认在当前项目所在的文件夹内创建。

4）"网络表选项"用于设置网络报表的输出选项。

允许端口命名网络：用于设置是否允许用系统产生的网络名称代替与电路输入/输出端口相关的网络名称，如果设计的原理图不包含层次关系，可勾选该复选项。

允许页面符入口命名网络：用于设置是否允许用系统生成的网络名称代替与图纸入口相关联的网络名称，系统默认勾选该复选项。

允许单独的管脚网络：用于设置在生成网络报表时是否允许系统自动将图纸号添加到各个网络名称中，当一个项目中包含多个原理图文件时，应当勾选此复选项。

附加方块电路数目到本地网络：用于设置在生成网络报表时是否允许系统自动将图纸号添加到各个网络名称中。当一个项目中包含多个原理图文件时，应当勾选此复选项。

高等级名称优先：用于设置在生成网络报表时的排序优先权，勾选该复选项，系统将以名称对应结构层次的高低决定优先权。

电源端口名优先：用于设置生成网络报表时的优先权，勾选该复选项，系统将给予电源端口更高的优先权。

5）"网络识别符范围"用于设置网络表示的认定范围，其下拉列表中共有 5 个选项，如图 6-102 所示。

Automatic (Based on project contents)

Automatic (Based on project contents)
Flat (Only ports global)
Hierarchical (Sheet entry <-> port connections, power ports global)
Strict Hierarchical (Sheet entry <-> port connections, power ports local)
Global (Netlabels and ports global)

图 6-102　"网络识别符范围"列表

Automatic(Based on project contents)：系统自动在当前项目内认定网络标识，一般情况下均选择该项。

Flat(Only ports global)：使工程中的各个图纸之间直接用全局输入/输出端口来建立连接关系。

Hierarchical(Sheet entry<->port connections,power ports global)：在层次原理图设计中，通过方块电路符号内的输入/输出端口与子原理图中的输入/输出端口建立连接关系。

Strict Hierarchical(Sheet entry<->port connections,power ports local)：在层次原理图设计中，通过方块电路符号内的输入/输出端口与子原理图中的输入/输出端口和局部电源端口建立连接关系。

Global(Netlabels and ports global)：用于在项目的各个文档之间使用全局网络标号与全局输入/输出建立连接关系。

（2）生成网络报表。网络报表可以是单张原理图报表，也可以是整个项目的原理图报表。

如果需要生成单张原理图报表，执行菜单命令"设计"→"文件的网络表"→Protel，如图 6-103 所示；如果需要生成整个项目的原理图报表，执行菜单命令"设计"→"工程的网络表"→Protel。

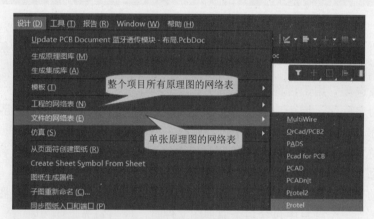

图 6-103　原理图网络报表菜单命令

蓝牙透传测试电路为层次原理图设计，该项目共有 4 张原理图，故网络报表选择"工程的网络报表"。生成的网络报表文件物理存储在项目同路径的"Project Output for 蓝牙透传测试电路"文件夹中，逻辑存储在项目 Project 面板的 Generated 文件夹下，双击"蓝牙透传模块.NET"即可打开网络报表文件，如图 6-104 所示。

网络报表包含两部分信息：一部分是元器件信息，另一部分是网络连接信息。每一个元器件信息均以"["开始，以"]"结束，"["下第一行显示的是元器件的位号（Designator），第二行显示的是元器件的封装（Footprint），第三行显示的是元器件的注释（Comment），紧接着是 3 行空行。每一组网络信息均以"（"开始，以"）"结束，"（"下第一行是一个网络节点的名称，下面每一行表示当前网络的一个引脚，一直到全部列出为止，最后是一个"）"。

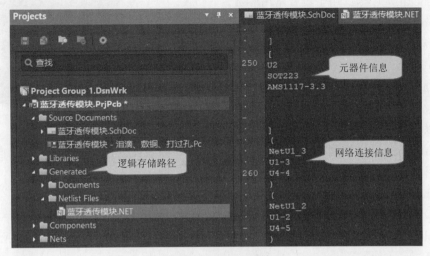

图 6-104　项目的网络报表

2. 元器件报表（BOM）

元器件报表主要用来列出当前项目中用到的所有元器件的信息，相当于一份元器件采购清单。

（1）设置元器件报表选项。执行菜单命令"报告"→Bill of Materials，系统弹出"元器件报表"对话框，如图 6-105 所示。

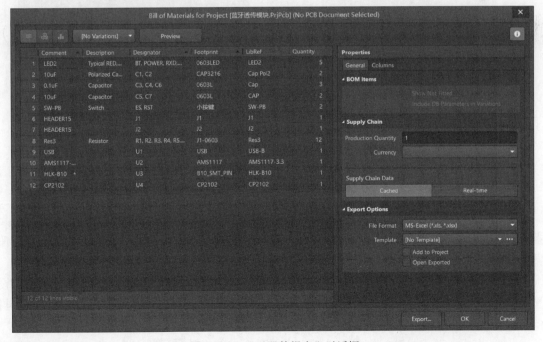

图 6-105　"元器件报表"对话框

在该对话框右侧的 Properties 面板上有 General 和 Columns 两个选项卡，可以对创建的元器件报表进行设置。

1）General 选项卡：用于设置常用参数。

File Format（文件格式）：用于设置元器件报表的输出格式，单击右侧的下拉三角，可以选择不同的文件输出格式，如图 6-106 所示。

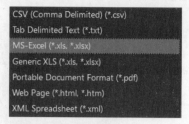

图 6-106　报表文件格式

Template（模板）：用于为元器件列表设置模板，单击右侧的下拉三角，可以选择系统自带的模板，如图 6-107 所示，也可以单击右侧的 ··· 按钮来选择自定义模板。

Add to Project（添加到项目）：勾选该复选项时，系统在创建元器件清单后会自动将报表添加到项目中。

Open Exported（打开输出报表）：勾选该复选项时，系统在创建元器件清单后会自动打开报表。

2）Columns 选项卡：列出了系统所提供元器件的所有属性信息，如图 6-108 所示。

图 6-107　报表模板

图 6-108　Columns 选项卡

Drag a column to group（将列拖入组中）：用于设置元器件的归类标准。例如图 6-108 中元器件的分类标准为 Comment（注释）和 Footprint（封装），输出元器件列表时所有元器件将按照注释和封装相同进行分类。

Cloumns（列）：用于设置元器件列表中显示的信息，单击 ⊙ 按钮可进行显示与隐藏的设置。系统默认显示 Comment（注释）、Description（描述）、Designator（位号）、Footprint（封装）、LibRef（库名称）和 Quantity（数量）6 个选项，用户也可以根据需要自行设置。

（2）生成元器件报表。设置完成后，单击图 6-105 中的 Export... 按钮，生成的元器件报表文件物理存储在项目同路径的"Project Output for 蓝牙透传测试电路"文件夹中，逻辑存储在项目 Project 面板的 Generated 文件夹下，双击"蓝牙透传模块.xlsx"即可打开元器件报表文件，如图 6-109 所示。

1	Comment	Description	Designator	Footprint	LibRef	Quantity
2	LED2	Typical RED, GREEN, YELLOW, AMBER GaAs LED	BT, POWER, RXD, STA, TXD	0603LED	LED2	5
3	10uF	Polarized Capacitor (Axial)	C1, C2	CAP3216	Cap Pol2	2
4	0.1uF	Capacitor	C3, C4, C6	0603L	Cap	3
5	10uF	Capacitor	C5, C7	0603L	CAP	2
6	SW-PB	Switch	ES, RST	小按键	SW-PB	2
7	HEADER15		J1	J1	J1	1
8	HEADER15		J2	J2	J2	1
9	Res3	Resistor	R1, R2, R3, R4, R5, R6, R7, R8, R9, R10, R11, R12	J1-0603	Res3	12
10	USB		U1	USB	USB-B	1
11	AMS1117-3.3		U2	AMS1117	AMS1117-3.3	1
12	HLK-B10		U3	B10_SMT_PIN	HLK-B10	1
13	CP2102		U4	CP2102	CP2102	1

图 6-109　蓝牙透传模块电路元器件报表

3. 原理图打印输出

Altium Designer 20 可以直接打印原理图，打印前先进行页面设置，执行菜单命令"文件"→"页面设置"，弹出如图 6-110 所示的 Schematic Print Properties（原理图打印属性）对话框，单击 打印设置... 按钮，弹出"打印机设置"对话框，如图 6-111 所示，对打印机进行设置后单击"确定"按钮，即可直接对原理图进行打印。

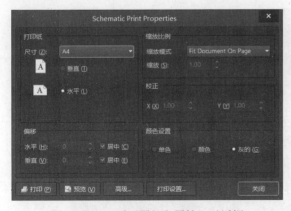

图 6-110　"原理图打印属性"对话框

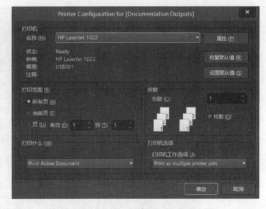

图 6-111　"打印机设置"对话框

如果计算机已经设置过打印机，则可以省略前面的步骤，直接执行菜单命令"文件"→"打印"，或者单击标准工具栏中的 按钮进行原理图打印。

4. 原理图智能 PDF 输出

将原理图输出为 PDF 文件可以有效防止设计被修改。

（1）在原理图编辑环境下，执行菜单命令"文件"→"智能 PDF"。

（2）在弹出的"智能 PDF"向导对话框中单击 Next 按钮。

（3）在"选择导出目标"界面（如图 6-112 所示）中选择"当前项目"单选项，在"输出文件名称"文本框中可以修改输出文件的名称和路径，单击 Next 按钮。如果当前项目仅有一张原理图，则可以选择"当前文档"单选项。

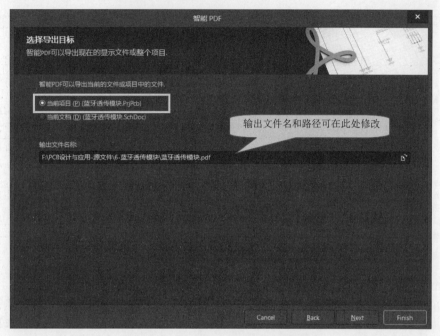

图 6-112 "选择导出目标"界面

（4）在"导出项目文件"界面中选择需要导出原理图的文件，如图 6-113 所示。

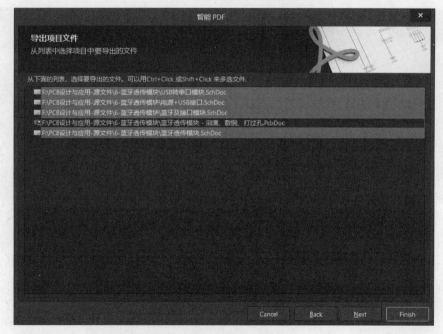

图 6-113 选择导出项目文件

（5）在"导出 BOM 表"界面中，取消勾选"导出原材料的 BOM 表"复选项，单击 Next 按钮，如图 6-114 所示。

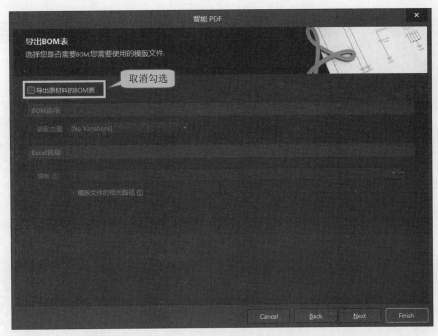

图 6-114　取消勾选"导出原材料的 BOM 表"复选项

（6）在"添加打印设置"界面中选择"原理图颜色模式"为"颜色"，其余选项保持默认，然后单击 Next 按钮，如图 6-115 所示。

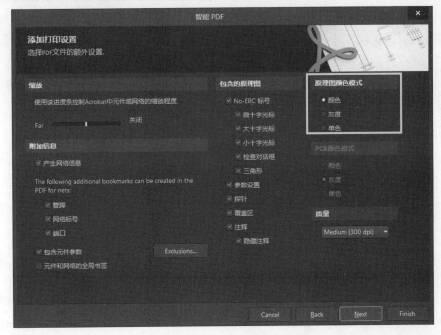

图 6-115　"添加打印设置"界面

（7）在"结构设置"界面中设置 PDF 文件的结构，如图 6-116 所示，推荐使用默认设置，单击 Next 按钮。

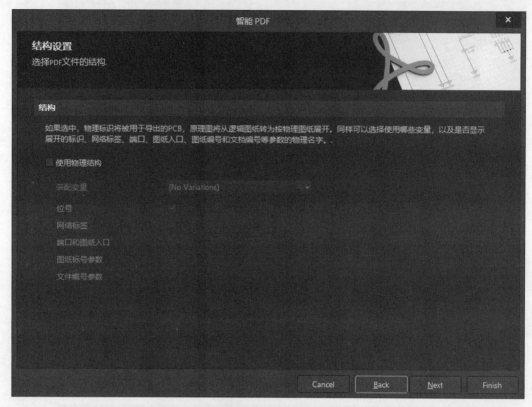

图 6-116　"结构设置"界面

（8）在"最后步骤"界面中直接单击 Finish 按钮完成原理图 PDF 文件的输出，输出的原理图 PDF 文件保存在项目路径下。

PCB 的输出

6.6.2　PCB 的输出

1. 位号图输出

（1）在 PCB 编辑环境下，执行菜单命令"文件"→"智能 PDF"。

（2）在弹出的"智能 PDF"向导对话框中单击 Next 按钮。

（3）在"选择导出目标"界面（如图 6-117 所示）中选择"当前文档"单选项，单击 Next 按钮。

（4）在"导出 BOM 表"界面中取消勾选"导出原材料的 BOM 表"复选项，单击 Next 按钮。

（5）在"PCB 打印设置"界面（如图 6-118 所示）的 Multilayer Composite Print 处右击并选择 Create Assembly Drawings 选项，系统弹出如图 6-119 所示的 Confirm Create Print-Set 对话框，单击 Yes 按钮。

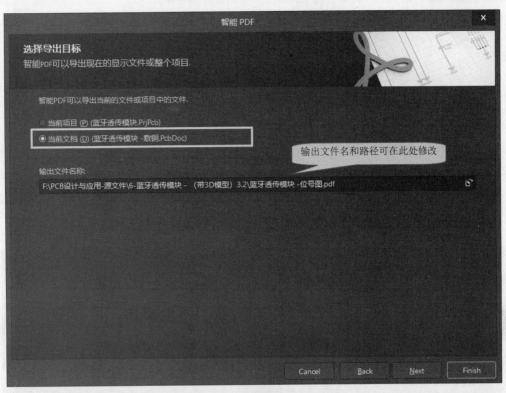

图 6-117 "选择导出目标"界面

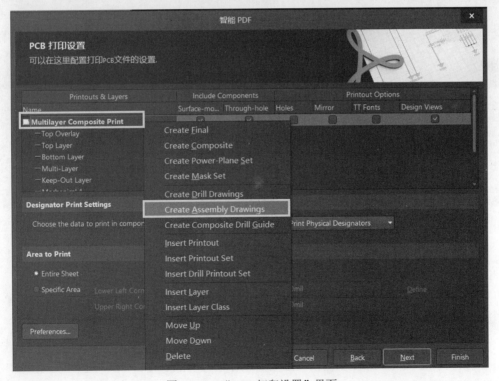

图 6-118 "PCB 打印设置"界面

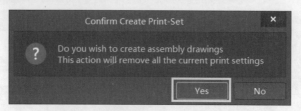

图 6-119　Confirm Create Print-Set 对话框

（6）此时"PCB 打印设置"界面已发生更新。双击 TopLayerAssembly Drawings 前面的图标□（如图 6-120 所示），弹出"打印输出特性"对话框，在"层"选项区中，通过"添加"和"移除"按钮进行操作，只保留 Top Layer 和 Top Overlay 两个图层，然后单击 Close 按钮。至此完成了对 TopLayerAssembly Drawings 所有输出层的设置。

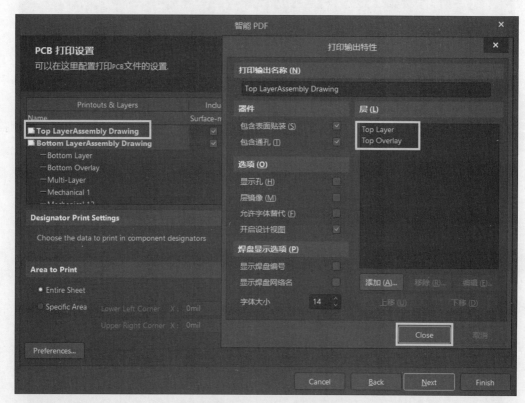

图 6-120　打印输出特性设置

（7）Bottom LayerAssembly Drawings 输出层的设置方法同上，设置完成后如图 6-121 所示，单击 Next 按钮。

（8）在"添加打印设置"界面（如图 6-122 所示）中设置"PCB 颜色模式"为"单色"，其余选项默认，然后单击 Next 按钮。

（9）如图 6-123 所示，在"最后步骤"界面中设置是否保存设置到 Output Job 文件夹，可以采用默认设置，用户也可以根据实际需要进行设置，然后单击 Finish 按钮完成 PDF 文件的输出。

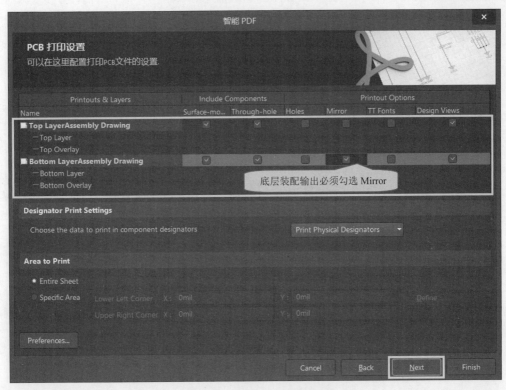

图 6-121　PCB 打印设置完成

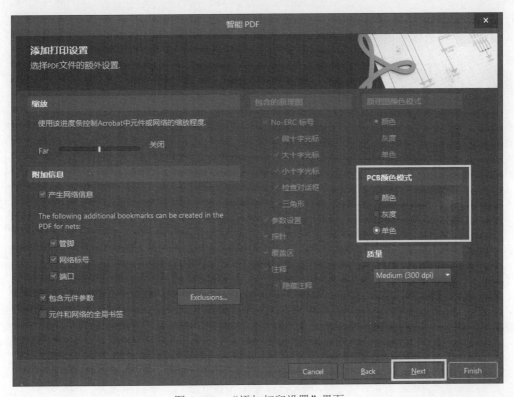

图 6-122　"添加打印设置"界面

图 6-123　"最后步骤"界面

输出的位号图 PDF 文件保存在项目路径下，样式如图 6-124 所示。由于底层没有安装元件，因此底层位号图输出没有位号显示。

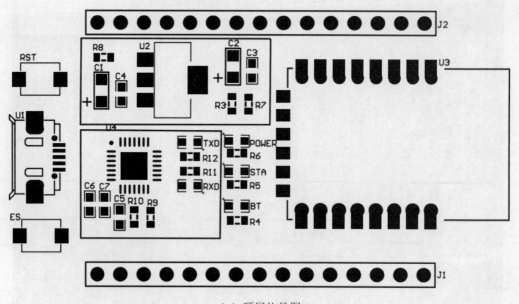

（a）顶层位号图

图 6-124　位号图输出

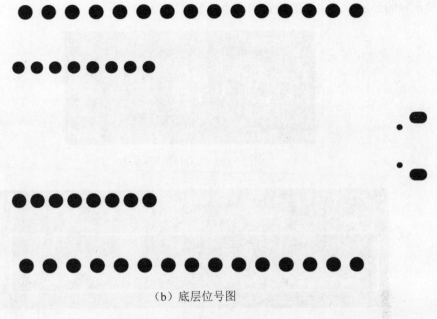

（b）底层位号图

图 6-124　位号图输出（续图）

2. 阻值图输出

（1）显示并调整注释。按快捷键 L，弹出 View Configuration（视图配置）面板，单击 图标，仅保留 Top Overlay 和 Top Solder 层显示，如图 6-125 所示。

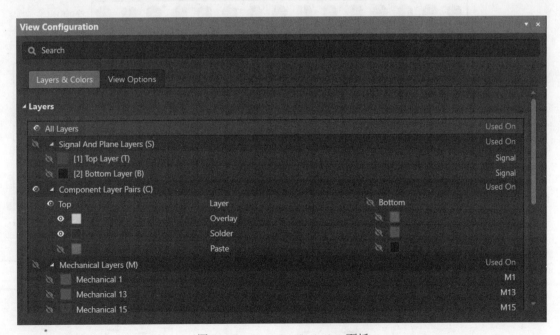

图 6-125　View Configuration 面板

双击任意一个元器件，在 Properties 面板中使其注释显示，如图 6-126 所示。然后使用全局操作功能使全部元器件的注释显示，全局操作需要注意选项的设置，可参见图 6-127。接下来调整注释的显示，使注释的位置和大小显示合适。

图 6-126　使 C4 的注释显示

图 6-127　全局操作的选项设置

（2）输出阻值图。输出阻值图的设置方法与输出位号的方法一致，可参照输出位号的步骤，最终输出阻值图如图 6-128 所示。

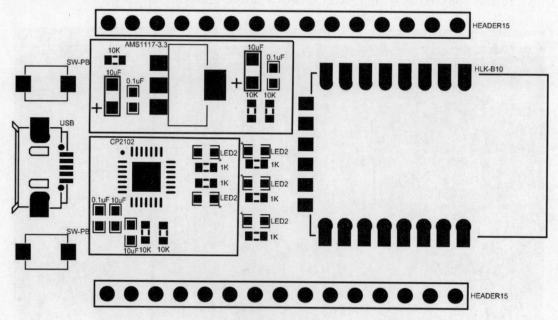

图 6-128　阻值图

3. PCB 信息报表

PCB 信息报表用于对 PCB 信息进行汇总报告，其操作可参照项目 5 布线信息查看部分的内容。

4. 网络状态报表

网络状态报表只是用来显示当前 PCB 文件中的所有网络信息，包括网络所在的层面及网络中导线的长度。在 PCB 编辑界面中，执行菜单命令“报告”→“网络表状态”，系统即可生成网络状态报表，如图 6-129 所示。

Altium Designer

Net Status Report

Date: 2021/2/18
Time: 21:28:07
Elapsed Time: 00:00:01
Filename: F:\PCBÉè¼ÆÖèÔ¦ÓÃ-Ô´ÎÄ¼þ\6-À¶ÑÀÍ¸´«Â£¿é\À¶ÑÀÍ¸´«Ä£¿é - Àáµî¡¢·ó¦¡¢´ò¹ý¿×.PcbDoc
Units: mm mils

Nets	Layer	Length
3.3V	Signal Layers Only	80.4798mm
5V	Signal Layers Only	32.1123mm
GND	Signal Layers Only	6.0723mm
NetBT_2	Signal Layers Only	1.5602mm
NetPOWER_2	Signal Layers Only	0.9144mm
NetR10_1	Signal Layers Only	2.5466mm
NetR11_1	Signal Layers Only	2.5666mm
NetR12_1	Signal Layers Only	1.7792mm
NetR5_2	Signal Layers Only	2.3878mm
NetR9_1	Signal Layers Only	3.0390mm
NetU1_2	Signal Layers Only	9.6378mm
NetU1_3	Signal Layers Only	11.5109mm
P02	Signal Layers Only	25.8607mm

图 6-129 网络状态报表

系统输出的网络状态报表为 HTML 格式的网页文件，默认保存在项目同路径下的“Project Output for 蓝牙透传测试电路”文件夹中。

5. DRC 报告输出

DRC 报告的生成和输出请参照前面 DRC 检查部分。

6. 光绘文件输出

光绘文件输出具体操作参照项目 4。

6.6.3 文件的归档

PCB 项目设计完成后，需要对文件进行分类归档，方便存储和查找，建议创建工程（PRJ）、文档、原理图（SCH）、制造（CAM）、装配（ASM）、制板说明等文件夹，将对应文件进行分类存放及存档，如图 6-130 所示。

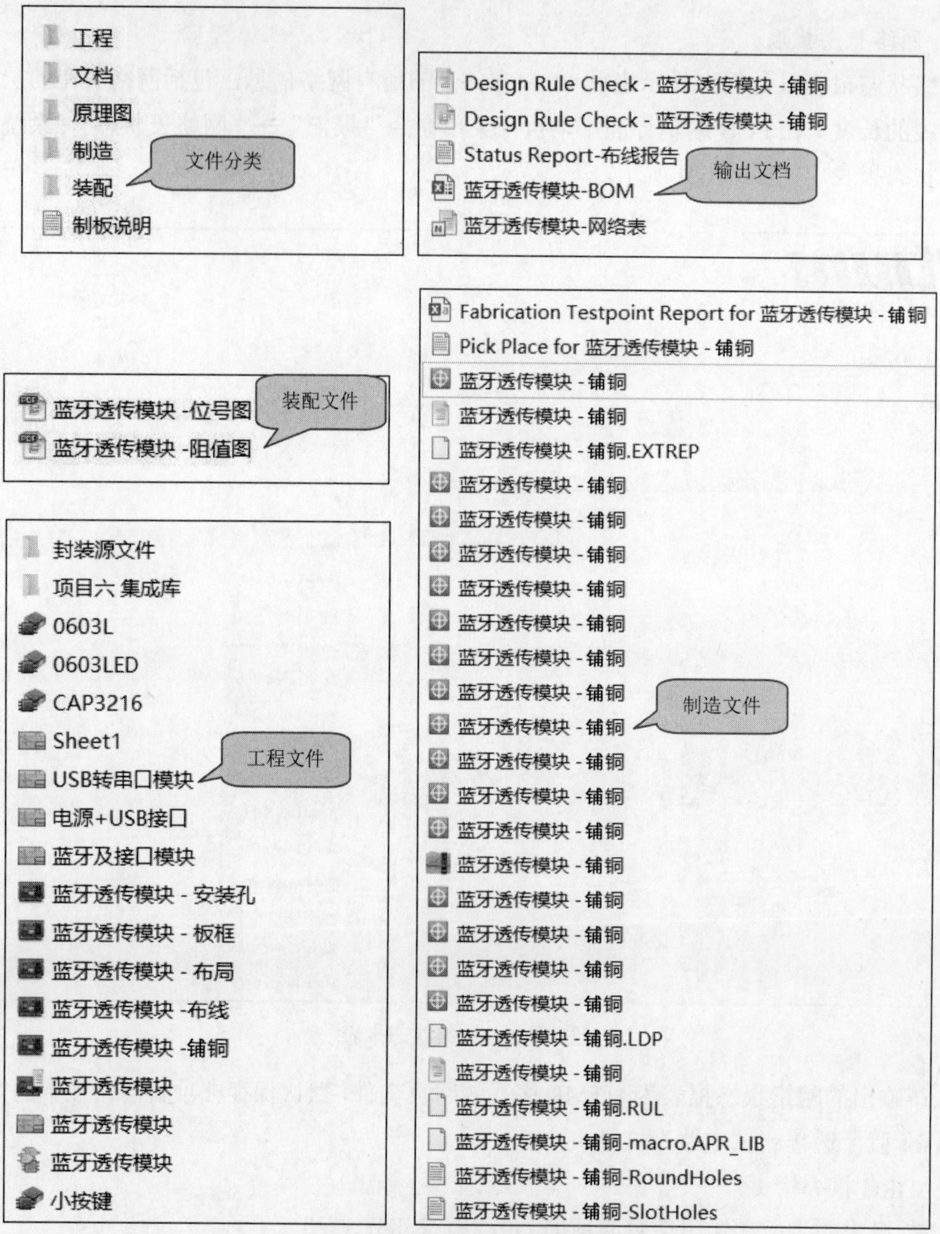

工程
文档
原理图
制造
装配
制板说明

文件分类

Design Rule Check - 蓝牙透传模块 - 铺铜
Design Rule Check - 蓝牙透传模块 - 铺铜
Status Report-布线报告
蓝牙透传模块-BOM
蓝牙透传模块-网络表

输出文档

Fabrication Testpoint Report for 蓝牙透传模块 - 铺铜
Pick Place for 蓝牙透传模块 - 铺铜
蓝牙透传模块 - 铺铜
蓝牙透传模块 - 铺铜
蓝牙透传模块 - 铺铜.EXTREP
蓝牙透传模块 - 铺铜
蓝牙透传模块 - 铺铜
蓝牙透传模块 - 铺铜
蓝牙透传模块 - 铺铜
蓝牙透传模块 - 铺铜
蓝牙透传模块 - 铺铜
蓝牙透传模块 - 铺铜
蓝牙透传模块 - 铺铜
蓝牙透传模块 - 铺铜
蓝牙透传模块 - 铺铜
蓝牙透传模块 - 铺铜
蓝牙透传模块 - 铺铜
蓝牙透传模块 - 铺铜
蓝牙透传模块 - BOM
蓝牙透传模块 - 铺铜
蓝牙透传模块 - 铺铜
蓝牙透传模块 - 铺铜
蓝牙透传模块 - 铺铜.LDP
蓝牙透传模块 - 铺铜
蓝牙透传模块 - 铺铜.RUL
蓝牙透传模块 - 铺铜-macro.APR_LIB
蓝牙透传模块 - 铺铜-RoundHoles
蓝牙透传模块 - 铺铜-SlotHoles

制造文件

蓝牙透传模块 -位号图
蓝牙透传模块 -阻值图

装配文件

封装源文件
项目六 集成库
0603L
0603LED
CAP3216
Sheet1
USB转串口模块
电源+USB接口
蓝牙及接口模块
蓝牙透传模块 - 安装孔
蓝牙透传模块 - 板框
蓝牙透传模块 - 布局
蓝牙透传模块 -布线
蓝牙透传模块 -铺铜
蓝牙透传模块
蓝牙透传模块
蓝牙透传模块
小按键

工程文件

图 6-130　文件归档

巩固习题

一、思考题

1．如何制作集成库？
2．自上而下的层次原理图如何设计？
3．自下而上的层次原理图如何设计？

4．层次原理图上下级如何切换？

5．什么是端口？怎样使用端口？端口的电气特性由什么来决定？

6．PCB 上如何放置地过孔？

7．如何检查布线有无遗漏？

8．如何在 PCB 上放置标注？标注信息放置在底层时需要注意什么？

9．网络报表包含哪些信息？怎样生成网络报表？

10．什么是 BOM？怎样生成 BOM？

11．如何将原理图输出为 PDF 格式？

12．如何输出位号图和阻值图？

13．如何输出 PCB 信息报表？

14．如何输出 PCB 网络状态报表？

15．如何输出 DRC 报告？

16．如何输出光绘文件？

二、操作题

1．CR1220 纽扣电池应用非常广泛，请通过查找资料或测量方式得到其电池母座的封装尺寸，并制作其集成库 BT-CR1220。

2．请将项目 5 操作题中的四通道光电开关检测电路进行文件输出，要求输出 PDF 格式原理图、BOM、制造文件和装配文件。

参考文献

[1] 陈光绒. PCB 设计与制作[M]. 2 版. 北京：高等教育出版社，2018.

[2] 胡仁喜，孟培. 详解 Altium Designer 20 电路设计[M]. 6 版. 北京：电子工业出版社，2020.

[3] Altium 中国技术支持中心. Altium Designer 19 PCB 设计官方指南[M]. 北京：清华大学出版社，2019.

[4] 周润景，刘波. Altium Designer 电路设计 20 例详解[M]. 北京：北京航空航天大学出版社，2017.

[5] 李瑞，胡仁喜. Altium Designer 18 中文版标准实例教程[M]. 北京：机械工业出版社，2019.

[6] 王传清. PCB 设计与制作[M]. 西安：西安交通大学出版社，2016.

[7] 谢平. PCB 设计与加工[M]. 北京：北京理工大学出版社，2017.

[8] 郭晓凤，权海平. Altium Designer 电路设计与实践应用[M]. 哈尔滨：哈尔滨工业大学出版社，2017.

[9] 张玺，李纮，李绅鹏. 详解 Altium Designer18 电路设计[M]. 5 版. 北京：电子工业出版社，2018.

[10] 毛琼，李瑞，胡仁喜. Altium Designer 18 从入门到精通[M]. 北京：机械工业出版社，2019.

附录　常用快捷操作

原理图编辑器常用快捷操作

功能	操作要点或快捷键
对象旋转	对象处于悬浮状态或移动状态时按空格键
对象沿 X 轴镜像	按 X 键
对象沿 Y 轴镜像	按 Y 键
对象删除	选中对象，按 Delete 键
对象剪切	选中对象，按 Ctrl+X 组合键
对象复制	选中对象，按 Ctrl+C 组合键
对象粘贴	按 Ctrl+V 组合键
对象选择（单个）	鼠标左键单击某对象或框选，框选时从左向右选中完全包含在内的对象，从右向左选中包含或交叉的对象
对象选择（多个）	按住 Shift 键，依次单击或框选对象
对象选择（所有）	按 Ctrl+A 组合键，或者按 S+A 键
视图放大	按 Ctrl 键，鼠标滚轮向上或者按住滚轮向上方移动
视图缩小	按 Ctrl 键，鼠标滚轮向下或者按住滚轮向下方移动
视图平移	按住鼠标右键移动
显示整个原理图文件	按 V+D 键
显示原理图中的所有对象	按 V+F 键
查看——合适区域	按 V+A 键
查看——适合文件	按 V+D 键
查看——适合所有对象	按 V+F 键
对齐——水平	选中对象后，按 A+D 键
对齐——垂直	选中对象后，按 A+I 键
对齐——顶部	选中对象后，按 A+T 键
对齐——底部	选中对象后，按 A+B 键
对齐——左侧	选中对象后，按 A+L 键
对齐——右侧	选中对象后，按 A+R 键
放置总线	按 P+B 键
放置总线入口	按 P+U 键
放置网络标签	按 P+N 键
放置端口	按 P+R 键

功能	操作要点或快捷键
放置字符串	按 P+T 键
放置走线	按 P+W 键
放置线	按 P+D+L 键
放置指示	按 P+V 键
清除蒙板	按 Shift +C 组合键
放弃正在执行的操作	按 Esc 键或者右击
调出对象属性控制面板	对象悬浮时按 Tab 键或者双击对象
调出工具栏	按 V+T 键，然后选择相应的工具栏
调出封装管理器	按 T+G 键
调整栅格	按 G 键，依次循环切换 10、50、100
改变连线模式	美式键盘输入方式下，按 Shift + Space 组合键
打破线	按 E+W 键

PCB 编辑器常用快捷操作

功能	操作要点或快捷键
板层管理	按 L 键
栅格设置	按 G 键
单位进制切换	按 Q 键
对齐——水平分布	按 A+D 键
对齐——垂直	按 A+S 键
对齐——顶部	按 A+T 键
对齐——底部	按 A+B 键
对齐——左侧	按 A+L 键
对齐——右侧	按 A+R 键
设计——类设置	按 D+C 键
设计——层叠管理	按 D+K 键
设计——规则	按 D+R 键
设计——规则向导	按 D+W 键
设计——根据选择对象定义板子形状	按 D+S+D 键
编辑——删除	按 E+D 键
编辑——设定原点	按 E+O+S 键
编辑——复位原点	按 E+O+R 键
移动——移动	按 M+M 键
移动——拖拽	按 M+D 键

续表

功能	操作要点或快捷键
移动——器件	按 M+C 键
移动——打断走线	按 M+B 键
移动——器件翻转板层	按 M+I 键
网络——显示网络	按 N+S+N 键
网络——显示器件	按 N+S+O 键
网络——显示全部	按 N+S+A 键
网络——隐藏网络	按 N+H+N 键
网络——隐藏器件	按 N+H+O 键
网络——隐藏全部	按 N+H+A 键
放置——焊盘	按 P+P 键
放置——字符	按 P+S 键
放置——过孔	按 P+V 键
放置——实心区域	按 P+R 键
放置——填充	按 P+F 键
放置——铺铜	按 P+G 键
放置——线性尺寸	按 P+D+L 键
放置——走线	按 P+T 键
放置——差分对布线	按 P+I 键
选择——全选	按 S+A 键
选择——线选	按 S+L 键
选择——区域（内部）	按 S+I 键
选择——区域（外部）	按 S+O 键
选择——网络	按 S+N 键
工具——泪滴选项	按 T+E 键
工具——设计规则检查	按 T+D 键
工具——复位错误标志	按 T+M 键
工具——网络等长调节	按 T+Z 键
取消布线——全部	按 U+A 键
取消布线——网络	按 U+N 键
取消布线——连接	按 U+C 键
取消布线——器件	按 U+O 键
取消布线——ROOM	按 U+R 键
查看——合适区域	按 V+A 键
查看——翻转板子	按 V+B 键

功能	操作要点或快捷键
查看——适合文件	按 V+D 键
测距	按 Ctrl + M 组合键
清除蒙板	按 Shift + C 组合键
查找相似对象	按 Shift + F 组合键
显示走线长度	按 Shift + G 组合键
单层显示	按 Shift + S 组合键
改变走线模式	按 Shift + Space 组合键
高亮选中网络	按 Ctrl+鼠标左键
走线时快速添加过孔	按 Ctrl+Shift+鼠标滚轮
切换二维显示	按数字键 2（主键盘）
切换三维显示	按数字键 3（主键盘）
顶层底层切换	按*键（小键盘）
板层切换	按+/-键（小键盘）
3D 视图下 0°旋转	按数字键 0（主键盘）
3D 视图下 90°旋转	按数字键 9（主键盘）